L'ALGÈBRE LINÉAIRE EN PROBLÈMES

Collection *L*

1. P. Halmos, *L'algèbre linéaire en problèmes*
2. A. Engel, *Processus aléatoires pour les débutants*
3. J. Bair, Y. Crama, V. Henry, D. Justens, *Modèles mathématiques en gestion*

PAUL HALMOS

L'algèbre linéaire en problèmes

CASSINI

ISBN 978-2-84225-089-8

Traduit de l'anglais par Catherine Bellaïche

Préface

Est-ce un plaisir de résoudre des problèmes ? Est-ce un bon moyen d'apprendre un sujet ? La réponse est sans doute oui aux deux questions, pourvu que les problèmes ne soit ni trop faciles, ni trop difficiles.

Ce livre s'adresse à tous les étudiants qui apprennent l'algèbre linéaire (ainsi qu'à leurs enseignants). Il peut servir de supplément à mon vieux *Finite-Dimensional Vector Spaces,* sans le remplacer j'espère. Il a grosso modo le même plan et il se place au même niveau que ce livre. Mais il ne s'agit pas d'un manuel, et l'exposé n'est nullement progressif : les problèmes vont et viennent d'un sujet à l'autre, et ils vont du plus facile au plus difficile, et de nouveau au plus facile. L'emplacement d'un problème ne fournit souvent aucune indication sur les méthodes qu'il faut employer pour le traiter, ni sur sa difficulté.

Le sens qu'on donne à des mots comme *facile* ou *difficile* est évidemment subjectif. J'ai essayé de rendre quelques problèmes accessibles à tous les débutants, et j'ai en même temps inséré quelques énoncés susceptibles de faire sécher les experts (au moins pendant une minute ou deux). Dans le même ordre d'idées, les énoncés des problèmes, les introductions qui les précèdent, et les solutions expliquent souvent avec le plus grand soin certaines notions élémentaires, et supposent d'autres fois que le lecteur est à l'aise avec les modes de pensée et le langage des mathématiques au niveau de la recherche. Par exemple, il peut m'arriver de supposer que vous ne savez rien et d'expliquer en détail une notion comme l'associativité, et d'autres fois de supposer que le mot *topologie* signifie quelque chose pour vous, sans toutefois demander que vous en soyez un expert.

Les solutions font partie intégrante de l'exposé. Vous êtes invités à lire la solution de tous les problèmes, même de ceux que vous avez pu résoudre par vos propres moyens : la solution peut contenir des commentaires qui ne pouvaient pas être faits dans l'énoncé ou les indications sans vendre la mèche.

Table des matières

Problèmes

1

Scalaires

1. Double addition

Est-il évident que

$$63 + 48 = 27 + 84\ ?$$

Cet énoncé est mathématiquement correct, et totalement dénué d'intérêt. On peut le vérifier en quelques secondes – mais peut-on dire qu'il est évident ? Si dire que cet énoncé est évident signifie qu'on comprend clairement pourquoi il est vrai, sans passer un seul instant à le vérifier, alors la plupart des gens diront qu'il ne l'est pas.

Et

$$(27 + 36) + 48 = 27 + (36 + 48)\ ?$$

Est-ce que ça, c'est évident ? Oui, bien sûr, pour la plupart des gens ; le sentiment instinctif (et tout à fait justifié) est que la façon dont les termes d'une somme sont regroupés n'affecte pas le résultat. Le terme officiel n'est pas « regroupés », mais « associés », et notre première réaction est d'accepter sans discussion ce qu'on appelle **l'associativité** de l'addition des nombres réels. (Le lecteur aura sans doute déjà observé que l'énoncé évident et l'énoncé non évident sont d'une certaine façon le même énoncé :

$$63 = 27 + 36 \quad \text{et} \quad 84 = 36 + 48.)$$

L'algèbre linéaire traite de diverses sortes d'opérations (comme l'addition) sur différents types d'objets (pas forcément des nombres réels). Au lieu d'*opération*, on dit aussi *loi de composition*, ou plus brièvement *loi*. Ces trois termes sont synonymes.

Pour préparer le terrain à l'étude de ces opérations inhabituelles et aussi pour éviter qu'on ne considère à tort l'associativité comme une simple trivialité, nous allons commencer par l'étude de quelques exemples (sans oublier les mauvais exemples). Certains de ces exemples joueront un rôle dans la suite, d'autres non – certains exemples sont là pour montrer que la propriété d'associativité n'est pas toujours vérifiée, d'autres pour montrer que quand elle l'est, ce n'est pas forcément évident. Dans le monde de l'algèbre linéaire, on rencontre peu d'opérations non associatives, mais on rencontre assez souvent des opérations dont le bon comportement (associatif) ne saute pas aux yeux.

> **Problème 1.** *On définit une nouvelle opération sur les nombres réels, notée au moyen du symbole provisoire* $\boxplus$, *en posant*
> $$a \boxplus b = 2a + 2b.$$
> *La loi* $\boxplus$ *est-elle associative ?*

Commentaire. Le signe plus dans le second membre de la relation ci-dessus représente l'addition ordinaire.

On peut observer que l'addition ordinaire est **commutative**, de sorte que
$$2a + 2b = 2b + 2a.$$
Il s'ensuit que
$$a \boxplus b = b \boxplus a.$$
Autrement dit, la nouvelle addition est commutative.

2. Demi-double addition

> **Problème 2.** *On définit une nouvelle loi d'addition pour les nombres réels, notée au moyen du symbole provisoire* $\boxplus$, *en posant*
> $$a \boxplus b = 2a + b.$$
> *La loi* $\boxplus$ *est-elle associative ?*

Commentaire. Puisque $2a + b$ est le plus souvent différent de $2b + a$, cette loi $\boxplus$ n'est pas commutative.

3. Exponentiation

> **Problème 3.** *On définit une opération entre entiers* $\geqslant 1$, *notée au moyen du symbole provisoire* $*$, *en posant*
> $$a * b = a^b.$$
> *Cette opération est-elle commutative ? associative ?*

4. Nombres complexes

Supposons maintenant qu'on définisse une opération $\boxplus$ entre couples de nombres réels, autrement dit entre des objets de la forme (a,b), en posant

$$(a,b) \boxplus (c,d) = (a+c, b+d).$$

Cette opération est-elle commutative ? Oui, bien sûr – le contraire serait étonnant. L'opération $\boxplus$ consiste à faire deux fois l'addition de deux nombres réels, opération commutative comme on le sait, une fois pour chaque composante. Est-elle associative ? Oui, bien sûr, pour la même raison.

Les opérations de double addition des problèmes 1 et 2 sont des constructions artificielles ; elles ont pour objet de mettre un point en évidence. L'opération d'exponentiation du problème 3 est plus naturelle, et c'est justement là le problème : des opérations « naturelles » peuvent ne pas être associatives. L'addition composante par composante définie ci-dessus pour les couples ordonnés est aussi une opération naturelle, mais sur les couples il y a bien d'autres opérations utiles.

Problème 4. *On définit une opération entre les couples de nombres réels, notée au moyen du symbole provisoire* $\boxdot$, *en posant*

$$(a,b) \boxdot (c,d) = (ac-bd, ad+bc).$$

Cette opération est-elle commutative ? associative ?

Commentaire. Il y a deux raisons pour introduire le symbole $\boxdot$: il évoque la multiplication (plutôt que l'addition), et il y a des situations où les deux opérations $\boxplus$ et $\boxdot$ interviennent simultanément.

5. Transformations affines

Ce n'est pas parce qu'une définition donnée dans un problème paraît étrange qu'elle est artificielle ou sans application.

Problème 5. *On définit une opération entre les couples de nombres réels, notée au moyen du symbole provisoire* $\boxdot$, *en posant*

$$(a,b) \boxdot (c,d) = (ac, ad+b).$$

Cette opération est-elle commutative ? associative ?

6. Produits de matrices

L'étrange multiplication du problème 5 est un cas particulier d'une autre multiplication, moins étrange, mais plus compliquée.

Problème 6. *On définit une opération entre les quadruplets de nombres réels, notée $\boxdot$, en posant*

$$(a,b,c,d) \boxdot (a',b',c',d') = \big(aa'+bc', ab'+bd', ca'+dc', cb'+dd'\big).$$

Cette opération est-elle commutative ? associative ?

Commentaire. En quel sens peut-on dire que la multiplication du problème 5 est un cas particulier de la présente ? C'est très simple : il suffit de restreindre son attention aux quadruplets (a,b,c,d) pour lesquels $c=0$ et $d=1$. Le produit $\boxdot$ de deux quadruplets de ce type particulier est encore du même type ; car si $c=c'=0$ et $d=d'=1$, alors $ca'+dc'=0$ et $cb'+dd'=1$. Les deux premières composantes du produit sont aa' et $ab'+b$, ce qui est conforme au problème 5.

Voici une autre observation qui peut constituer un agréable surprise : la multiplication des nombres complexes, qui fait l'objet du problème 4, est aussi un cas particulier de la multiplication étudiée ici. Pour le voir, il suffit de se restreindre aux quadruplets de la forme

$$(a,b,-b,a)$$

et de remarquer que

$$(a,b,-b,a)\boxdot(c,d,-d,c) = (ac-bd, ad+bc, -bc-ad, -bd+ac),$$

conformément au produit du problème 4.

7. Multiplication modulaire

On définit une opération, notée $\boxdot$, sur l'ensemble des nombres $0, 1, 2, 3, 4, 5$: on fait le produit comme d'habitude, et on retranche du résultat tout ce qu'il peut contenir comme multiples de 6. (Le terme exact pour désigner cette opération est « multiplication modulo 6 ».) Exemples : $4\boxdot 5=2$ et $2\boxdot 3=0$.

Problème 7. *La multiplication modulo 6 est-elle commutative ? Est-elle associative ? Que se passe-t-il si on remplace 6 par 7 : les mêmes conclusions restent-elles valables, ou non ?*

8. Opérations dans des petits ensembles

Le problème 7 montre qu'il peut y avoir des opérations intéressantes sur de très petits ensembles. De plus, les ensembles de petite taille nous préviennent parfois de certains dangers, plus difficiles à détecter dans des ensembles plus grands. Une autre raison de s'intéresser aux très petits ensembles est que les opérations peuvent y être définies explicitement au moyen d'une table, ce qui est plutôt rassurant.

Considérons, par exemple, la table

×	0	1	2
0	0	0	0
1	0	1	2
2	0	2	1

qui décrit la multiplication modulo 3 des nombres 0, 1, 2. L'information qu'on veut communiquer par le moyen de tables de ce type est que le produit de l'élément situé à gauche d'une **ligne** par l'élément situé en haut d'une **colonne** (dans cet ordre) est l'élément placé à l'intersection de la ligne et de la colonne. Exemple : $2 \times 2 = 1$ modulo 3.

Il n'est pas sans intérêt d'observer qu'il y a aussi une notion d'addition modulo 3. Elle est définie par la table

+	0	1	2
0	0	1	2
1	1	2	0
2	2	0	1

C'est un fait remarquable que l'addition et la multiplication modulo 3 possèdent les propriétés usuelles (celles qu'on apprend à l'école) des opérations arithmétiques de même nom. Elles sont, par exemple, l'une et l'autre associatives et commutatives, elles s'entendent pour satisfaire la propriété de distributivité

$$a \times (b + c) = (a \times b) + (a \times c),$$

et elles permettent la soustraction sans restriction ($1 - 2 = 2$) et la division à l'unique condition que le diviseur ne soit pas 0 ($1/2 = 2$). En un mot, les entiers modulo 3 forment un **corps** (cette notion sera introduite précisément et étudiée un peu plus loin).

Le problème 1 traitait d'une opération commutative, mais non associative. Ce phénomène peut-il se rencontrer dans un ensemble aussi petit qu'un ensemble à trois éléments ?

Problème 8. *Peut-il exister dans un ensemble à trois éléments une opération commutative, mais non associative ?*

9. Éléments neutres

Les attitudes communément acceptées vis-à-vis de l'associativité et de la commutativité sont différentes. Beaucoup d'opérations de la vie courante ne commutent pas ; la communauté mathématique a appris à vivre avec ce fait et même à en profiter. Par contre les situations où il n'y a pas associativité sont étudiées seulement par des spécialistes. Après avoir indiqué que la propriété d'associativité pose question, nous nous limiterons dans la suite aux lois associatives. L'étape suivante consiste à examiner quelles autres propriétés utiles les lois peuvent ou doivent avoir.

La somme de 0 et d'un nombre réel a est encore a ; le produit de 1 et d'un nombre réel a est encore a. On décrit ce phénomène en disant que 0 et 1 sont des **éléments neutres** pour l'addition et la multiplication respectivement (quand il s'agit de la multiplication, on dit aussi des éléments identité, ou des éléments unité). Il vaut mieux travailler avec une loi qui admet un élément neutre plutôt qu'avec une qui n'en a pas.

Problème 9. *Parmi les lois suivantes :*

(1) *double addition,*

(2) *demi-double addition,*

(3) *exponentiation,*

(4) *multiplication complexe,*

(5) *multiplication des transformations affines,*

(6) *multiplication matricielle,*

(7) *addition et multiplication modulaire,*

lesquelles admettent un élément neutre ?

Dans notre discussion des différentes lois des problèmes 1 à 8, nous avons employé des notations et un langage tantôt additif (+, somme) et tantôt multiplicatif (×, produit). Techniquement, il n'y a aucune différence entre les deux mais, traditionnellement, la formulation multiplicative est d'un emploi plus général. Par exemple, dans la définition des groupes (qui sera donnée bientôt), la notation et le langage sont habituellement multiplicatifs ; la théorie multiplicative contient la théorie additive. Un élément peut-être surprenant mais fermement établi de la tradition est que la multiplication peut être commutative ou non, mais que l'addition est toujours commutative. Dans ce livre, on suivra la tradition, sans aucune exception.

Un important mini-théorème affirme qu'une loi admet au plus un élément neutre. Autrement dit, si e et e' sont des éléments neutres pour une loi notée $\times$, de sorte que

$$e \times a = a \times e = a \quad \text{et} \quad e' \times a = a \times e' = a$$

pour tout a, alors

$$e = e'.$$

Démonstration. Remplacer a par e' dans la relation faisant intervenir e et remplacer a par e dans la relation faisant intervenir e'. La conclusion obtenue est que $e \times e'$ est égal à la fois à e et à e', et donc que e et e' sont égaux entre eux.

Commentaire. On a donné cette démonstration pour insister sur le fait que la notion d'élément neutre est bilatérale ; un élément neutre joue son rôle aussi bien à gauche qu'à droite.

10. Inverses complexes

Existe-t-il un entier naturel qui, ajouté à 3, donne 8 ? Oui.

Existe-t-il un entier naturel qui, ajouté à 8, donne 3 ? Non.

Dans le langage de l'arithmétique élémentaire, la soustraction n'est pas toujours possible dans le domaine des entiers naturels.

Existe-t-il un nombre réel qui, ajouté à 5, donne 0 ? Oui, c'est -5. Tout nombre réel a un opposé et cette propriété assure que dans le domaine des nombres réels la soustraction sera toujours possible. (Pour trouver un nombre qu'on puisse ajouter à 8 pour obtenir 3, on commence par trouver le nombre qu'il faut ajouter à 3 pour obtenir 8 puis on prend son opposé.)

La troisième propriété fondamentale des lois qui sera utile dans la suite (en plus de l'associativité et de l'existence d'un élément neutre) est l'existence d'un inverse. Considérons une loi $*$ (le symbole $*$ est un symbole impartial qui, dans les applications, sera soit l'addition soit la multiplication) et supposons que le domaine de $*$

contienne un élément neutre e, de sorte que $e * x = x * e = x$ pour tout x. Un élément b est alors appelé **inverse** de a (pour $*$) si

$$a * b = b * a = e.$$

Exemple évident : tout nombre réel a a un inverse pour l'addition, à savoir $-a$. Exemple plus gênant : un nombre réel n'a pas toujours un inverse pour la multiplication. L'exception est 0 : il n'existe aucun réel b tel que $0 \times b = 1$. C'est la seule exception : si $a \neq 0$, alors a^{-1} $(= \frac{1}{a})$ est un inverse multiplicatif. Ces exemples sont représentatifs. L'utilisation de la notation additive a pour but de suggérer l'existence d'inverses (qu'on appelle généralement dans ce cas **opposés**), alors que pour les lois notées multiplicativement certains éléments peuvent ne pas être **inversibles**, c'est-à-dire ne pas avoir d'inverse.

La définition d'un inverse pour $*$ a un sens en toute généralité, mais cette notion n'est utile que quand $*$ est associative. En effet, il existe un important mini-théorème, qui dit que pour les lois associatives, l'inverse (s'il existe) est unique : si b et c sont deux inverses de a (pour $*$), de sorte que

$$a * b = b * a = e \quad \text{et} \quad a * c = c * a = e,$$

alors $b = c$. Démonstration : faire le produit de c, a et b (dans cet ordre) et utiliser l'associativité. Regardée d'une façon, cette expression vaut

$$c * (a * b) = c * e = c,$$

alors que de l'autre façon elle vaut

$$(c * a) * b = e * b = b.$$

On en déduit que le triple composé $c * a * b$ est égal à la fois à b et à c, et donc que b et c sont égaux.

Problème 10. *Pour la multiplication complexe (définie au problème 4), quels sont les couples (a, b) inversibles ? Existe-t-il une formule explicite pour l'inverse d'un couple inversible ?*

11. Inverses affines

Problème 11. *Pour la multiplication des transformations affines (définie au problème 5), quels sont les* *couples (a, b) inversibles ? Existe-t-il une formule explicite pour l'inverse ?*

12. Inverses matriciels

Problème 12. *Parmi les matrices* 2×2

$$\begin{pmatrix} a & b \\ c & d \end{pmatrix}$$

(pour lesquelles la multiplication a été définie au problème 6) lesquelles sont inversibles ? Y a-t-il une formule explicite pour les inverses de celles qui le sont ?

13. Groupes abéliens

Les nombres peuvent être ajoutés, soustraits, multipliés et, à une exception près, divisés. L'algèbre linéaire parle de scalaires et de vecteurs. Les scalaires sont en général des nombres ; pour comprendre l'algèbre linéaire, il est nécessaire de comprendre d'abord les nombres et, en particulier, il est nécessaire de comprendre ce que signifie les ajouter et les soustraire. La notion générale à la base de cette compréhension est celle de **groupe abélien**.

Prenons l'exemple de l'ensemble $\mathbb{Z}$ des entiers (positifs, négatifs ou nuls) muni de l'addition. La somme de deux entiers est un entier, et l'addition est **commutative**, ce qui signifie que la somme de deux entiers est indépendante de l'ordre dans lequel on les additionne,

$$x + y = y + x .$$

L'addition est **associative**, ce qui signifie que la somme de trois entiers, se présentant dans un ordre donné, est indépendante de l'ordre dans lequel les deux additions sont effectuées,

$$(x + y) + z = x + (y + z) .$$

L'entier **0** joue un rôle particulier du fait qu'il ne change pas l'entier auquel on l'ajoute,

$$x + 0 = 0 + x = x,$$

et toute addition peut être « défaite » par une autre, plus précisément par l'addition de **l'opposé** du nombre qu'on vient d'ajouter,

$$x + (-x) = (-x) + x = 0.$$

Cet exemple est typique. Les propriétés qu'on vient d'énoncer à propos de $\mathbb{Z}$ et + sont en fait celles qui définissent un groupe abélien. On peut donner pratiquement les mêmes énoncés pour n'importe quel groupe abélien ; les seules différences sont terminologiques (les mots « entier » et « addition » peuvent être remplacés par d'autres) et notationnelles (les symboles 0 et + peuvent être remplacés par d'autres).

Un autre exemple est celui de l'ensemble $\mathbb{Z}_{12}$ formé des entiers entre 0 et 11 (compris), muni d'une opération d'addition (que nous noterons pour l'instant $*$) définie de la façon suivante : si la somme de deux éléments de $\mathbb{Z}_{12}$ (au sens ordinaire du mot somme) est strictement inférieure à 12, alors la nouvelle somme est égale à la somme ordinaire,

$$x * y = x + y,$$

mais si la somme ordinaire atteint 12 ou plus, alors la nouvelle somme est égale à la somme ordinaire moins 12,

$$x * y = x + y - 12.$$

L'opération $*$ s'appelle l'addition **modulo 12**, et on la note en général par le signe +, ou au besoin par le signe + suivi d'un « mod 12 » explicatif. La vérification des quatre propriétés énoncées pour $\mathbb{Z}$ n'est pas difficile (la chose la plus surprenante étant que l'opposé de x est $12 - x$).

Voici un troisième exemple de groupe abélien : l'ensemble $\mathbb{R}_+^*$ des réels > 0 muni d'une loi, notée pour l'instant $*$, définie comme la **multiplication** ordinaire :

$$x * y = xy.$$

L'associativité et la commutativité sont évidentes ; le rôle de zéro est joué cette fois par le nombre réel 1,

$$x * 1 = 1 * x = x,$$

et le rôle de l'opposé de x est joué par l'inverse de x

$$x * \left(\frac{1}{x}\right) = \left(\frac{1}{x}\right) * x = 1.$$

La définition générale d'un groupe abélien devrait maintenant être évidente : c'est un ensemble G muni d'une opération d'« addition » (de telle sorte que si x et y sont dans G, alors $x + y$ est encore un élément de G) satisfaisant les quatre propriétés énoncées plus haut. (Ce sont la commutativité, l'associativité, l'existence d'un zéro et, pour chaque élément, l'existence d'un opposé.)

Le terme « abélien » signifie la même chose que « commutatif ». Si une opération dans un ensemble satisfait les trois dernières conditions (mais pas nécessairement la première), alors l'ensemble est appelé **groupe**. Les groupes non commutatifs interviennent aussi en algèbre linéaire, mais seulement plus tard et de façon moins fondamentale que les groupes commutatifs.

Problème 13. (*a*) *Si on définit une nouvelle opération* $*$ *sur l'ensemble* $\mathbb{R}_+^*$ *des réels* > 0 *par*

$$x * y = \min(x, y),$$

l'ensemble $\mathbb{R}_+^*$ *devient-il un groupe abélien ?*

(*b*) *Si on définit une loi* $*$ *sur l'ensemble d'entiers* $\{1, 2, 3, 4, 5\}$ *par*

$$x * y = \max(x, y),$$

cet ensemble devient-il un groupe abélien ?

(*c*) *Si* x *et* y *sont des éléments d'un groupe abélien tels que* $x + y = y$, *a-t-on nécessairement* $x = 0$ *?*

Commentaire. Les abréviations « min » et « max » signifient minimum et maximum ; $\min(2,3) = 2$, $\max(-2,-3) = -2$ et $\min(5,5) = 5$.

Les parties (*a*) et (*b*) du problème testent la compréhension de la définition d'un groupe abélien. D'habitude, un exposé systématique de la théorie des groupes commence par une suite de coupages d'axiomes en quatre, souvent délicats, parfois amusants. Un échantillon en est le mini-théorème du problème 9, celui qui affirme qu'il ne peut exister plus d'un élément qui joue le rôle de 0. La question (*c*) est aussi un exemple de ce genre de choses. Elle est facile, mais elle figure ici parce que le résultat est utile et, incidemment, parce qu'elle montre comment on se sert des axiomes de définition des groupes. Ce qu'on a montré au problème 9, c'est que si un élément a la même action que 0 sur *tout* élément, alors il doit être égal à 0 ; à la question (*c*) de ce problème, on demande quels sont les éléments qui ont la même action que 0 sur *un seul* élément.

14. Groupes

Conformément à la définition du problème 13, un ensemble muni d'une opération qui possède toutes les propriétés de définition d'un groupe abélien sauf éventuellement la première, la commutativité, est simplement appelé **groupe**. (Rappelons que le mot « abélien » est synonyme de « commutatif ».) Remarquons que la loi est une partie essentielle de la définition ; si deux lois différentes sur le même ensemble satisfont tous les axiomes de groupes, on considère qu'on a affaire à deux groupes différents.

L'exemple le plus connu de groupe abélien est l'ensemble $\mathbb{Z}$ des entiers (positifs, négatifs ou nuls) ou, plus exactement, le couple $(\mathbb{Z}, +)$ formé de l'ensemble $\mathbb{Z}$ et de la loi d'addition. Il est quelquefois possible de retirer certains entiers et que ce qui reste soit encore un groupe ; par exemple, l'ensemble des entiers pairs est un groupe. Retirer des éléments peut cependant être dangereux : l'ensemble des entiers > 0 n'est pas un groupe additif (0 en est absent) et l'ensemble des entiers $\geqslant 0$ ne l'est pas non plus (une fois qu'on a remis 0, il y a un élément neutre et on peut se demander s'il y a des inverses, mais ce n'est le cas que si l'on remet tous les entiers négatifs).

L'ensemble des réels muni de l'addition, noté $(\mathbb{R}, +)$, est un groupe, mais $(\mathbb{R}, \times)$ ne l'est pas, car 0 n'a pas d'inverse. Par contre, l'ensemble des réels non nuls est un groupe multiplicatif. Les mêmes remarques sont valables pour l'ensemble $\mathbb{C}$ des nombres complexes. L'ensemble des réels > 0 est un groupe pour la multiplication, mais l'ensemble des réels < 0 ne l'est pas – le produit de deux nombres négatifs n'est pas négatif.

La théorie des groupes est une théorie profonde, et aucune branche des mathématiques n'échappe à son influence. Au début de l'algèbre linéaire, c'est une toute petite partie de la théorie des groupes qui est utilisée, mais même là il est très utile de savoir reconnaître un groupe quand il y en a un qui se présente.

Problème 14. *L'ensemble des transformations affines* $x \mapsto ax + b$ *(muni de la loi de composition des applications) est-il un groupe ? Même question pour l'ensemble des matrices* 2×2

$$\begin{pmatrix} a & b \\ c & d \end{pmatrix}$$

(muni de la multiplication des matrices). L'ensemble

des entiers non nuls modulo 6 *(c'est-à-dire l'ensemble des nombres* 1, 2, 3, 4, 5*) est-il un groupe pour la multiplication modulo* 6 *? Si l'on remplace* 6 *par* 7*, la conclusion est-elle inchangée ?*

Commentaire. Le symbole $\mapsto$, qu'on appelle flèche barrée, est d'un usage courant pour les fonctions ; il sert à indiquer la « variable » dont dépend une fonction. Parler de « la fonction $2x+3$ » n'est pas correct ; ce que représente l'expression $2x+3$ n'est pas une fonction mais la valeur d'une fonction au point x. En langage correct, on parle de la fonction

$$x \mapsto 2x+3,$$

ce qui est une abréviation pour « la fonction dont la valeur en x est $2x+3$ ».

15. Indépendance des axiomes de groupe

Un groupe est un ensemble dans lequel est définie une opération possédant trois bonnes propriétés : associativité, existence d'un élément neutre, existence de l'inverse. Ces propriétés sont-elles indépendantes les unes des autres, ou bien l'une d'elles est-elle conséquence des autres ? Par exemple, est-ce qu'une opération associative possède toujours un élément neutre ? La réponse est non, et cette réponse négative est l'une des premières choses que la plupart des enfants apprennent en arithmétique. Assez tôt dans la vie, nous apprenons tous à additionner deux entiers positifs, et nous réalisons assez rapidement que le résultat de l'addition est toujours différent des entiers dont nous sommes partis. L'humanité n'a découvert le zéro que longtemps après avoir découvert l'addition, et c'est aussi ce qui arrive à chacun de nous. Bon, alors, si nous avons une opération associative qui possède un élément neutre, s'ensuit-il que tout élément a un inverse ? Nous butons tous un jour sur la réponse négative à cette question, après quelques autres déceptions arithmétiques (il n'y a pas d'entier plus grand que tous les autres, etc.). Dans l'ensemble $\{0,1,2,3,\ldots\}$ on peut additionner sans problème, le zéro est élément neutre pour l'addition, mais les inverses sont difficiles à trouver : la soustraction n'est pas toujours possible.

Après ces commentaires superficiels, il ne reste plus qu'une question sérieuse.

Problème 15. *Peut-il exister une opération non associative, possédant un élément neutre, et pour laquelle tout élément ait un inverse ?*

16. Corps

Si, pour un moment, nous disons que *nombre* signifie *nombre entier*, alors nous pouvons additionner, soustraire et multiplier deux nombres, mais nous ne pouvons pas les diviser l'un par l'autre, sauf exception. Si nous insistons pour les diviser, alors nous devons quitter le domaine des nombres entiers et entrer dans le domaine des quotients d'entiers, en d'autre termes l'ensemble, noté $\mathbb{Q}$, des nombres rationnels, lequel est un *corps*.

(Tout le monde a-t-il entendu parler des nombres rationnels ? Un nombre réel est dit **rationnel** si c'est le rapport de deux entiers (latin *ratio* = raison = rapport).) En d'autres termes, x est rationnel dans le cas où il existe deux entiers m et n tels que $x = \frac{m}{n}$. Exemples : $\frac{2}{3}$, $-\frac{2}{3}$, 0, 1, 10, −10, 5^5. Remarque : $\frac{4}{6}$ et $\frac{-12}{-18}$ sont d'autres représentations du nombre rationnel $\frac{2}{3}$; il y en a encore beaucoup d'autres. Contre-exemples célèbres : $\sqrt{2}$ et π. On connaît une preuve de l'irrationalité de $\sqrt{2}$ depuis plus de 2000 ans. Pour π, l'information est plus récente : un peu plus de 200 ans.

Le corps le plus connu est sans doute $\mathbb{R}$, l'ensemble des nombres réels muni de l'addition et de la multiplication. Si on se limite à l'addition, $\mathbb{R}$ est un groupe abélien, de même que $\mathbb{Q}$. L'énoncé analogue pour la multiplication est faux : il y a un problème avec 0. Du fait que $0x = 0$ pour tout nombre réel, il s'ensuit qu'il n'existe pas de x tel que $0x = 1$; le nombre 0 n'a pas d'inverse multiplicatif. mais si on remplace $\mathbb{R}$ par l'ensemble $\mathbb{R}^*$ des nombres réels $\neq 0$ (et de même $\mathbb{Q}$ par l'ensemble $\mathbb{Q}^*$ des nombres rationnels $\neq 0$), alors tout va bien : $\mathbb{R}^*$ muni de la multiplication est un groupe abélien, ainsi que $\mathbb{Q}^*$.

Cela ne surprendra personne si on dit que les mêmes propriétés sont vraies de l'ensemble $\mathbb{C}$ des nombres complexes muni de l'addition et de la multiplication. Autrement dit, $\mathbb{C}$ est un nouvel exemple de corps. Mais les propriétés de $\mathbb{Q}$, $\mathbb{R}$ et $\mathbb{C}$ que nous avons vues jusqu'ici ne sont pas tout à fait suffisantes pour servir de modèle à la définition d'un corps. Ce que suggèrent ces exemples, c'est qu'un corps possède deux opérations. Ce que nous avons omis de mentionner est la relation qui existe entre ces deux opérations. Ce n'est pas une saine pratique mathématique que de munir un ensemble de deux structures différentes n'ayant rien à voir l'une avec l'autre. En fait, dans nos trois exemples, l'addition et la multiplication s'entendent pour aboutir à ce qu'on appelle **distributivité**. Il y a en fait deux propriétés qui portent ce nom :

$$a(x+y) = ax + ay$$

(distributivité à gauche) et

$$(a+b)x = ax + bx$$

(distributivité à droite). Une fois cette observation faite, on peut deviner la définition des corps. Un **corps** est un ensemble K dans lequel sont définies deux opérations $+$ et $\times$, telles que muni de $+$, l ensemble K soit un groupe abélien, que muni de $\times$ l'ensemble K^* (K privé de 0) soit un groupe abélien et que la loi $\times$ soit distributive à droite et à gauche par rapport à la loi $+$.

(Ce que signifie ici le symbole 0 est-il bien clair ? Il désigne l'élément neutre de l'addition dans K. Les conventions de notations des nombres réels sont valables dans tous les corps : 0 désigne toujours l'élément neutre de l'addition, 1 celui de la multiplication, et à de rares exceptions près, la multiplication est représentée par la simple juxtaposition.)

Le traducteur doit ici intervenir pour signaler une différence importante entre la terminologie anglo-saxonne et la terminologie française : ce que nous venons de définir plus haut sous le nom de *corps* (en anglais *field*) est en fait appelé en français **corps commutatif.** En effet, dans la définition de la notion de corps la plus couramment adoptée en France, on demande à K^* d'être un groupe, mais on ne demande pas que ce soit nécessairement un groupe abélien (ou commutatif). Si K^* est non seulement un groupe, mais en plus un groupe commutatif, on dit que K est un corps commutatif. Est-ce clair ?

Dans la suite de ce problème, nous adoptons la terminologie française, en disant que $\mathbb{Q}$, $\mathbb{R}$ et $\mathbb{C}$ sont des corps commutatifs.

Il faut mentionner quelques autres exemples, moins évidents, comme $\mathbb{Q}(\sqrt{2})$. Ce corps est constitué de tous les nombres réels de la forme $a + b\sqrt{2}$, où a et b sont rationnels ; les opérations sont l'addition et la multiplication usuelles des réels. Tous les axiomes de la définition des corps commutatifs sont satisfaits par $\mathbb{Q}(\sqrt{2})$ de façon évidente, à une exception près. Ce qui peut ne pas être évident est la question de savoir si tout élément non nul de $\mathbb{Q}(\sqrt{2})$ possède un inverse. La démonstration que c'est bien le cas, évidente ou non, repose sur la technique de rationalisation du dénominateur, déjà rencontrée dans la solution du problème 10 : pour déterminer $\dfrac{1}{a+b\sqrt{2}}$, multiplier le numérateur et le dénominateur par $a-b\sqrt{2}$, ce qui donne

$$\frac{1}{a+b\sqrt{2}} = \frac{a-b\sqrt{2}}{a^2-2b^2} = \frac{a}{a^2-2b^2} + \frac{b}{a^2-2b^2}\sqrt{2}.$$

La seule chose qui pourrait ne pas marcher dans ce calcul serait que le dénominateur a^2-2b^2 soit nul, mais ceci n'arrive jamais (à moins que a et b soient nuls au départ), la raison étant justement que $\sqrt{2}$ n'est pas rationnel.

Peut-il arriver que dans un corps l'élément neutre de l'addition soit égal à celui de la multiplication, autrement dit que $0 = 1$? Ce n'est sûrement pas avec cette intention que la définition est donnée. Pour montrer que ce genre de choses ne peut pas se produire, il vaut mieux revenir à la lettre des axiomes : un groupe n'est jamais l'ensemble vide (puisqu'il doit contenir l'élément neutre). Il en résulte que $\mathrm{K}^* = \mathrm{K} - \{0\}$ n'est pas vide. En fait, $\mathrm{K} - \{0\}$ contient 1, et donc $1 \neq 0$.

Si K est un corps commutatif, aussi bien K (avec la loi +) que K^* (avec la loi $\times$) sont des groupes abéliens. Mais ceci ne nous dit rien sur le comportement vis-à-vis de la *multiplication* de l'élément neutre de *l'addition*. De ce point de vue, les corps se comportent-ils comme $\mathbb{Q}$, $\mathbb{R}$ et $\mathbb{C}$, ou bien le degré de généralité que permettent les axiomes autorise-t-il un comportement différent ?

> **Problème 16.** *Dans un corps commutatif, la multiplication est-elle commutative ?*

Dans la suite de ce livre, tous les corps seront, sans autre mention, supposés commutatifs.

17. Addition et multiplication dans les corps

Si une question sur le comportement des éléments d'un corps ne concerne qu'une seule des deux opérations, il y a des chances qu'elle soit facile et sans intérêt. Exemple : est-il vrai que

$$a + c = b + c$$

entraîne $a = b$ (règle de simplification dans l'addition) ? Réponse : oui. Ajouter $-c$ aux deux membres de l'égalité. Conséquence heureuse : puisque

$$a + (-a) = 0$$

et que

$$(-a) + (-(-a)) = 0,$$

la commutativité de l'addition et la règle de simplification entraînent que

$$-(-a) = a.$$

Les questions utiles (et plus difficiles) à propos des corps mettent en jeu simultanément l'addition et la multiplication.

Problème 17. *Soit* K *un corps (commutatif) et soient* a *et* b *des éléments de* K. *Parmi les relations plausibles suivantes, lesquelles sont nécessairement vraies ?*

(*a*) $0 \times a = 0$.

(*b*) $(-1)a = -a$.

(*c*) $(-a)(-b) = ab$.

(*d*) $1 + 1 \neq 0$.

(*e*) *Si* $a \neq 0$ *et* $b \neq 0$, *alors* $ab \neq 0$.

Commentaire. Observer que les deux opérations interviennent dans chacune des cinq relations ci-dessus : (*a*) Quel est le comportement multiplicatif de l'élément neutre de l'addition ? (*b*) Quel est le comportement multiplicatif de l'inverse additif de l'élément neutre multiplicatif ? (*c*) Quel est en général le comportement multiplicatif des inverses additifs ? (*d*) Quel est le comportement additif de l'élément neutre de la multiplication ? (*e*) Quelle est la relation de la multiplication à l'élément neutre de l'addition ?

18. Échec à la distributivité

Problème 18. *Peut-on trouver un ensemble* K *muni de trois opérations commutatives,* $+$, $\times_1$ *et* $\times_2$, *de façon que* $(\mathrm{K}, +)$ *soit un groupe, que* $(\mathrm{K} - \{0\}, \times_1)$ *et* $(\mathrm{K} - \{0\}, \times_2)$ *soient tous deux des groupes, mais que parmi* $(\mathrm{K}, +, \times_1)$ $(\mathrm{K}, +, \times_2)$, *l'un soit un corps et l'autre non ?*

19. Corps finis

Peut-il arriver qu'un corps ne contienne qu'un nombre fini d'éléments ? Oui, bien sûr. L'ensemble $\mathbb{Z}_2$ constitué des deux entiers 0 et 1, muni de l'addition et de la multiplication modulo 2 nous fournit un exemple facile.

Le même type de construction (utilisant l'addition et la multiplication modulo quelque chose) conduit au corps $\mathbb{Z}_3 = \{0, 1, 2\}$ muni de l'addition et de la multiplication modulo 3. Mais si on remplace 2 ou 3 par 4, cela ne va plus : l'ensemble $\mathbb{Z}_4 = \{0, 1, 2, 3\}$ muni de l'addition et de la multiplication modulo 4 n'est plus un corps. Ce n'est pas que $2 + 2 = 0$ – il n'y a aucun mal à ça –, c'est parce que $2 \times 2 = 0$, et ça, c'est mauvais. C'est mauvais parce que cela empêche 2 d'avoir un inverse pour la multiplication. Du coup, l'ensemble $\mathbb{Z}_4 - \{0\}$ n'est pas un groupe pour la multiplication.

En poursuivant les essais dans la même ligne, on rencontre $\mathbb{Z}_5$, qui est un corps, puis $\mathbb{Z}_6$, qui n'en est pas un ; $\mathbb{Z}_7$ est un corps, $\mathbb{Z}_8$, Z_9, Z_{10} ne sont pas des corps. $\mathbb{Z}_{11}$ est un corps, mais $\mathbb{Z}_{12}$ n'en est pas un. (Dans $\mathbb{Z}_8$, $2 \times 4 = 0$; dans $\mathbb{Z}_9$, $3 \times 3 = 0$; etc.) L'énoncé général (facile à démontrer) est celui-ci : $\mathbb{Z}_n$ est un corps si et seulement si le module n est un nombre premier.

Le fait que $\mathbb{Z}_4$ ne soit pas un corps montre qu'une certaine façon de définir l'addition et la multiplication sur un ensemble à 4 éléments ne fait pas de cet ensemble un corps. Est-il possible qu'avec d'autres définitions, on obtienne un résultat différent ?

Problème 19. *Existe-t-il un corps à* 4 *éléments ?*

2

Vecteurs

20. Espaces vectoriels

On peut additionner deux nombres réels, et on peut aussi additionner deux *couples* de nombres réels. Si on note $\mathbb{R}^2$ l'ensemble des couples ordonnés (a, b) de nombres réels, il est naturel de définir la somme de deux éléments de $\mathbb{R}^2$ par

$$(a, b) + (c, d) = (a + c, b + d)$$

ce qui fait de $\mathbb{R}^2$ un groupe abélien. Il y a une autre opération raisonnable, une sorte de multiplication partielle, la multiplication d'un élément de $\mathbb{R}^2$ par un nombre réel qui produit un nouvel élément de $\mathbb{R}^2$:

$$\alpha(a, b) = (\alpha a, \alpha b).$$

On obtient ainsi une structure formée de trois composantes : un groupe abélien, $\mathbb{R}^2$, un corps, $\mathbb{R}$, et un procédé pour multiplier les éléments du groupe par ceux du corps.

Pour voir un autre exemple de ce type de structure (dont l'étude est l'objet même de l'algèbre linéaire), considérons l'ensemble $\mathscr{P}$ des polynômes à coefficients réels. L'ensemble $\mathscr{P}$, muni de l'opération usuelle d'addition des polynômes, est un groupe abélien. Comme dans le cas de $\mathbb{R}^2$, il existe une multiplication naturelle par les nombres réels : le produit du polynôme p par le nombre réel α est défini par

$$(\alpha p)(x) = \alpha \cdot p(x).$$

Il en résulte, comme précédemment, une structure triple : un groupe abélien, $\mathscr{P}$, un corps, $\mathbb{R}$, et un procédé pour multiplier les éléments de $\mathscr{P}$ par les éléments de $\mathbb{R}$.

La version modifiée qui consiste à remplacer l'ensemble $\mathscr{P}$ des polynômes réels (**polynôme réel** est une abréviation commode pour « polynôme à coefficients réels ») par l'ensemble $\mathscr{P}_3$ de tous les polynômes de degré $\leqslant 3$ est quelquefois plus facile à utiliser que la version originale. La somme de deux éléments de $\mathscr{P}_3$ est encore un élément de $\mathscr{P}_3$, et il en va de même pour le produit d'un élément de $\mathscr{P}_3$ et d'un nombre réel, il n'y a rien de plus à dire.

Un autre exemple, et nous en aurons assez pour le moment. Soit V l'ensemble des triplets ordonnés (a, b, c) de nombres réels tels que

$$a + b + c = 0.$$

On définit l'addition par

$$(a, b, c) + (a', b', c') = (a + a', b + b', c + c'),$$

et la multiplication par

$$\alpha(a, b, c) = (\alpha a, \alpha b, \alpha c)$$

et on observe que le résultat est toujours un triplet ordonné de somme nulle. L'ensemble de tous ces triplets est, encore une fois, un groupe abélien, muni d'un procédé pour multiplier les éléments du groupe par les éléments du corps $\mathbb{R}$.

La notion générale d'espace vectoriel est la systématisation de ces exemples, et d'autres exemples analogues : un espace vectoriel est un triplet formé d'un groupe abélien, d'un corps et d'une multiplication des éléments du premier par ceux du second. Rappelons cependant qu'il est immoral, illégal, et de toute façon infructueux de munir un ensemble de plusieurs structures mathématiques sans établir entre elles un lien étroit, qui impose à chacune d'elles des contraintes essentielles. (Le cas le mieux connu où l'on respecte scrupuleusement ces commandements est la définition d'un corps au problème 16 : il y a une addition, il y a une multiplication, et il y a le lien essentiel entre ces lois, la distributivité.)

Un **espace vectoriel sur un corps** K (les éléments du corps sont appelés **scalaires**) est un groupe additif (commutatif) V (d'éléments appelés **vecteurs**), muni d'une opération qui associe à chaque scalaire α et à chaque vecteur x un produit αx qui est encore un vecteur. Pour que cette définition ait une consistance mathématique, cette opération, appelée **multiplication scalaire**, doit être convenablement reliée aux trois autres opérations (addition dans K, addition dans V, et multiplication dans K). Les conditions qui se présentent naturellement, et qu'on adopte comme axiomes, sont les suivantes.

La *distributivité vectorielle* :

$$(\alpha + \beta)x = \alpha x + \beta x$$

pour tout scalaire α, tout scalaire β et tout vecteur x. (Autrement dit, la multiplication par un vecteur est distributive par rapport à l'addition des scalaires.)

La *distributivité scalaire* :

$$\alpha(x+y) = \alpha x + \alpha y$$

pour tout scalaire α et tous vecteurs x et y. (Autrement dit, la multiplication par un scalaire est distributive par rapport à l'addition des vecteurs.)

L'*associativité* :

$$(\alpha\beta)x = \alpha(\beta x)$$

pour tout scalaire α, tout scalaire β et tout vecteur x.

L'*axiome de l'identité* :

$$1x = x$$

pour tout vecteur x. (Autrement dit, le scalaire 1 opère comme la transformation identité sur les vecteurs.)

(Le lecteur aura sans aucun doute remarqué que, dans la multiplication scalaire, le scalaire est toujours placé à gauche et le vecteur placé à droite – puisque la multiplication dans l'autre sens n'est même pas définie, parler de commutativité n'a aucun sens. Avec cette convention, on n'a rien perdu et on a gagné quelque chose : l'écriture même du produit indique lequel est le scalaire et lequel est le vecteur.)

Beaucoup de questions se posent d'elles-mêmes (sinon, il faut se les poser) à propos des axiomes d'espace vectoriel : une question inquiétante a trait à la multiplication, et une autre, plus simple, concerne le zéro.

Pourquoi n'impose-t-on pas une structure multiplicative sur les espaces vectoriels ? Ne serait-il pas raisonnable et utile de définir $(a,b)\cdot(c,d) = (ac,bd)$ (de façon similaire à l'addition dans $\mathbb{R}^2$) ? La réponse est non. Le problème est que, même si on retire le zéro (c'est-à-dire l'élément $(0,0)$), ce qui reste ne forme pas un groupe : un couple qui a une de ses coordonnées nulle, comme par exemple $(1,0)$, n'a pas d'inverse. Cette multiplication ne fait donc pas de $\mathbb{R}^2$ un corps. Dans l'espace $\mathscr{P}$ des polynômes, on peut être tenté d'utiliser la multiplication déjà existante. Mais cela ne fait pas de $\mathscr{P}$ un corps ; l'inverse d'un polynôme a très peu de chance d'être un polynôme. Des exemples tels que $\mathscr{P}_3$ sont tout aussi décevants : le produit de deux éléments de $\mathscr{P}_3$ peut ne pas être dans $\mathscr{P}_3$ (son degré peut être trop grand). L'exemple des triplets de somme nulle est le plus décourageant de tous : même si $a+b+c=0$ et $a'+b'+c'=0$, ce serait une coïncidence fortuite que $aa'+bb'+cc'=0$. Il est préférable, à ce stade, de résister à la tentation de munir les espaces vectoriels d'une multiplication.

Le scalaire 0 et le vecteur 0 sont tous deux liés à l'addition. Mais comment se comportent-ils vis-à-vis de la multiplication ? Bien ou mal ?

> **Problème 20.** *La formule de multiplication par le scalaire zéro*
>
> $$0x = 0$$
>
> *et la formule de multiplication par le vecteur nul*
>
> $$\alpha 0 = 0$$
>
> *sont-elles des conséquences des axiomes d'espace vectoriel, ou peuvent-elles être mises en défaut ?*

Commentaire. Remarquer que dans la première formule, le symbole 0 désigne un scalaire dans le premier membre et un vecteur dans le second membre ; dans la deuxième formule, il désigne un vecteur dans les deux membres.

21. Exemples

Quand on étudie une structure mathématique donnée, il est essentiel de savoir reconnaître les exemples honnêtes pour ce qu'ils sont et ceux qui échouent à l'une des épreuves comme des imposteurs. Voici quelques candidats au titre d'espace vectoriel.

(1) Le corps K est $\mathbb{C}$, et soit V l'ensemble des nombres complexes. On définit l'addition dans V de la manière habituelle (dans $\mathbb{C}$), et on définit la multiplication scalaire (notée $*$) par

$$\alpha * x = \alpha^2 x.$$

(2) Soit K un corps et soit V l'ensemble K^2 des couples ordonnés d'éléments de K. L'addition dans V est l'addition habituelle (composante par composante) et on définit une nouvelle multiplication scalaire par

$$\alpha * (a,b) = (\alpha a, 0)$$

(pour tous α, a, b).

(3) Soit K le corps à quatre éléments étudié au problème 19 et soit V l'ensemble K^2 muni de l'addition habituelle et de la multiplication scalaire définie par

$$\alpha * (a,b) = (\alpha a, \alpha b) \quad \text{si } b \neq 0$$

et

$$\alpha * (a,0) = (\alpha^2 a, 0).$$

(4) Soit K le corps $\mathbb{R}$ et soit V l'ensemble, aussi noté $\mathbb{R}_+$, des réels $\geqslant 0$. On définit la « somme », notée $\alpha \boxplus \beta$ de deux réels $\alpha, \beta \geqslant 0$, et le « produit par un scalaire », noté $\boxdot$, d'un nombre réel $\alpha \geqslant 0$ par un réel β (non nécessairement positif) de la façon suivante :

$$\alpha \boxplus \beta = \alpha\beta$$

et

$$\alpha \boxdot \beta = \beta^\alpha.$$

(5) Soit $K = \mathbb{C}$, et soit $V = \mathbb{C}$ également. L'addition vectorielle est définie comme l'addition ordinaire des nombres complexes, mais le produit d'un scalaire α (dans $\mathbb{C}$) par un vecteur x (dans $\mathbb{C}$) est défini à l'aide de la partie réelle de α :

$$\alpha \cdot x = (\operatorname{Re} \alpha) x.$$

(6) Soit K le corps $\mathbb{Q}$ des rationnels, soit V le corps $\mathbb{R}$ des nombres réels. On définit la multiplication scalaire par

$$\alpha * x = \alpha x$$

pour tout $\alpha \in \mathbb{Q}$ et tout $x \in \mathbb{R}$.

Problème 21. *Quels sont les axiomes d'espace vectoriel qui ne sont pas vérifiés dans les exemples* (1), (2), (3), (4), (5) *et* (6) *?*

22. Combinaisons linéaires

L'exemple le plus connu d'espace vectoriel est l'espace $\mathbb{R}^2$ des couples de nombres réels, comme

$$(1,1), \quad (0,\pi^2), \quad \left(\frac{1}{2}, \sqrt{2}\right), \quad (0,-200), \quad \left(\frac{1}{\sqrt{5}}, -\sqrt{5}\right). \qquad (*)$$

Un exemple d'espace vectoriel, différent de $\mathbb{R}^2$ mais très proche en esprit, s'obtient en considérant certains de ces couples au lieu de tous. On rejette la plupart de ces couples ; voici quelques couples typiques parmi ceux que l'on garde :

$$(0,0),\quad \left(-\frac{1}{2},1\right),\quad (\sqrt{5},-2\sqrt{5}),\quad \left(\frac{1}{\sqrt{2}},-\sqrt{2}\right). \qquad (**)$$

Cela suffit-il à indiquer la règle, à trouver les couples qu'il faut rejeter et ceux qu'il faut conserver ? La réponse est : conserver les couples dont le second coefficient est égal à -2 fois le premier. Entendu ? $0 = (-2)\cdot 0$ et $1 = (-2)\cdot(-\frac{1}{2})$, etc. Notons provisoirement $\mathbb{R}^2_0$ ce nouvel espace.

Des espaces comme $\mathbb{R}^2$ et $\mathbb{R}^2_0$ nous sont familiers en géométrie ; $\mathbb{R}^2$ est le plan euclidien muni d'un système de coordonnées cartésiennes et $\mathbb{R}^2_0$ est une droite de ce plan, la droite d'équation $2x+y=0$. Il est souvent recommandé d'utiliser un langage géométrique en algèbre linéaire ; cela donne l'intuition de la bonne façon de voir les choses.

On a défini un vecteur comme un élément d'un espace vectoriel – n'importe quel espace vectoriel. Le mot « vecteur » est donc relatif, il change de sens suivant l'espace vectoriel qu'on étudie. (Comme par exemple le mot « citoyen » qui dépend de quel pays on parle.) Les vecteurs de $\mathbb{R}^2$ et $\mathbb{R}^2_0$ sont des couples ordonnés de réels, et les deux réels qui composent un vecteur sont appelés ses **composantes** ou ses **coordonnées**. Chacun des cinq couples de la liste $(*)$ est un vecteur de $\mathbb{R}^2$ (mais aucun n'appartient à $\mathbb{R}^2_0$) et chacun des quatre couples de la liste $(**)$ est un vecteur de $\mathbb{R}^2_0$.

Ce qui est important à propos des vecteurs, ce n'est pas ce qu'ils sont, mais ce qu'on peut faire avec, c'est-à-dire les additionner ou les multiplier par des scalaires. Si $x = (a_1, a_2)$ et $y = (b_1, b_2)$ sont des vecteurs (de $\mathbb{R}^2$ ou $\mathbb{R}^2_0$) et si α et β sont des nombres réels, on peut former

$$\alpha x + \beta y = (\alpha a_1 + \beta b_1, \alpha a_2 + \beta b_2),$$

qui est un vecteur du même espace, appelé **combinaison linéaire** des vecteurs x et y. Cette notion est fondamentale dans la théorie des espaces vectoriels. Par exemple, puisque

$$3(4,0) - 2(0,5) = (12,-10),$$

le vecteur $(12,-10)$ est combinaison linéaire des vecteurs $(4,0)$ et $(0,5)$. Encore plus simple : le vecteur $(7,\pi)$ est combinaison linéaire des vecteurs $(1,0)$ et $(0,1)$; en effet

$$(7,\pi) = 7(1,0) + \pi(0,1).$$

Cet exemple très simple se généralise d'une façon évidente : tout vecteur (α, β) est combinaison linéaire de $(1,0)$ et $(0,1)$. Démonstration :

$$(\alpha, \beta) = \alpha(1,0) + \beta(0,1).$$

> **Problème 22.** *Est-ce que* $(2,1)$ *est combinaison linéaire des vecteurs* $(1,1)$ *et* $(1,2)$ *? Et* $(0,1)$ *? Plus généralement, quels sont les vecteurs de* $\mathbb{R}^2$ *qui sont combinaison linéaire de* $(1,1)$ *et* $(1,2)$ *?*

Commentaire. Il ne faut pas oublier que 0 est un scalaire parfaitement respectable, de sorte que $(1,1)$ par exemple est combinaison linéaire de $(1,1)$ et $(1,2)$:

$$(1,1) = 1 \cdot (1,1) + 0 \cdot (1,2),$$

et qu'il en est de même de $(0,0)$:

$$(0,0) = 0 \cdot (1,1) + 0 \cdot (1,2).$$

23. Sous-espaces vectoriels

La discussion du problème 21 a établi que les quatre axiomes qui définissent les espaces vectoriels (la distributivité vectorielle et scalaire, l'associativité et l'axiome de l'identité) sont indépendants. Selon la définition officielle, un espace vectoriel est donc un groupe abélien sur lequel « opère » un corps K de sorte que les quatre axiomes soient vérifiés. L'ensemble $\mathscr{P}$ des polynômes à coefficients réels est un exemple d'espace vectoriel réel et il en est de même du sous-ensemble $\mathscr{P}_3$ formé des polynômes de degré $\leqslant 3$. L'ensemble $\mathbb{R}^3$ des triplets ordonnés de nombres réels est un espace vectoriel réel et il en est de même du sous-ensemble V de $\mathbb{R}^3$ constitué des triplets ordonnés de somme nulle. (Voir le problème 20.) Le sous-ensemble $\mathbb{Q}^3$ de $\mathbb{R}^3$ constitué des triplets à coordonnées rationnelles n'est pas un espace vectoriel sur le corps $\mathbb{R}$ (le produit d'un élément de $\mathbb{Q}^3$ par un nombre irrationnel n'est pas dans $\mathbb{Q}^3$), et le sous-ensemble X de $\mathbb{R}^3$ constitué des triplets dont au moins une coordonnée est nulle n'est pas un espace vectoriel (la somme de deux éléments de X n'appartient pas nécessairement à X).

Ces exemples illustrent et motivent une définition importante : Un sous-ensemble non vide M d'un espace vectoriel V est appelé

sous-espace vectoriel de V si la somme de deux vecteurs de M est toujours dans M et si le produit d'un vecteur de M par n'importe quel scalaire est aussi dans M. Cette définition se reformule de façon équivalente ainsi : un sous-ensemble non vide M de V est un sous-espace vectoriel si et seulement si $\alpha x + \beta y$ appartient à M quand x et y sont des vecteurs de M et α et β des scalaires arbitraires. Autrement dit, les sous-espaces vectoriels sont les sous-ensembles non vides stables par formation de combinaisons linéaires.

L'ensemble $\{0\}$ constitué du seul vecteur nul est un sous-espace de n'importe quel espace vectoriel V (on l'appelle sous-espace **trivial** – on dit que les autres sont non triviaux), et il en est de même de l'espace entier V. Un sous-espace de V différent de V est appelé un sous-espace **strict** (l'inclusion du sous-espace dans V est stricte). Pour voir des exemples plus intéressants de sous-espaces, élargissons notre stock d'exemples d'espaces vectoriels.

Nous avons déjà vu (solution 20) que chaque corps est un espace vectoriel sur lui-même. En particulier $\mathbb{R}$ est un espace vectoriel sur $\mathbb{R}$ mais, de façon plus intéressante, $\mathbb{R}$ est aussi un espace vectoriel sur $\mathbb{Q}$ – il suffit d'oublier comment on multiplie les nombres réels par autre chose que des rationnels. Dans cette situation où on considère $\mathbb{R}$ comme un espace vectoriel sur $\mathbb{Q}$, le sous-ensemble $\mathbb{Q}$ est un sous-espace et il en est de même du sous-ensemble plus grand $\mathbb{Q}(\sqrt{2})$ (voir le problème 16). Dans le même ordre d'idées, $\mathbb{C}$ (muni de l'addition) est un espace vectoriel sur $\mathbb{C}$ mais aussi sur $\mathbb{R}$. L'ensemble $\mathbb{R}$ est alors un sous-espace (réel) de $\mathbb{C}$.

D'habitude, quand on étudie des espaces vectoriels, le corps K est fixé une fois pour toutes, et tous les espaces considérés sont sur le corps K. Mais si le corps de base peut changer pendant l'étude, il est alors nécessaire de spécifier le corps à chaque fois. Une façon de le faire est d'employer l'expression K-espace vectoriel ; si $K = \mathbb{Q}$, $\mathbb{R}$ ou $\mathbb{C}$, on parle d'espaces vectoriels rationnels, réels ou complexes.

Si K est un corps et n un entier positif, l'ensemble des n-uplets $(a_1, a_2, \ldots, a_n)$ d'éléments de K est un K-espace vectoriel (l'addition des n-uplets qui jouent le rôle des vecteurs se fait composante par composante, ainsi que la multiplication par un élément de K). Cet espace est noté K^n. L'ensemble des n-uplets dont la première coordonnée est nulle forme un sous-espace.

Voici un exemple important et non trivial : l'ensemble des fonctions à valeurs réelles, définies sur un intervalle fermé donné, par exemple, est un espace vectoriel sur $\mathbb{R}$ (l'addition et la multiplication par un scalaire étant définies de la façon évidente, point par point). L'ensemble des fonctions continues forme un sous-espace vectoriel de cet espace. Une autre généralisation de $\mathbb{R}^n$ est l'ensemble des suites $\{a_1, a_2, a_3, \ldots\}$ de nombres réels ; un exemple de sous-espace vectoriel de cet espace est l'ensemble des suites pour lesquelles la série $\sum_{n=1}^{\infty} a_n$ converge, et un sous-espace de ce sous-espace est le sous-ensemble formé des suites pour lesquelles la série précédente est absolument convergente.

Pour voir des exemples plus géométriques, considérons l'espace vectoriel $\mathbb{R}^2$ et le sous-ensemble M des vecteurs de la forme $(a, 2a)$, où a est un réel arbitraire. Il est équivalent de dire que M est l'ensemble des vecteurs dont la seconde coordonnée est le double de la première ; dans le langage de la géométrie analytique, les éléments de M sont les points de la droite de pente 2 passant par l'origine, la droite d'équation $y = 2x$. (Des exemples comme celui-ci expliquent pourquoi l'algèbre linéaire est appelée linéaire : c'est l'algèbre des *lignes* droites et de leurs généralisations naturelles en dimension supérieure.) Le dernier exemple est représentatif : toute droite passant par l'origine est un sous-espace vectoriel de $\mathbb{R}^2$, et réciproquement tout sous-espace vectoriel strict et non trivial de $\mathbb{R}^2$ est de cette forme. La généralisation à $\mathbb{R}^3$ est directe : les sous-espaces vectoriels stricts et non triviaux de $\mathbb{R}^3$ sont les droites et les plans passant par l'origine.

Qu'est-ce que l'origine a de spécial ? Elle appartient nécessairement à tous les sous-espaces. En effet, si M est un sous-espace et x un élément de M, alors $0x$ appartient à M (multiplication par un scalaire), et puisque $0x = 0$, on a $0 \in$ M pour tout M. On aurait d'ailleurs pu formuler la définition des sous-espaces de la manière suivante : un sous-ensemble M de V est un sous-espace vectoriel s'il est lui-même un espace vectoriel pour les mêmes opérations (addition des vecteurs et multiplication scalaire, autrement dit, combinaisons linéaires) que celles de V. Puisque tout espace vectoriel contient le vecteur nul, la présence de 0 dans M n'est pas une surprise.

Problème 23. (*a*) *Dans l'espace vectoriel complexe* $\mathbb{C}^3$, *on considère pour chacune des conditions* (1) *à* (6) *ci-dessous le sous-ensemble* M *constitué des vecteurs* (a, b, c) *qui satisfont cette condition :*

(1) $a = 0$;
(2) $b = 0$;
(3) $a + b = 1$;
(4) $a + b = 0$;
(5) $a + b \geqslant 0$;
(6) *a est réel.*
Dans quels cas M *est-il un sous-espace vectoriel de* $\mathbb{C}^3$ *?*
(*b*) *Dans l'espace vectoriel complexe* $\mathcal{P}$ *des polynômes, on considère pour chacune des conditions* (1) *à* (4) *ci-dessous le sous-ensemble* M *constitué des vecteurs (polynômes) p qui satisfont la condition :*
(1) *p est de degré* 3 ;
(2) $2p(0) = p(1)$;
(3) $p(t) \geqslant 0$ *pour tout t tel que* $0 \leqslant t \leqslant 1$;
(4) $p(t) = p(1-t)$ *pour tout* t.
Dans quels cas M *est-il un sous-espace vectoriel de* $\mathcal{P}$ *?*

24. Réunions de sous-espaces

Quelles sont les opérations ensemblistes sur les sous-espaces qui produisent de nouveaux sous-espaces ? Certainement pas le passage au complémentaire : les vecteurs qui n'appartiennent pas à un sous-espace donné ne forment certainement pas un sous-espace. Pour s'en convaincre, on peut visualiser une droite dans le plan ; son complémentaire n'est pas une droite. Pour une démonstration éclair, il suffit de penser à 0 : 0 n'est jamais dans le complémentaire d'un sous-espace.

Problème 24. (*a*) *À quelle(s) condition(s) l'intersection de deux sous-espaces est-elle un sous-espace ? Et l'intersection de plus de deux sous-espaces (même une infinité) ?*
(*b*) *À quelle(s) condition(s) la réunion de deux sous-espaces est-elle un sous-espace ? Et la réunion de plus de deux sous-espaces ?*

25. Sous-espaces engendrés

Peut-on parler de combinaisons linéaires de plus de deux vecteurs ? Bien sûr. Si, par exemple, x, y et z sont trois vecteurs de $\mathbb{R}^3$, ou bien de $\mathbb{R}^2$ ou de $\mathbb{R}^2_0$ (voir le problème 22) et si α, β et γ sont des scalaires, le vecteur

$$\alpha x + \beta y + \gamma z$$

est une combinaison linéaire de l'ensemble $\{x, y, z\}$. Les combinaisons linéaires d'un ensemble de quatre vecteurs, $\{x_1, x_2, x_3, x_4\}$ sont définies comme les vecteurs de la forme

$$\alpha_1 x_1 + \alpha_2 x_2 + \alpha_3 x_3 + \alpha_4 x_4$$

(où α_1, α_2, α_3 et α_4 sont des scalaires) et la définition se généralise à un ensemble fini de vecteurs. Puisque

$$\alpha x + \beta y + \gamma z = 1 \cdot (\alpha x + \beta y) + \gamma \cdot z,$$

il est clair qu'on peut obtenir une combinaison linéaire de trois vecteurs en deux étapes, où l'on ne forme à chaque étape que des combinaisons linéaires de deux vecteurs : à la première étape, on forme $\alpha x + \beta y$ et à la seconde, on forme une combinaison linéaire de ce vecteur et de z. Ce résultat se généralise : toute combinaison linéaire finie s'obtient en un nombre fini d'étapes en formant des combinaisons linéaires de deux vecteurs seulement à chaque fois.

Un espace vectoriel intéressant est l'ensemble $\mathscr{P}_5$ des polynômes réels p de degré $\leqslant 5$ (un proche parent de l'espace $\mathscr{P}_3$ rencontré au problème 20). Voici des exemples de polynômes de degré $\leqslant 5$:

$$\begin{aligned}
p(x) &= x + x^5 \\
p(x) &= -\pi + x^3 \\
p(x) &= 7 + x + (\sqrt{2} + e^\pi)x^5 \\
p(x) &= 7 \\
p(x) &= 0 \\
p(x) &= x^4
\end{aligned}$$

Il est clair que pour obtenir des exemples plus riches (en coefficients), il faut former des combinaisons linéaires « longues » des polynômes ci-dessus.

Dans cet ordre d'idées, on peut faire apparaître un grand ensemble de vecteurs en formant toutes les combinaisons linéaires possibles de vecteurs d'un petit ensemble. Le problème 22 demandait par exemple quels vecteurs de $\mathbb{R}^2$ sont combinaisons linéaires de $(1,1)$ et $(1,2)$ et la réponse était « tous ». Voici une question similaire : quels vecteurs de $\mathbb{R}^3$ sont combinaisons linéaires de $(1,1,0)$ et $(1,2,0)$? La solution du problème 22 rend la réponse évidente : tous les vecteurs de la forme $(x,y,0)$. Le terme technique pour « ensemble de toutes les combinaisons linéaires » est **sous-espace engendré**. Ainsi, par exemple, le sous-espace engendré par les vecteurs $(1,1,0)$ et $(1,2,0)$ est l'ensemble des vecteurs de la forme $(x,y,0)$. On peut aussi dire que l'ensemble $\{(1,1,0),(1,2,0)\}$ **engendre** l'ensemble des vecteurs de la forme $(x,y,0)$.

En termes géométriques, $\mathbb{R}^3$ est l'espace euclidien à trois dimensions. Dans cet espace, l'ensemble des vecteurs (x,y,z) tels que $y = z = 0$ ou, autrement dit, l'ensemble des $(x,0,0)$ est appelé l'axe des x et, de même, l'axe des y est l'ensemble des $(0,y,0)$ et l'axe des z l'ensemble des $(0,0,z)$. Ces axes de coordonnées sont des droites. Les plans de coordonnées sont le plan des (x,y) (l'ensemble des (x,y,z) avec $z = 0$, c'est-à-dire l'ensemble des $(x,y,0)$), le plan des (y,z) (l'ensemble des $(0,y,z)$) et le plan des (x,z) (l'ensemble des $(x,0,z)$). Avec cette terminologie, on peut dire que l'axe des x et l'axe des z engendrent le plan des (x,z) et que l'ensemble $\{(1,1,0),(1,2,0)\}$ engendre le plan des (x,y).

Quel est le sous-espace engendré par $\{(1,1,1),(0,0,0)\}$? C'est l'ensemble des (x,x,x) ou, géométriquement, la droite passant par l'origine qui fait le même angle avec chacun des axes de coordonnées.

Et maintenant cette question : le vecteur $(1,4,9)$ de $\mathbb{R}^3$ est-il dans le sous-espace engendré par $\{(1,1,1),(0,1,1),(0,0,1)\}$? La réponse n'a pas l'air évidente, mais elle est facile à obtenir. Si $(1,4,9)$ appartient au sous-espace engendré par

$$\{(1,1,1),(0,1,1),(0,0,1)\},$$

alors on peut trouver des scalaires α, β et γ tels que

$$\alpha(1,1,1)+\beta(0,1,1)+\gamma(0,0,1)=(1,4,9),$$

ce qui entraîne que

$$\begin{aligned} \alpha &= 1 \\ \alpha+\beta &= 4 \\ \alpha+\beta+\gamma &= 9. \end{aligned}$$

Ces relations impliquent à leur tour que

$$\alpha = 1$$
$$\beta = 4 - \alpha = 4 - 1 = 3$$
$$\gamma = 9 - \alpha - \beta = 9 - 1 - 3 = 5.$$

Vérification : $1(1,1,1) + 3(0,1,1) + 5(0,0,1) = (1,4,9)$.

Parmi les polynômes (vecteurs) les plus simples de l'espace vectoriel $\mathscr{P}_5$ figurent 1, x^2 et x^4. Quel sous-espace engendrent-ils ? Réponse : c'est l'ensemble des polynômes de la forme

$$\alpha + \beta x^2 + \gamma x^4.$$

Ces polynômes possèdent une propriété remarquable, qui d'ailleurs les caractérise : ils restent inchangés si on change x en $-x$. Les polynômes qui possèdent cette propriété sont dits **pairs**. On peut remplacer dans cette définition les mots par une formule : le polynôme p est pair s'il satisfait l'identité $p(-x) = p(x)$. Le polynôme p est dit **impair** s'il satisfait l'identité $p(-x) = -p(x)$. À quoi ressemble un polynôme impair de $\mathscr{P}_5$?

Problème 25. (*a*) *Deux sous-ensembles disjoints de* $\mathbb{R}^2$, *chacun formé de deux vecteurs, peuvent-ils engendrer le même sous-espace ?* (*b*) *Quel est le sous-espace de* $\mathbb{R}^3$ *engendré par*

$$\{(1,1,1), (0,1,1), (0,0,1)\}?$$

26. Égalité des sous-espaces engendrés

L'application qui fait passer d'un ensemble au sous-espace engendré est une opération ensembliste qui transforme des ensembles (de vecteurs) en des ensembles (des sous-espaces vectoriels). (Noter qu'on dit aussi bien sous-espace engendré par les vecteurs x, y et z que sous-espace engendré par l'ensemble de vecteurs $E = \{x, y, z\}$.) Que peut-on dire de la relation entre un ensemble de vecteurs et le sous-espace qu'il engendre ? Il y a trois énoncés simples au niveau le plus abstrait (donc le moins profond), à savoir :

(1) chaque ensemble est contenu dans le sous-espace qu'il engendre ;

(2) si E est un sous-ensemble de F, alors le sous-espace engendré par E est contenu dans le sous-espace engendré par F ;

(3) le sous-espace engendré par le sous-espace engendré par un ensemble E est le même que le sous-espace engendré par E.

Il est utile d'avoir une notation pour le sous-espace engendré : un choix possible est le symbole $\bigvee$ (qui rappelle à la fois le symbole de la réunion ordinaire des ensembles et le V de *vecteur*). Les trois énoncés précédents peuvent alors être réécrits de la façon suivante :

$$\mathrm{E} \subset \bigvee \mathrm{E}, \tag{1}$$

$$\text{si } \mathrm{E} \subset \mathrm{F}, \text{ alors } \bigvee \mathrm{E} \subset \bigvee \mathrm{F}, \tag{2}$$

$$\bigvee \bigvee \mathrm{E} = \bigvee \mathrm{E}. \tag{3}$$

En termes techniques, (2) dit que l'opération $\bigvee$ est croissante et (3) dit qu'elle est idempotente.

La connaissance du sous-espace engendré par un ensemble de vecteurs fournit une intuition géométrique sur cet ensemble. Par exemple, savoir que deux ensembles engendrent le même sous-espace (comparer au problème 25 (*a*)) établit une relation entre eux. Voici quelques questions qu'on peut se poser : si on a trois vecteurs x, y et z tels que $x \in \bigvee\{y, z\}$, peut-on en déduire que $\bigvee\{x, z\} = \bigvee\{y, z\}$? La réponse est non. Si par exemple x est un multiple scalaire de z et que y ne l'est pas, alors $x \in \bigvee\{x, z\}$ (c'est clair), mais $y \notin \bigvee\{x, z\}$.

Une question voisine est celle-ci : si M est un sous-espace et x et y des vecteurs tels que

$$x \in \bigvee\{\mathrm{M}, y\},$$

a-t-on

$$\bigvee\{\mathrm{M}, x\} = \bigvee\{\mathrm{M}, y\} \,?$$

(Ici $\{\mathrm{M}, x\}$ est une abréviation pour $\mathrm{M} \cup \{x\}$.) La réponse est trivialement non : par exemple M peut être le sous-espace engendré par x, auquel cas l'hypothèse est manifestement vraie mais la conclusion est fausse si $y \notin \mathrm{M}$. Est-ce le seul cas où la conclusion est fausse ?

> **Problème 26.** *Soient x et y des vecteurs et* M *un sous-espace tel que $x \notin \mathrm{M}$ mais $x \in \bigvee\{\mathrm{M}, y\}$. A-t-on*
>
> $$\bigvee\{\mathrm{M}, x\} = \bigvee\{\mathrm{M}, y\} \,?$$

27. Quelques sous-espaces engendrés particuliers

Si x est un vecteur de V, quelle est l'intersection de tous les sous-espaces de V qui contiennent x ? (Attention, vérifier qu'il y en a !)

D'après le problème 24, une chose est sûre : l'intersection, appelons-la M, est un sous-espace. De plus, puisque M est l'intersection de sous-espaces contenant tous x, M contient aussi x. Et quoi d'autre ? Les multiples scalaires de x, puisqu'un sous-espace qui contient x contient aussi les αx. L'ensemble M_0 des multiples scalaires de x est lui-même un sous-espace et on vient de voir que $M_0 \subset M$. Puisque de plus M_0 contient x, M_0 est un élément de la famille dont l'intersection est M, donc $M \subset M_0$. En conséquence, $M = M_0$.

On peut raisonner de la même façon pour deux vecteurs au lieu d'un. Si x et y sont dans V, il existe certainement un sous-espace qui les contient tous les deux (V, par exemple) et l'intersection de tous les sous-espaces qui contiennent x et y est un sous-espace M qui contient x et y. Puisque M est un sous-espace, il contient aussi les combinaisons linéaires $\alpha x + \beta y$. L'ensemble M_0 de toutes ces combinaisons linéaires est par définition le sous-espace engendré par x et y (voir le problème 25) et on a manifestement $M_0 \subset M$. Le même argument que ci-dessus permet de conclure que $M = M_0$.

Ces exemples sont des cas particuliers d'une notion générale, celle de sous-espace engendré par une partie *quelconque* d'un espace vectoriel V. Si $E \subset V$ (l'ensemble E peut être un singleton $\{x\}$, un couple $\{x, y\}$, ou un ensemble quelconque, fini ou infini), alors l'intersection M de tous les sous-espaces qui contiennent E est un sous-espace. (Rappelons qu'il existe toujours au moins un sous-espace qui contient E, à savoir V.) On peut répéter l'argument du paragraphe précédent et montrer ainsi que $M = \bigvee E$.

La dernière assertion est-elle correcte ? Il y a un curieux cas dégénéré à considérer : quel est le sous-espace engendré par l'ensemble vide ? D'après la définition qu'on a donnée de « sous-espace engendré », la question est celle-ci : quels vecteurs sont combinaisons linéaires de zéro vecteur ? Cette formulation attire l'attention sur une faille de la définition : elle ne s'applique pas au conceptuellement trivial mais très important ensemble vide. Le remède consiste à reformuler la définition : le sous-espace engendré par un ensemble de vecteurs est l'intersection de tous les sous-espaces qui contiennent l'ensemble. Il n'est pas difficile de voir que, pour les ensembles non vides, cette définition est équivalente à la précédente ; son avantage est de s'appliquer à *tous* les ensembles, y compris l'ensemble vide. Puisque le sous-espace trivial $\{0\}$ est un sous-espace qui contient l'ensemble vide, le sous-espace engendré par $\emptyset$ est $\{0\}$. Il est utile de mentionner ce résultat, ne serait-ce que pour montrer que le concept de sous-espace engendré fonctionne parfaitement dans tous les cas, sans exception.

Le sous-espace engendré par un ensemble (fini ou infini) est par définition l'ensemble des combinaisons linéaires d'éléments de cet ensemble. Il y a une autre façon de dire la même chose qui utilise exactement un mot de plus, et ce mot semble venir naturellement à la bouche de certaines personnes : elles disent que le sous-espace engendré par un ensemble est l'ensemble des combinaisons linéaires *finies* d'éléments de cet ensemble. Le mot ajouté, « finies », semble inoffensif puisqu'il ne change pas le sens de la phrase (aucune autre sorte de combinaisons linéaires n'a été définie), mais il pourrait être dangereux car il suggère qu'on aurait pu considérer des « combinaisons linéaires infinies » mais qu'on les a délibérément écartées. Ce n'est pas vrai, et dans ce sens l'ajout de l'adjectif « finies » prête à confusion.

Pour se familiariser avec la notion de sous-espace engendré, il est judicieux d'examiner quelques cas particuliers, plus ou moins choisis au hasard, de sous-ensembles (petits ou grands) de $\mathbb{R}^2$, $\mathbb{R}^3$ ou $\mathscr{P}$, et d'étudier quels sous-espaces ils engendrent.

Problème 27. (*a*) *Peut-on trouver un vecteur qui engendre* $\mathbb{R}^2$ *?* (*b*) *Peut-on trouver deux vecteurs qui engendrent* $\mathbb{R}^2$ *?* (*c*) *Peut-on trouver deux vecteurs qui engendrent* $\mathbb{R}^3$ *?* (*d*) *Peut-on trouver un nombre fini de vecteurs qui engendrent* $\mathscr{P}$ *?*

28. Sommes de sous-espaces

Soit M la droite de $\mathbb{R}^2$ de pente 2 passant par l'origine et soit N la droite de $\mathbb{R}^2$ de pente 3 passant par l'origine. Quels vecteurs de $\mathbb{R}^2$ obtient-on en faisant la somme d'un vecteur de M et d'un vecteur de N ? Les vecteurs de M sont de la forme $(\alpha, 2\alpha)$ et ceux de N sont de la forme $(\alpha, 3\alpha)$. La question est donc : quels sont les vecteurs qui s'écrivent $(\alpha+\beta, 2\alpha+3\beta)$ quand α et β varient dans $\mathbb{R}$? Il est facile de trouver la réponse (tous les vecteurs de $\mathbb{R}^2$), mais on voit apparaître ici, attendant d'être reconnue, une notion générale plus utile que la réponse à cette question.

Si M et N sont des sous-espaces d'un espace vectoriel V, quels vecteurs peut-on obtenir en ajoutant un vecteur de M à un vecteur de N ? C'est-à-dire : on choisit x dans M et y dans N, on forme $x+y$ et on se demande quels vecteurs se représentent ainsi quand x et y décrivent respectivement le sous-espace M et le sous-espace N. Quelle que soit la réponse, notons-la

$$\mathrm{M}+\mathrm{N}.$$

C'est une nouvelle opération sur les sous-espaces, une sorte d'addition. Sa principale utilité vient de la relation qu'elle a avec les sous-espaces engendrés.

Puisque 0 appartient à chaque sous-espace, on voit que M et N sont contenus dans $\mathrm{M}+\mathrm{N}$, et donc que $\mathrm{M}\cup\mathrm{N}\subset\mathrm{M}+\mathrm{N}$. Puisque $\mathrm{M}+\mathrm{N}$ est un sous-espace (c'est facile à vérifier), on en déduit que

$$\bigvee(\mathrm{M}\cup\mathrm{N})\subset\mathrm{M}+\mathrm{N}.$$

(En effet, si un sous-espace contient un ensemble E, il contient $\bigvee \mathrm{E}$.) Mais M et N sont contenus dans $\bigvee(\mathrm{M}\cup\mathrm{N})$ et $\bigvee(\mathrm{M}\cup\mathrm{N})$ est stable pour l'addition vectorielle. On en déduit que $\mathrm{M}+\mathrm{N}\subset\bigvee(\mathrm{M}\cup\mathrm{N})$ et donc, finalement, que

$$\bigvee(\mathrm{M}\cup\mathrm{N})=\mathrm{M}+\mathrm{N}.$$

En résumé, former le sous-espace engendré par deux sous-espaces revient à faire leur somme.

L'addition des sous-espaces est une curieuse opération. Elle est commutative et associative, c'est facile à vérifier. Elle a un élément neutre, le sous-espace trivial $\{0\}$. Mais ce n'est pas une loi de groupe sur l'ensemble des sous-espaces d'un espace vectoriel – il n'y a pas d'inverse. En effet, puisque $\mathrm{M}\subset\mathrm{M}+\mathrm{N}$ quand M et N sont des sous-espaces, il est hors de question que $\mathrm{M}+\mathrm{N}=\{0\}$, à moins que $\mathrm{M}=\mathrm{N}=\{0\}$. On peut remarquer aussi que $\mathrm{M}+\mathrm{M}=\mathrm{M}$, un comportement inadmissible dans un groupe. Une autre propriété bizarre de l'addition des sous-espaces est qu'on peut avoir très facilement $\mathrm{M}+\mathrm{N}=\mathrm{N}$, même quand $\mathrm{M}\neq\{0\}$. (Cela se produit si et seulement si $\mathrm{M}\subset\mathrm{N}$.)

Les sous-espaces ont aussi une sorte de multiplication, l'intersection. L'intersection est commutative et associative, c'est facile à vérifier, et elle a un élément neutre, l'espace V. Mais les bonnes propriétés s'arrêtent là. L'inverse n'existe pas. En effet $\mathrm{M}\supset\mathrm{M}\cap\mathrm{N}$ quand M et N sont des sous-espaces, donc $\mathrm{M}\cap\mathrm{N}=\mathrm{V}$ est impossible, à moins que $\mathrm{M}=\mathrm{N}=\mathrm{V}$. On peut remarquer aussi que $\mathrm{M}\cap\mathrm{M}=\mathrm{M}$ et qu'il peut arriver que $\mathrm{M}\cap\mathrm{N}=\mathrm{N}$, très exactement quand $\mathrm{N}\subset\mathrm{M}$.

Il existe une autre notion reliée aux structures additive et multiplicative de l'ensemble des sous-espaces, c'est celle de supplémentaire. Commençons par quelques exemples.

Considérons deux sous-espaces distincts stricts et non triviaux M et N de $\mathbb{R}^2$ (en langage géométrique, il s'agit de deux droites distinctes du plan euclidien). On ne peut pas avoir $M + N = \{0\}$ (M et N ne sont pas des inverses additifs l'un de l'autre) et on ne peut pas avoir $M \cap N = \mathbb{R}^2$ (M et N ne sont pas des inverses multiplicatifs l'un de l'autre). Mais les propositions contraires sont vraies : $M + N = \mathbb{R}^2$ et $M \cap N = \{0\}$. (Faire un dessin.)

Un autre exemple. Soit M l'ensemble des polynômes pairs (à coefficients réels, par exemple) et soit N l'ensemble des polynômes impairs ; les définitions de ces termes apparaissent au problème 25. Un polynôme peut-il être à la fois pair et impair ? Une seconde de réflexion et la réponse vient : si et seulement si ce polynôme est identiquement nul. Attention : si le corps de base est tel que $1 + 1 = 0$, les deux définitions de la parité (somme de termes de degré pair et identité $p(x) = p(-x)$) ne sont pas équivalentes. Par exemple, sur le corps des entiers modulo 2, tout polynôme est à la fois pair et impair selon la seconde définition.

Peut-on écrire chaque polynôme comme la somme d'un polynôme pair et d'un polynôme impair ? Oui : étant donné p, on définit q et r par

$$q(x) = \frac{1}{2}\big(p(x) + p(-x)\big) \quad \text{et} \quad r(x) = \frac{1}{2}\big(p(x) - p(-x)\big);$$

on vérifie facilement que q est pair, r est impair et que $p = q + r$. On a donc

$$M \cap N = \{0\} \quad \text{et} \quad M + N = \mathscr{P}.$$

Dans un espace vectoriel quelconque V, on dit que deux sous-espaces sont **supplémentaires** si

$$M \cap N = \{0\} \quad \text{et} \quad M + N = V.$$

Cette notion est illustrée par les exemples précédents : deux droites distinctes du plan sont supplémentaires (aucun espoir d'unicité, c'est-à-dire de définir *le* supplémentaire d'une droite donnée), et les sous-espaces des polynômes pairs et impairs sont supplémentaires dans $\mathscr{P}$. Un exemple trivial, dans n'importe quel espace vectoriel V, est celui du sous-espace trivial $\{0\}$ et de l'espace tout entier V.

Tout sous-espace a-t-il au moins un supplémentaire ? Un sous-espace non trivial et strict a-t-il beaucoup de supplémentaires ? (La notion de « beaucoup » est relative, elle dépend du corps des coefficients. Pour de nombreux corps, « beaucoup » pourrait seulement signifier « plus d'un ».) Les réponses sont positives pour les deux questions, mais les démonstrations nécessitent des outils de théorie des ensembles (comme le lemme de Zorn) étrangers à l'esprit de l'algèbre linéaire élémentaire. Pour les espaces vectoriels qui vont maintenant occuper le devant de la scène, la réponse sera obtenue par des méthodes plus accessibles.

L'ensemble des sous-espaces muni de l'addition (+) et de l'intersection (∩) n'est pas un corps car il n'y a d'inverse pour aucune des deux lois. La relation entre ces deux lois est-elle satisfaisante ? Une attaque frontale consisterait à étudier la distributivité de l'intersection par rapport à la somme. Il est préférable de commencer par étudier des propriétés plus simples de l'addition des sous-espaces. L'une d'elle est appelée **l'identité modulaire** ; elle fait l'objet du problème qui suit.

Problème 28. *Si* L, M, N *sont des sous-espaces d'un espace vectoriel* V, *a-t-on*

$$\mathrm{L} \cap \big(\mathrm{M} + (\mathrm{L} \cap \mathrm{N})\big) = (\mathrm{L} \cap \mathrm{M}) + (\mathrm{L} \cap \mathrm{N})\ ?$$

29. Distributivité pour les sous-espaces

Problème 29. *Pour quels espaces vectoriels* V *est-il vrai que, si* L, M *et* N *sont des sous-espaces de* V, *on a*

$$\mathrm{L} \cap (\mathrm{M} + \mathrm{N}) = (\mathrm{L} \cap \mathrm{M}) + (\mathrm{L} \cap \mathrm{N})\ ?$$

30. Ensembles générateurs

Existe-t-il un sous-ensemble E d'un espace vectoriel V tel que le seul sous-espace vectoriel de V qui contienne E soit V lui-même ? Oui, on en a déjà vu plusieurs exemples. Un exemple dans $\mathbb{R}^1$ est le singleton $\{x\}$, où x est un vecteur non nul. Un exemple dans $\mathbb{R}^2$ est $\mathrm{E} = \{(1,0),(0,1)\}$.

Si le seul sous-espace de V contenant E est V, alors il est évident que l'intersection de tous les sous-espaces qui contiennent E est V, de sorte que

$$\bigvee \mathrm{E} = \mathrm{V}.$$

Un ensemble E qui a cette propriété, un ensemble qui engendre l'espace tout entier, est appelé ensemble **générateur**. Par une légère extension de la terminologie, un ensemble E qui engendre un sous-espace M de V est dit générateur de M. Dans l'espace vectoriel $\mathscr{P}_2$ des polynômes de degré $\leqslant 2$, l'ensemble

$$\mathrm{E} = \{1, 1 + x, 1 + x + x^2\}$$

est générateur, et dans l'espace vectoriel $\mathscr{P}$ de tous les polynômes, l'ensemble infini

$$\mathrm{E} = \{1, x, x^2, x^3, \ldots\}$$

des monômes est générateur. Dans l'espace $\{0\}$, l'ensemble vide est générateur.

En algèbre linéaire, les bons espaces vectoriels, ceux avec lesquels il est le plus facile de travailler et dont l'étude constitue l'essentiel du sujet de ce livre, sont ceux qui admettent un ensemble générateur fini. Ils sont appelés espaces vectoriels **de dimension finie**. L'espace $\mathscr{P}_2$ est de dimension finie, mais pas l'espace $\mathscr{P}$ (voir le problème 27). La première question naturelle qu'on peut se poser au sujet des espaces vectoriels de dimension finie est d'une simplicité trompeuse : un sous-espace d'un espace vectoriel de dimension finie est-il de dimension finie ? On dirait que c'est aussi simple que demander si un sous-ensemble d'un ensemble fini est fini, mais ça ne l'est pas. La question est délicate : il ne suffit pas de faire entrer la définition dans une machine et de donner un tour de manivelle. Voici un problème qui permet d'avancer dans la compréhension du sujet.

> **Problème 30.** *Soit* E *un ensemble générateur dans un espace vectoriel* V *et soit* M *un sous-espace de* V. *Existe-t-il une partie de* E *génératrice dans* M *?*

31. Dépendance linéaire

Les trois vecteurs

$$x = (1, 0), \quad y = (0, 1), \quad z = (1, 1)$$

forment une famille génératrice dans $\mathbb{R}^2$; en fait les deux premiers suffisent et le troisième est superflu. Il y a là un principe simple : si on adjoint des vecteurs supplémentaires à une famille génératrice, elle reste génératrice. Les nouveaux vecteurs ne font pas de mal, mais ils n'apportent aucune nouvelle information.

Dans cet exemple, le vecteur z est la somme des vecteurs x et y, ce qui rend évident le fait que toute combinaison linéaire de x, y et z peut s'écrire comme combinaison linéaire de x et y seulement. Quelquefois, il n'est pas aussi simple de s'apercevoir de la présence de vecteurs superflus dans une famille génératrice. Voici un exemple où la présence de vecteurs superflus est cachée. Soient

$$x = (1,7), \quad y = (2,8), \quad z = (3,6).$$

Il ne saute pas aux yeux que x, y et z forment une famille génératrice, ni que l'un d'eux est superflu, mais c'est pourtant vrai. Pour se convaincre qu'ils engendrent $\mathbb{R}^2$, on vérifie que

$$x - \frac{7}{4}y + \frac{7}{6}z = (1,0) \quad \text{et} \quad \frac{1}{7}x + \frac{1}{14}y - \frac{2}{21}z = (0,1).$$

Puisque tout vecteur de $\mathbb{R}^2$ est combinaison linéaire de $(1,0)$ et de $(0,1)$, il s'ensuit que tout vecteur de $\mathbb{R}^2$ est combinaison linéaire de x, y et z. Pour voir que l'un d'eux est superflu, on vérifie que

$$4x - 5y + 2z = 0,$$

donc z est « superflu » dans la mesure où il est combinaison linéaire de x et y ($z = \frac{5}{2}y - 2x$). De même on pourrait dire que x est superflu, ou que y est superflu. Si on retire *n'importe lequel* des vecteurs x, y, ou z de $\{x, y, z\}$, l'ensemble restant est encore générateur.

La façon dont x, y et z sont liés dans ces exemples est un modèle de la notion générale de dépendance linéaire. Quels que soient x, y et z, il est toujours possible de trouver des scalaires α, β et γ tels que la combinaison linéaire $\alpha x + \beta y + \gamma z$ ait pour valeur 0 ; il suffit de choisir $\alpha = 0$, $\beta = 0$ et $\gamma = 0$. C'est un énoncé trivial, et la combinaison linéaire $0 \cdot x + 0 \cdot y + 0 \cdot z$ est justement appelée combinaison linéaire triviale. Le même terme s'applique à n'importe quel ensemble fini de vecteurs. Encore un mot et le terrain sera prêt pour la définition générale. Au lieu d'*ensembles finis* de vecteurs de V, nous considérerons dans ce qui suit des *suites finies* de vecteurs de V – qu'on appelle aussi *familles* ou *systèmes* de vecteurs de V –, notées

$$(x_1, \ldots, x_n).$$

La différence pratique avec l'ensemble $\{x_1, \ldots, x_n\}$ est que les termes d'une suite peuvent être répétés sans dommage : si $x_1 = x_2 \neq x_3$, l'ensemble $\{x_1, x_2, x_3\}$ n'a que deux éléments, tandis que la suite (x_1, x_2, x_3) comporte toujours trois termes.

Une famille finie de vecteurs est dite **liée** s'il existe une combinaison linéaire non triviale de ces vecteurs qui soit nulle. Si la famille est $(x_1, x_2, \ldots, x_n)$, la dépendance linéaire signifie qu'il existe des scalaires $\alpha_1, \alpha_2, \ldots, \alpha_n$ non tous nuls tels que

$$\alpha_1 x_1 + \cdots + \alpha_n x_n = 0.$$

Par exemple, pour tout vecteur x, la famille $(0, x)$ est liée. En effet, $1 \cdot 0 + 0 \cdot x = 0$. (Remarque : les scalaires sont 1 et 0 et ils ne sont pas tous nuls.) Un exemple trivial de famille liée est la famille constituée du seul vecteur nul. En effet $1 \cdot 0 = 0$. Voici un exemple plus typique : si x et y sont des vecteurs quelconques, la famille $(x, y, x+y)$ est liée. En effet

$$1 \cdot x + 1 \cdot y + (-1)(x+y) = 0.$$

Encore un autre : si x, y, u, v sont des vecteurs quelconques, la famille

$$(x, y, x+y, u, v)$$

est liée. En effet

$$1 \cdot x + 1 \cdot y + (-1)(x+y) + 0 \cdot u + 0 \cdot v = 0.$$

Ce dernier exemple montre que la dépendance linéaire se comporte comme la propriété d'être générateur : ajouter des vecteurs supplémentaires ne change rien. Une famille contenant une famille liée est toujours liée.

Voici un dernier exemple de dépendance linéaire dans le cas de $\mathbb{R}^1$: si x et y sont deux vecteurs de cet espace (c'est-à-dire deux nombres réels), alors la famille (x, y) est liée. En effet, si x et y sont tous deux nuls, l'assertion est triviale ; si l'un des deux n'est pas nul, alors $yx + (-x)y$ est une combinaison linéaire non triviale qui s'annule.

Quel est la relation générale entre la dépendance linéaire et les vecteurs superflus ?

Problème 31. *Si un vecteur x_0 est combinaison linéaire de $(x_1, \ldots, x_n)$, la famille $(x_0, x_1, \ldots, x_n)$ est-il liée ? Si, réciproquement, une famille finie de vecteurs $(x_0, x_1, \ldots, x_n)$ est liée, au moins un de ces vecteurs est-il obligatoirement combinaison linéaire des autres ?*

32. Indépendance

Si x est un vecteur non nul, la seule combinaison linéaire de l'ensemble $\{x\}$ qui peut s'annuler est la combinaison linéaire triviale, ou, plus explicitement, la seule fois où αx est nul, c'est quand $\alpha = 0$. Autrement dit, le singleton $\{x\}$ n'est pas lié.

Dans l'espace vectoriel $\mathbb{R}^2$, si $x = (1,0)$ et $y = (0,1)$, la seule combinaison linéaire de la famille (x, y) qui vaut 0 est la combinaison linéaire triviale, c'est-à-dire $\alpha x + \beta y$ n'est nul que si $\alpha = \beta = 0$. Autrement dit, la famille (x, y) n'est pas liée.

La définition générale est : une famille de vecteurs qui n'est pas liée est dite **libre**.

La dépendance et l'indépendance linéaire sont des propriétés des familles de vecteurs, mais la plupart des gens appliquent ces qualificatifs aux vecteurs. Au lieu de parler d'une « famille libre » ou d'une « famille liée » de vecteurs, ils parlent de « vecteurs linéairement indépendants » ou de « vecteurs liés ».

Noter que dans une famille libre $(x_1, \ldots, x_n)$ tous les éléments sont différents : si $x_1 = x_2$ par exemple, on a $1 \cdot x_1 - 1 \cdot x_2 + 0 \cdot x_3 + \cdots + 0 \cdot x_n = 0$. On peut donc dire qu'un ensemble fini de vecteurs est libre, car évidemment cette propriété ne dépend pas de la façon dont sont numérotés les éléments de l'ensemble.

Il est souvent utile d'étendre la définition précédente à deux cas extrêmes, celui des très grands ensembles, et celui des très petits ensembles. Très grand signifie infini. Très petit signifie vide.

Un ensemble infini est dit libre si tous ses sous-ensembles finis sont libres. Par exemple, les monômes 1, x, x^2, x^3, ... forment une famille libre dans $\mathscr{P}$. En effet, la seule combinaison linéaire des puissances de x égale au polynôme nul est celle dont tous les coefficients sont nuls. (À propos, ceci n'est pas un énoncé sur l'algèbre des polynômes, c'est juste un rappel de ce que signifie « polynôme nul ».)

L'ensemble vide est-il libre ou lié ? La question n'est pas intrinsèquement importante, mais il serait maladroit de continuer sans examiner ce cas. En effet, l'ensemble vide peut apparaître au cours d'une démonstration (quand on forme par exemple l'intersection de deux ensembles) et il serait gênant de devoir distinguer sans cesse des cas particuliers.

La meilleure façon (et même la seule façon convaincante) de

répondre à des questions sur l'ensemble vide (ou sur des « implications vides ») est de se demander quand elles pourraient être fausses. Ici, la question est : si une combinaison linéaire de l'ensemble vide est nulle, tous les coefficients sont-ils nuls ? Comment cela pourrait-il être faux ? Ce serait faux si une combinaison linéaire non triviale de l'ensemble vide valait 0. Dire qu'une combinaison linéaire est non triviale revient à dire qu'au moins un de ses coefficients est non nul – et ceci ne peut pas se produire. En effet, il n'y a pas de coefficients du tout, donc en particulier pas de coefficient non nul. En conclusion, l'assertion que l'ensemble vide est libre ne peut pas être fausse. Un usage conséquent du langage conduit à déclarer l'ensemble vide libre. Remarquer d'ailleurs que ceci est cohérent avec la propriété qu'un sous-ensemble d'un ensemble libre est libre.

« Libre » est le terme approprié pour exprimer qu'un ensemble de vecteurs n'a pas d'éléments « superflus ». Un ensemble libre et générateur est appelé **base** de V. Exemples : si x est un nombre réel $\neq 0$, alors $\{x\}$ est une base de $\mathbb{R}^1$; si

$$x = (1,0) \quad \text{et} \quad y = (0,1),$$

alors $\{x, y\}$ est une base de $\mathbb{R}^2$, ainsi que $\{x-y, x+y\}$; plus généralement, les vecteurs

$$\begin{aligned} e_1 &= (1,0,\ldots,0),\\ e_2 &= (0,1,\ldots,0),\\ &\ldots\ldots,\\ e_n &= (0,0,\ldots,1) \end{aligned}$$

forment une base de $\mathbb{R}^n$, appelée **base canonique** de $\mathbb{R}^n$ et les coordonnées d'un vecteur de $\mathbb{R}^n$ dans la base canonique sont les composantes de ce vecteur ; les monômes

$$1, x, x^2, x^3, \cdots$$

forment une base de $\mathscr{P}$; les monômes $1, x, x^2, x^3, x^4, x^5$ forment une base de $\mathscr{P}_5$.

L'espace vectoriel $\{0\}$ (formé du seul vecteur nul) a-t-il une base ? Puisque le seul élément possible d'une base est 0 et que l'ensemble $\{0\}$ est lié, il semble que non, mais en réalité l'espace vectoriel $\{0\}$ a bien une base : l'ensemble vide. En effet, l'ensemble vide est libre et engendre $\{0\}$. Au premier abord, cela peut paraître étrange, mais il est facile de s'y habituer et tout fonctionne parfaitement aussi bien logiquement que linguistiquement.

Les espaces vectoriels ont-ils toujours des bases ? C'est une question d'une difficulté surprenante ; les techniques pour une réponse générale sont nécessairement transfinies. Mais pour les espaces vectoriels de dimension finie, nous avons déjà les outils adaptés.

Problème 32. *Un espace vectoriel de dimension finie admet-il toujours une base finie ?*

3

Bases

33. Changements de bases

Les questions les plus utiles sur les ensembles générateurs et en particulier sur les bases concernent moins la façon d'en fabriquer que celle d'en changer. Quels vecteurs utiliser pour remplacer un élément d'un ensemble générateur donné pour qu'il reste générateur ? Quels ensembles de vecteurs utiliser pour remplacer un sous-ensemble d'un ensemble générateur donné pour qu'il reste générateur ? Quelle restriction est imposée par la relation entre l'ensemble de remplacement et l'ensemble générateur donné ?

> **Problème 33.** *Sous quelles conditions portant sur un ensemble générateur* T *d'un espace vectoriel* V *et sur une partie finie* E *de* V *existe-t-il une partie* F *de* T *telle que* $(\mathrm{T}-\mathrm{F}) \cup \mathrm{E}$ *soit une partie génératrice de* V *?*

Cela sonne bizarrement ? Dans un langage moins emprunté, la question est la suivante : à quelle condition peut-on remplacer une partie d'un ensemble générateur par un ensemble fixé sans détruire la propriété d'être générateur ?

Commentaire. Telle que la question est posée, la réponse est « toujours » : il suffit de choisir $\mathrm{F} = \emptyset$. Il est donc nécessaire de réfléchir au problème avant de commencer à le résoudre. À quelles conditions sur T, E et F, la question a-t-elle un sens raisonnable ?

34. Supplémentaires communs

On a défini au problème 28 un **supplémentaire** d'un sous-espace vectoriel M d'un espace vectoriel V comme étant un sous-espace N de V tel que $\mathrm{M} \cap \mathrm{N} = \{0\}$ et $\mathrm{M} + \mathrm{N} = \mathrm{V}$. (Rappelons que $\mathrm{M} + \mathrm{N}$ désigne l'ensemble des vecteurs de la forme $x + y$ avec $x \in \mathrm{M}$ et $y \in \mathrm{N}$ ou, ce qui revient au même pour des sous-espaces, $\mathrm{M} + \mathrm{N}$

désigne le sous-espace engendré par $M \cup N$.) Il est possible, et même fréquent, pour un sous-espace d'avoir plusieurs supplémentaires ou, pour dire les choses autrement, il est possible pour plusieurs sous-espaces d'avoir un supplémentaire en commun. C'est possible, mais pas certain. Voici un exemple de question (qui fera réfléchir les experts une fraction de seconde) : si deux sous-espaces ont chacun un supplémentaire, ont-ils un supplémentaire commun ? Quand est-ce le cas ?

Problème 34. *À quelles conditions une famille finie de sous-espaces d'un espace vectoriel de dimension finie a-t-elle un supplémentaire commun ?*

35. Exemples d'indépendance linéaire

L'indépendance linéaire est une des notions les plus importantes de l'algèbre linéaire. Pour dominer le sujet, il est bon d'examiner quelques exemples et ce problème, ainsi que quelques-uns des suivants, figurent ici comme exercices d'entraînement. La plupart de ces problèmes ne demandent que peu de réflexion, juste un peu de travail.

Problème 35. (*a*) *Pour quels nombres réels x les vecteurs x et 1 sont-ils linéairement indépendants dans l'espace vectoriel $\mathbb{R}$ des nombres réels sur le corps $\mathbb{Q}$ des nombres rationnels ?*
(*b*) *À quelles conditions sur le scalaire ξ les vecteurs $(1+\xi, 1-\xi)$ et $(1-\xi, 1+\xi)$ de $\mathbb{R}^2$ (sur le corps $\mathbb{Q}$ des nombres rationnels) sont-ils linéairement indépendants ?*

36. Indépendance sur $\mathbb{R}$ et sur $\mathbb{Q}$

Problème 36. *Existe-t-il un sous-ensemble de $\mathbb{R}^3$ qui soit libre sur $\mathbb{Q}$ mais lié sur $\mathbb{R}$?*

37. Indépendance dans $\mathbb{C}^2$

Problème 37. (*a*) *À quelles conditions sur les scalaires α et β, les vecteurs $(1, \alpha)$ et $(1, \beta)$ de $\mathbb{C}^2$ sont-ils linéairement indépendants ?*
(*b*) *Existe-t-il trois vecteurs linéairement indépendants dans $\mathbb{C}^2$?*

38. Vecteurs communs à différentes bases

Problème 38. (*a*) *Existe-t-il deux bases de* $\mathbb{C}^4$ *telles que les seuls vecteurs communs à ces deux bases soient* $(0,0,1,1)$ *et* $(1,1,0,0)$ *?*

(*b*) *Existe-t-il deux bases de* $\mathbb{C}^4$ *n'ayant aucun vecteur en commun et telles que l'une d'elles contienne les vecteurs* $(1,0,0,0)$ *et* $(1,1,0,0)$ *et l'autre contienne les vecteurs* $(1,1,1,0)$ *et* $(1,1,1,1)$ *?*

39. Bases de $\mathbb{C}^3$

Problème 39. (*a*) *À quelle condition portant sur le scalaire* x *les vecteurs* $(1,1,1)$ *et* $(1,x,x^2)$ *forment-ils une base de* $\mathbb{C}^3$ *?*

(*b*) *À quelle condition portant sur le scalaire* x *les vecteurs* $(0,1,x)$, $(x,0,1)$ *et* $(x,1,1+x)$ *forment-ils une base de* $\mathbb{C}^3$ *?*

40. Parties libres maximales

Problème 40. *Soit* X *l'ensemble des six vecteurs suivants de* $\mathbb{R}^4$ *:*

$$(1,1,0,0),\quad (1,0,1,0),\quad (1,0,0,1),$$
$$(0,1,1,0),\quad (0,1,0,1),\quad (0,0,1,1).$$

Existe-t-il deux parties distinctes libres maximales de X *?*

(Une **partie libre maximale** de X est un sous-ensemble libre Y de X qui devient lié chaque fois qu'on lui adjoint un vecteur de X qui n'est pas déjà dans Y.)

41. Complexes considérés comme réels

Un espace vectoriel n'est pas qu'un ensemble de vecteurs ; c'est un ensemble de vecteurs et un corps des scalaires qui opère dessus. Il s'ensuit que le même ensemble de vecteurs peut être un espace vectoriel de plusieurs façons différentes, selon le corps des scalaires dont on le munit. Ainsi, par exemple, l'ensemble $\mathbb{C}$ des nombres complexes est un espace vectoriel sur le corps $\mathbb{C}$, ce qui est tout à fait banal. Ce qui est plus intéressant est que $\mathbb{C}$ est aussi un espace vectoriel sur le corps $\mathbb{R}$ des réels : il suffit d'oublier que la multiplication par des scalaires non réels est possible. Le problème qui suit est une généralisation de la question que nous venons d'évoquer.

Problème 41. *Tout espace vectoriel complexe* V *est intimement associé à un espace vectoriel réel* $V^{réel}$ *; on obtient* $V^{réel}$ *à partir de* V *en refusant de multiplier les vecteurs de* V *par autre chose que des nombres réels. Si la dimension de l'espace vectoriel complexe* V *est* n*, quelle est la dimension de l'espace vectoriel réel* $V^{réel}$ *?*

42. Sous-espaces de dimension pleine

Problème 42. *Un sous-espace vectoriel strict d'un espace vectoriel de dimension finie peut-il avoir la même dimension que tout l'espace ?*

43. Bases incomplètes

Quels vecteurs conviennent pour faire partie d'une base ? Pas le vecteur 0 ; est-ce la seule exception ? Quels ensembles de vecteurs conviennent pour faire partie d'une base ? Pas les ensembles liés ; est-ce la seule exception ?

Considérons un exemple. Les vecteurs

$$x_1 = (1,0,0,0),$$
$$x_2 = (0,1,0,0),$$
$$x_3 = (0,0,1,0),$$
$$x_4 = (0,0,0,1)$$

forment une base de $\mathbb{C}^4$ (la base canonique). Mais supposons que, pour certaines applications, on ait besoin d'une base différente, par exemple une qui contienne les vecteurs

$$u = (1,1,1,1)$$

et

$$v = (1,2,3,4).$$

Y a-t-il de telles bases ? Ce qui est facile à vérifier est que u et v sont linéairement indépendants, ils pourraient donc convenir pour faire partie d'une base, mais la question qui se pose est de savoir si l'indépendance est à elle seule une condition suffisante.

Problème 43. *Est-ce que tout sous-ensemble libre (fini) d'un espace vectoriel de dimension finie peut être complété en une base ?*

44. Sous-espaces de dimension finie

Au problème 30, la question s'était posée de savoir si tout sous-espace d'un espace vectoriel de dimension finie est de dimension finie, mais nous n'y avions pas répondu. Maintenant que nous pouvons compléter en bases des sous-ensembles libres, nous pouvons reposer cette question avec profit.

Problème 44. *Tout sous-espace d'un espace vectoriel de dimension finie est-il de dimension finie ?*

45. Ensembles générateurs minimaux

Les ensembles générateurs sont « grands » dans un sens assez vague et en particulier il est évident que, si un ensemble est générateur, tout ensemble qui le contient est aussi générateur. Cette remarque évidente attire l'attention sur le fait qu'on peut parfois enlever des éléments d'un ensemble générateur tout en conservant un ensemble générateur. Quand cela n'est pas possible, il est naturel de dire que l'ensemble générateur est **minimal**. Certains ensembles générateurs sont minimaux et certains sont libres (par exemples les bases). Y a-t-il une relation logique entre ces deux propriétés des ensembles générateurs ?

Problème 45. *Un ensemble générateur minimal est-il libre ? Un ensemble générateur libre est-il minimal ?*

46. Existence d'ensembles générateurs minimaux

D'accord, les ensembles générateurs minimaux existent (toute base en est un), mais tombe-t-on facilement sur eux dans un contexte donné ?

Problème 46. *Un ensemble générateur contient-il nécessairement un ensemble générateur minimal ?*

47. Ensembles indéfiniment générateurs

Existe-t-il des ensembles générateurs qui restent générateurs quand on enlève n'importe lequel de leurs éléments mais qui cessent d'être générateurs quand on leur enlève deux éléments convenablement choisis ? Attention : la question est posée pour des ensembles et non pour des suites de vecteurs ; il est donc interdit d'écrire deux fois le même vecteur. Si par exemple V est un espace vectoriel de dimension deux et si $\{x, y\}$ est une base de V, alors « l'ensemble » $\{x, x, y, y\}$ n'est pas une réponse satisfaisante. Mais en modifiant un peu cet ensemble, on obtient une réponse satisfaisante, à savoir l'ensemble $\{x, 2x, y, 2y\}$ (à la condition que le corps de base ne soit pas de caractéristique deux). En généralisant cette méthode, on obtient immédiatement un ensemble générateur qui reste générateur quand on lui enlève n quelconques de ses éléments mais qui cesse de l'être quand on lui enlève $n+1$ éléments convenablement choisis. Il est même possible pour un ensemble d'être **indéfiniment générateur**, c'est-à-dire de rester générateur quand on lui enlève n'importe quel sous-ensemble fini. Voici un exemple dans un espace vectoriel de dimension 2 sur $\mathbb{R}$, muni d'une base $\{x, y\}$: l'ensemble

$$\{x, y, 2x, 2y, 3x, 3y, \ldots\}.$$

Dans cet exemple, on peut même enlever des ensembles infinis si on les choisit bien. Si on enlève tous les termes après le second (c'est très soigneux), le résultat sera toujours générateur, mais si on enlève tous les termes des places paires (ce n'est pas soigneux), ce qui reste n'est pas générateur. Est-ce un ensemble très particulier ou partage-t-il ses propriétés avec tous les ensembles indéfiniment générateurs ?

> **Problème 47.** *Tout ensemble indéfiniment générateur* E *possède-t-il un sous-ensemble infini* F *tel que le complémentaire* E − F *de* F *dans* E *soit générateur ?*

48. Ensembles relativement indépendants

Tout ensemble de $n+1$ vecteurs dans un espace vectoriel de dimension n est lié. Mais il est facile de donner trois vecteurs de $\mathbb{R}^2$ tels que deux quelconques d'entre eux soient linéairement indépendants (ou, en langage géométrique, non colinéaires). Il est également facile de donner quatre vecteurs de $\mathbb{R}^3$ tels que trois quelconques d'entre eux ne soient jamais coplanaires et, plus généralement, il est facile de trouver $n+1$ vecteurs de $\mathbb{R}^n$ tels que n quelconques d'entre eux soient linéairement indépendants. Convenons momentanément de dire qu'un sous-ensemble E de $\mathbb{R}^n$ qui a cette propriété est **relativement indépendant**, la propriété étant que n vecteurs quelconques de E sont indépendants. Un ensemble relativement indépendant de $\mathbb{R}^n$ peut avoir $n+1$ vecteurs. Peut-on améliorer ce nombre ?

> **Problème 48.** *Quel est le nombre maximum possible de vecteurs d'un sous-ensemble relativement indépendant de $\mathbb{R}^n$?*

49. Nombre de bases d'un espace vectoriel fini

Les propriétés du corps des coefficients ont manifestement une influence sur les propriétés de l'espace vectoriel sur ce corps. Les corps finis sont très importants dans certaines applications et on ne peut comprendre complètement le sujet sans avoir un peu travaillé avec ces corps.

Les exemples les mieux connus de corps finis sont les corps $\mathbb{Z}_p$ (corps des entiers modulo p), où p est un nombre premier. Ce ne sont pas les seuls exemples (voir le problème 19). Sachant que ces corps existent, on peut utiliser l'algèbre linéaire pour démontrer un petit théorème à leur sujet, en l'occurrence que leur nombre d'éléments est une puissance d'un nombre premier. Les outils nécessaires de la théorie des corps sont les suivants : tout corps fini a comme caractéristique un nombre premier ; tout corps de caractéristique p a un sous-corps isomorphe à $\mathbb{Z}_p$; tout corps est un espace vectoriel sur n'importe lequel de ses sous-corps. (Ces énoncés font partie de ce qui vient juste après les définitions dans la théorie des corps ; ils sont faciles à démontrer.) Un outil supplémentaire, venant de l'algèbre linéaire, est nécessaire, et nous en discuterons plus loin ; la démonstration du « petit théorème » sera repoussée jusque là.

Il est vrai que si q est une puissance d'un nombre premier, il existe un corps à q éléments (et, à un changement de notation près, il existe un seul corps ayant cette propriété) ; le cas $q = 2^2$, qui a été discuté au problème 19, est plus ou moins typique. Un espace vectoriel typique sur un corps K à q éléments (avec $q = p^k$) est K^n. Combien d'éléments a cet espace ? Il est clair que la réponse est q^n.

Le problème suivant, qui nécessite plus de calculs, concerne non pas le nombre d'éléments, mais le nombre de sous-ensembles d'une certaine espèce.

> **Problème 49.** *Si* K *est un corps à* q *éléments, combien de bases possède l'espace vectoriel* K^n *?*

50. Sommes directes

On peut voir le plan euclidien comme le résultat d'une construction qui, à partir de deux droites (l'axe des x et l'axe des y), fabrique un nouvel espace vectoriel. Cette construction fait partie d'une idée plus générale ; d'autres exemples apparaissent dans toute l'algèbre linéaire (ou même dans toutes les mathématiques). Si U et V sont des espaces vectoriels, leur **somme directe** [1], notée

$$U \oplus V,$$

est l'ensemble des couples ordonnés (x, y), avec x dans U et y dans V, l'addition et la multiplication scalaire étant définies par les équations naturelles

$$(x_1, y_1) + (x_2, y_2) = (x_1 + x_2, y_1 + y_2)$$

et

$$\alpha(x, y) = (\alpha x, \alpha y).$$

Les vecteurs x (dans U) et y (dans V) sont appelés les **composantes** de (x, y) (dans $U \oplus V$). Dans ce langage, on peut exprimer ces définitions en disant que les opérations linéaires dans $U \oplus V$ se font **composante par composante**. Il faut encore vérifier que ces définitions sont correctes, c'est-à-dire qu'elles définissent bien un espace vectoriel. Cette vérification est facile, et ne demande pas de nouvelle technique ; elle est analogue à la démonstration du fait que, si K est un corps, K^2 est un espace vectoriel. Cette assertion familière est en fait un cas particulier de ce que nous affirmons maintenant ; dans notre langage K^2 est la somme directe de K^1 et K^1.

1. On dit souvent en français que $U \oplus V$ est la *somme directe externe* de U et V. On dit d'autre part que W est somme directe (interne) des sous-espaces vectoriels M et N quand M et N sont des sous-espaces supplémentaires de W. Il est facile de voir que dans ce cas l'application de la somme directe externe $M \oplus N$ dans W qui à (x, y) associe $x + y$ est un isomorphisme. On écrit souvent $W = M \oplus N$ pour dire que M et N sont des sous-espaces supplémentaires de W. (N.d.T.)

Si U et V sont des espaces vectoriels qui se comportent bien, comment se comporte $U \oplus V$?

> **Problème 50.** *Si* U *et* V *sont des espaces vectoriels de dimension finie, de dimension n et m respectivement, quelle est la dimension de* $U \oplus V$ *?*

Rappel. La dimension d'un espace vectoriel V (de dimension finie) a été définie dans la solution 33 comme le nombre d'éléments d'une base de V, immédiatement après le théorème affirmant que toutes les bases de V ont le même nombre d'éléments.

51. Espaces quotients

Si M est un sous-espace d'un espace vectoriel V, il y a en général beaucoup de sous-espaces N tels que

$$M \cap N = \{0\}$$

et

$$M + N = V,$$

ou, autrement dit, beaucoup de supplémentaires pour M et il n'y a pas de façon naturelle de choisir l'un d'entre eux. Il y a cependant une construction naturelle qui associe à M et V un nouvel espace vectoriel qui joue, dans toutes les situations pratiques, le rôle d'un supplémentaire de M. L'avantage que cette construction a sur toutes les autres formations de supplémentaires est précisément son caractère « intrinsèque », c'est-à-dire indépendant du choix d'une base, ou même indépendant de tout choix.

Pour comprendre la construction, il est utile de garder une image à l'esprit. Supposons par exemple que $V = \mathbb{R}^2$ et que M soit l'ensemble des vecteurs (x_1, x_2) tels que $x_2 = 0$ (l'axe horizontal). Les supplémentaires de M sont les droites (autres que l'axe horizontal) passant par l'origine. Observons que chaque supplémentaire a la propriété d'intersecter chaque droite horizontale en exactement un point. L'idée de la construction que nous allons décrire maintenant revient à fabriquer un espace vectoriel à partir de l'ensemble de toutes les droites horizontales.

Revenons au cas général et commençons par utiliser M pour distinguer certains sous-ensembles de V. Si x est un vecteur de V, l'ensemble $x+M$ de tous les vecteurs de la forme $x+y$, où y décrit M, est appelé une **classe** suivant M, et ce sont ces ensembles qui nous intéressent maintenant. Quant à la notation, elle est cohérente avec celle utilisée pour la somme vectorielle (voir le problème 28). Dans notre exemple, les classes sont les droites horizontales. Remarquons qu'une seule et même classe peut provenir de beaucoup de vecteurs différents : il est possible que $x + \mathrm{M} = y + \mathrm{M}$ avec $x \neq y$. Il est tout à fait correct de parler d'une classe K sans spécifier de quel élément (ou de quels éléments) la classe K provient ; dire que K est une classe (suivant M) signifie simplement qu'il existe au moins un x tel que $\mathrm{K} = x + \mathrm{M}$.

Si H et K sont des classes (suivant M), la somme vectorielle H+K est aussi une classe suivant M. En effet, si

$$\mathrm{H} = x + \mathrm{M}$$

et

$$\mathrm{K} = y + \mathrm{M},$$

alors tout élément de $\mathrm{H} + \mathrm{K}$ appartient à la classe $(x + y) + \mathrm{M}$ (remarquer que $\mathrm{M} + \mathrm{M} = \mathrm{M}$) et, réciproquement, tout élément de $(x + y) + \mathrm{M}$ est dans $\mathrm{H} + \mathrm{K}$. (Si, par exemple, z est dans M, alors $(x + y) + z = (x + z) + (y + 0)$.) Autrement dit,

$$\mathrm{H} + \mathrm{K} = (x + y) + \mathrm{M}$$

de telle sorte que $\mathrm{H} + \mathrm{K}$ est une classe, comme annoncé.

Il est facile de vérifier que l'addition des classes est associative et commutative. La classe M (c'est-à-dire $0 + \mathrm{M}$) est telle que

$$\mathrm{K} + \mathrm{M} = \mathrm{K}$$

pour toute classe K et, de plus, M est la seule classe ayant cette propriété. (Si $(x + \mathrm{M}) + (y + \mathrm{M}) = x + \mathrm{M}$, alors $x + \mathrm{M}$ contient $x + y$, de telle sorte que $x + y = x + u$ pour un $u \in \mathrm{M}$; cela implique que y est dans M et donc que $y + \mathrm{M} = \mathrm{M}$.) Si K est une classe, l'ensemble des vecteurs $-u$, avec u dans K, est une classe, notée

$$-\mathrm{K}.$$

La classe $-\mathrm{K}$ vérifie $\mathrm{K} + (-\mathrm{K}) = \mathrm{M}$ et, de plus, $-\mathrm{K}$ est la seule classe ayant cette propriété. Pour résumer, avec la loi d'addition vectorielle, les classes de M forment un groupe abélien.

Si K est une classe et α un scalaire non nul, notons $\alpha \cdot \mathrm{K}$ l'ensemble des vecteurs αu avec u dans K ; la classe $0 \cdot \mathrm{K}$ est par définition égale à M. On vérifie facilement que, muni de la multiplication scalaire ainsi définie, l'ensemble des classes est un espace vectoriel. Cet espace est appelé **l'espace quotient** de V modulo M et est noté V/M.

On aurait pu définir l'espace quotient V/M autrement. Selon cette autre définition, les éléments de V/M sont les mêmes que les éléments (vecteurs) de V, mais l'égalité est redéfinie : deux vecteurs sont considérés comme les mêmes si leur différence est un vecteur de M. Autrement dit, si x et y sont des vecteurs de V, dire que $x = y$ modulo M, ce qu'il est préférable de prononcer « x est **congru** à y modulo M » et peut-être d'écrire plus honnêtement

$$x \equiv y \pmod{\mathrm{M}}$$

revient à dire que $x - y \in \mathrm{M}$. Cette formulation alternative devrait rappeler la discussion sur les polynômes modulo un polynôme fixé (voir la solution 19). Il y a deux approches de la notion de « quotient » : dans l'une, les nouveaux éléments sont des ensembles, les opérations nécessaires telles que l'addition étant définies de façon appropriée, et dans l'autre les nouveaux éléments sont les mêmes que les anciens, ainsi que les opérations, mais l'égalité est redéfinie. Dans la suite, on utilisera la seconde approche quand il semblera pratique de le faire.

Il y a trois constructions qui sont **universelles** dans le sens où elles apparaissent dans toutes sortes de structures mathématiques, où elles ont alors une grande importance; on les appellent en général **sous-structures**, **structures sommes directes** et **structures quotient**. Ces constructions apparaissent en théorie des groupes, en topologie et en algèbre linéaire. Dans le cas de l'algèbre linéaire, la question la plus évidente a trait à la dimension.

> **Problème 51.** (*a*) *Y a-t-il un exemple d'un espace vectoriel* V *et d'un sous-espace* M *tels que ni* M *ni* V/M *ne soient de dimension finie ?*
>
> (*b*) *Y a-t-il un exemple d'un espace vectoriel* V *et de sous-espaces* M *et* N *tels que* V/M *soit de dimension finie, mais pas* V/N *?*

Commentaire. Le mot « quotient » et la notation V/M peuvent sembler inappropriés à certaines personnes : le mot et la notation ne devraient-ils pas évoquer la soustraction plutôt que la division ? Oui et non. Dans de nombreux domaines des mathématiques, les ensembles de couples ordonnés (tels que la somme directe $U \oplus V$) sont appelés **produits cartésiens** et notés $U \times V$, et dans ces cas il est naturel de considérer l'inverse comme une sorte de division. Le problème vient du fait que les différentes parties de l'algèbre linéaire proviennent, historiquement, de différentes sources et qu'il est impossible de résoudre le conflit terminologique maintenant. Il n'est pas difficile d'apprendre à vivre avec.

52. Dimension d'un espace quotient

> **Problème 52.** *Si* V *est un espace vectoriel de dimension* n *et* M *un sous-espace de* V *de dimension* m*, quelle est la dimension de* V/M *?*

53. Additivité de la dimension

Si M et N sont des sous-ensembles d'un ensemble donné, on peut leur associer naturellement un autre ensemble : leur réunion $M \cup N$. Si M et N sont finis et si on note card (comme cardinal) le nombre d'éléments dans l'ensemble, alors on a *dans certains cas*

$$\operatorname{card}(M \cup N) = \operatorname{card} M + \operatorname{card} N.$$

Plus précisément, cette relation est vraie quand M et N sont **disjoints** ($M \cap N = \emptyset$). S'ils ne sont pas disjoints, alors au second membre les éléments communs à M et N sont comptés deux fois, et la relation est fausse.

Si M et N sont des sous-espaces d'un espace vectoriel donné, on peut leur associer naturellement un autre sous-espace : le sous-espace qu'ils engendrent $M + N$. Si M et N sont de dimension finie, alors on a dans certains cas

$$\dim(M + N) = \dim M + \dim N.$$

Plus précisément, cette relation est vraie quand M et N sont disjoints (ce qui signifie ici $M \cap N = \{0\}$) ; autrement elle est fausse. Mais qu'est-ce qui est vrai ?

> **Problème 53.** *Si* M *et* N *sont des sous-espaces de dimension finie d'un espace vectoriel, quelle relation y a-t-il entre les nombres* $\dim M$, $\dim N$, $\dim(M + N)$ *et* $\dim(M \cap N)$ *?*

Remarque terminologique. Pour des sous-espaces vectoriels, dire qu'ils sont « disjoints » signifie que leur intersection est {0}, pas $\varnothing$. Puisque le vecteur nul appartient à tous les sous-espaces, la dernière éventualité aurait été impossible.

4

Transformations

54. Transformations linéaires

Tous les personnages sont présentés, l'action peut commencer. Jusqu'à présent, les vecteurs d'un espace vectoriel se contentaient d'être là ; ils vont se mettre à changer, à se transformer en d'autres vecteurs. Exemple typique : dans $\mathscr{P}_5$ (espace vectoriel des polynômes de degré $\leqslant 5$), on remplace chaque polynôme p par sa dérivée $\mathrm{D}p$.

Qu'y a-t-il de remarquable dans cet exemple ? Si $p_1(x) = 3x$ et $p_2(x) = 5x^2$, alors

$$\mathrm{D}p_1(x) = 3 \quad \text{et} \quad \mathrm{D}p_2(x) = 10x\,;$$

si de plus on note s la somme $p_1 + p_2$,

$$s(x) = 3x + 5x^2,$$

alors

$$\mathrm{D}s(x) = 3 + 10x.$$

Cette simple propriété de la dérivation est, de notre point de vue actuel, la plus importante : la dérivée d'une somme est la somme des dérivées. Une propriété presque aussi importante est illustrée par :

$$\mathrm{D}\big(7p_2(x)\big) = 70x\,;$$

l'énoncé général est

$$\mathrm{D}\big(\alpha p(x)\big) = \alpha \mathrm{D}p(x)$$

pour tout polynôme p et tout scalaire α. Autrement dit, la dérivée d'un multiple scalaire est le même multiple scalaire de la dérivée.

On peut rassembler ces deux propriétés de la transformation D en un seul énoncé : qu'on forme d'abord une combinaison linéaire et qu'on la transforme ensuite, ou qu'on transforme d'abord et qu'on forme ensuite la même combinaison linéaire, le résultat est le même. C'est ce qui rend la dérivation importante en algèbre linéaire ;

on décrit cette propriété en disant que D est une **transformation linéaire**.

Voici un autre exemple : on considère l'espace vectoriel $\mathbb{R}^3$, et on dilate chaque vecteur (x, y, z) d'un facteur 7. Si on désigne cette opération par le symbole S, alors S transforme le vecteur $u = (1,0,2)$ en $\mathrm{S}u = (7,0,14)$, et le vecteur $v = (3,-1,5)$ en $\mathrm{S}v = (21,-7,35)$, et on a plus généralement

$$\mathrm{S}(x, y, z) = (7x, 7y, 7z).$$

Considérons la combinaison linéaire

$$3u - 2v$$

qui est égale à

$$(3,0,6) - (6,-2,10),$$

et donc à

$$(-3,2,-4),$$

et appliquons-lui la dilatation ; on obtient

$$(-21,14,-28).$$

L'autre possibilité est de dilater u et v séparément puis de former la combinaison linéaire, ce qui donne

$$\mathrm{S}u = (7,0,14), \quad \mathrm{S}v = (21,-7,35)$$

et

$$3\mathrm{S}u - 2\mathrm{S}v = (21,0,42) - (42,-14,70) = (-21,14,-28),$$

le même résultat final.

Cela marche à tous les coups. Étant donnés deux vecteurs (ou même un nombre fini de vecteurs), si on forme une combinaison linéaire de ces vecteurs et qu'on la dilate, ou si on dilate chaque vecteur et qu'on forme la même combinaison linéaire, on obtiendra le même résultat. C'est pour cette raison qu'on dit que la dilatation est une transformation linéaire. (On lit les expressions symboliques $\mathrm{S}v$ et $\mathrm{S}(1,0,2)$ comme on l'a appris en analyse : on dit « S de v » et « S de $(1,0,2)$ ».)

Pour comprendre un phénomène mathématique, il est essentiel de connaître plusieurs situations où il se rencontre et plusieurs autres où il ne se rencontre pas. En accord avec ce principe, nous allons donner une description de cinq transformations (« changements ») définies sur un espace vectoriel ; certaines sont des transformations linéaires, d'autres pas.

(1) L'espace vectoriel est $\mathbb{R}^2$; la transformation T échange les coordonnées de chaque vecteur :

$$T(x, y) = (y, x).$$

(2) L'espace vectoriel est $\mathbb{R}^2$; la transformation T remplace chaque coordonnée par son carré :

$$T(x, y) = (x^2, y^2).$$

(3) L'espace vectoriel est $\mathbb{R}^2$; la transformation T remplace chaque coordonnée par son exponentielle :

$$T(x, y) = (e^x, e^y).$$

(4) L'espace vectoriel est $\mathscr{P}$; la transformation T intègre :

$$Tp(x) = \int_2^x p(t)\, dt.$$

(5) L'espace vectoriel est $\mathbb{R}^2$; la transformation T remplace chaque coordonnée par une certaine combinaison linéaire des deux coordonnées :

$$T(x, y) = (2x + 3y, 7x - 5y).$$

On va voir que (1), (4) et (5) définissent des transformations linéaires, mais pas (2) et (3). La vérification pour (1) et (5) est simple. Il suffit de remplacer (x, y) par une combinaison linéaire arbitraire

$$\alpha_1(x_1, y_1) + \alpha_2(x_2, y_2),$$

d'appliquer T et de comparer le résultat avec ce qu'on obtient en procédant dans l'ordre inverse. (« Dans l'ordre inverse » signifie qu'on applique T à chacun des vecteurs (x_1, y_1) et (x_2, y_2), puis qu'on forme la combinaison linéaire.) Autrement dit, la vérification consiste à appliquer la définition des transformations linéaires et cela donne le résultat. Le fait que (4) soit linéaire provient d'une propriété bien connue de l'intégrale : l'intégrale d'une somme est la somme des intégrales et l'intégrale d'un multiple scalaire est le multiple scalaire de l'intégrale.

Mais pour (2), tout va de travers. Si on avait

$$(s + t)^2 = s^2 + t^2$$

pour tous nombres réels s et t (une identité à laquelle certains étudiants très débutants sont parfois tentés de croire), alors la transformation T satisferait l'une des conditions de la linéarité. En effet, on aurait alors

$$\big((x_1+x_2)^2,(y_1+y_2)^2\big)=(x_1^2+x_2^2,y_1^2+y_2^2),$$

et donc

$$\mathrm{T}\big((x_1,y_1)+(x_2,y_2)\big)=\mathrm{T}(x_1,y_1)+\mathrm{T}(x_2,y_2).$$

Mais même si cette propriété était vérifiée, la multiplication scalaire ne marcherait pas. Pour avoir la linéarité, il est nécessaire que $\mathrm{T}(\alpha x,\alpha y)$ soit égal à $\alpha\mathrm{T}(x,y)$, mais

$$\mathrm{T}(\alpha x,\alpha y)=(\alpha^2 x,\alpha^2 y)$$

et

$$\alpha\mathrm{T}(x,y)=\alpha(x^2,y^2)=(\alpha x^2,\alpha y^2),$$

et, sauf dans les rares cas où $\alpha=\alpha^2$, les résultats de ces deux calculs ne sont pas les mêmes.

Pour beaucoup de mathématiciens professionnels, l'argument précédent n'est pas valable. Le problème est que cet argument ne montre pas que T n'est pas linéaire ; il met simplement en évidence que la façon naturelle de montrer que T est linéaire ne marche pas. La seule façon convaincante de montrer que T n'est pas linéaire est d'exhiber *explicitement* une combinaison linéaire sur laquelle T n'agit pas convenablement. C'est facile à faire : si, par exemple, $(x,y)=(1,1)$ et $\alpha=2$, alors

$$\mathrm{T}(\alpha x,\alpha y)=(2^2,2^2)=(4,4)$$

tandis que

$$\alpha\mathrm{T}(x,y)=2\cdot(1,1)=(2,2).$$

On démontre de la même manière que la transformation décrite en (3) n'est pas linéaire. On a un contre-exemple explicite en prenant $(x,y)=(0,0)$ et $\alpha=2$. En effet,

$$\mathrm{T}(\alpha x,\alpha y)=\mathrm{T}(0,0)=(1,1)$$

et

$$\alpha\mathrm{T}(x,y)=2\cdot(1,1)=(2,2).$$

Problème 54. (*a*) *Lesquelles de ces trois transformations de* $\mathbb{R}^2$ *sont linéaires ? (α, β, γ, δ sont des scalaires donnés.)*

(1) $T(x,y) = (\alpha x + \beta y, \gamma x + \delta y)$.
(2) $T(x,y) = (\alpha x^2 + \beta y^2, \gamma x^2 + \delta y^2)$.
(3) $T(x,y) = (\alpha^2 x + \beta^2 y, \gamma^2 x + \delta^2 y)$.

(*b*) *Lesquelles de ces trois transformations de* $\mathscr{P}$ *sont linéaires ? (Les relations sont supposées valables pour des polynômes arbitraires p.)*
(1) $Tp(x) = p(x^2)$.
(2) $Tp(x) = \big(p(x)\big)^2$.
(3) $Tp(x) = x^2 p(x)$.

55. Domaine et image

L'intégration sur l'espace vectoriel $\mathscr{P}$ des polynômes est une transformation linéaire tout à fait légitime (voir la discussion qui précède le problème 54), mais la même définition

$$Tp(x) = \int_2^x p(t)\,dt \qquad (*)$$

ne marche plus sur $\mathscr{P}_5$; l'ennui est qu'on risque d'obtenir un polynôme de degré trop élevé pour appartenir à $\mathscr{P}_5$. Par exemple, pour $p(x) = x^5$ on a

$$\int_2^x p(t)\,dt = \left[\frac{1}{6}t^6\right]_2^x = \frac{x^6 - 2^6}{6}.$$

On pourrait penser qu'on risque de rencontrer un problème similaire avec la dérivation dans $\mathscr{P}_5$: la dérivation *abaisse* le degré. Mais, tout compte fait, ce n'est pas gênant. Il est bien vrai que l'opérateur D appliqué à un polynôme de degré $\leqslant 5$ fournit un polynôme de degré $\leqslant 4$, mais $4 \leqslant 5$, et les vecteurs de $\mathscr{P}_5$ restent dans $\mathscr{P}_5$.

Ces deux exemples préparent le terrain pour une petite et utile généralisation du concept de transformation linéaire. La généralisation consiste à considérer des transformations (changements, fonctions, applications, opérateurs...) qui transforment un vecteur v d'un espace vectoriel V en un vecteur Tv d'un espace vectoriel W qui peut être différent de V, de façon à « coopérer » avec les combinaisons linéaires. Le terme technique est « commuter » ; il signifie, naturellement, qu'on obtient le même résultat en formant une combinaison linéaire et en la transformant ou en transformant d'abord, puis en formant la combinaison linéaire. De façon symbolique, ceci peut s'écrire

$$T(\alpha u + \beta v) = \alpha T u + \beta T v.$$

Une telle transformation est appelée **application linéaire** de V dans W. Par exemple, si T est l'intégration définie par la relation $(*)$ ci-dessus, alors T est une application linéaire de $\mathscr{P}_5$ dans $\mathscr{P}_6$. On peut aussi considérer que la même relation définit une application linéaire de $\mathscr{P}_5$ dans $\mathscr{P}$, et beaucoup d'autres dans des contextes similaires. Une application linéaire d'un espace vectoriel V dans lui-même est appelée *transformation linéaire de* V ou *endomorphisme de* V ; c'est de ces applications que nous avons parlé au problème 54.

L'ensemble des vecteurs auxquels une application linéaire donnée T s'applique est appelé le **domaine** de T et l'ensemble des vecteurs qui en résultent par application de T est appelé **image** de T ; les abréviations

$$\operatorname{Dom} T \quad \text{et} \quad \operatorname{Im} T$$

sont communément acceptées. Ainsi, si T est la dérivation sur $\mathscr{P}_5$, on a

$$\operatorname{Dom} T = \mathscr{P}_5 \quad \text{et} \quad \operatorname{Im} T = \mathscr{P}_4 ;$$

si T est la dérivation de $\mathscr{P}_5$ dans $\mathscr{P}$, on a aussi $\operatorname{Dom} T = \mathscr{P}_5$ et $\operatorname{Im} T = \mathscr{P}_4$. Attention, il ne faut pas confondre Im T et l'espace vectoriel W dans lequel l'application linéaire définie sur V est censée « arriver ». L'intégration peut ainsi être considérée comme application linéaire de $\mathscr{P}_5$ dans $\mathscr{P}_6$, ou de $\mathscr{P}_5$ dans $\mathscr{P}_7$, ou de $\mathscr{P}_5$ dans $\mathscr{P}_{200}$; dans chaque cas le domaine est $\mathscr{P}_5$ et l'image est une partie de $\mathscr{P}_6$. (Quelle partie ? La question mérite considération.) L'espace vectoriel qui suit le mot « dans » quand on écrit « application linéaire de V dans W », l'espace d'arrivée, joue toutefois un rôle bien moins important que l'image, un rôle secondaire, et il n'a pas de nom communément accepté ; le mot « codomaine » est quelquefois utilisé pour le désigner.

Remarque importante : le domaine et l'image d'une application linéaire sont toujours des espaces vectoriels.

Outre la dérivation et l'intégration, les espaces de polynômes fournissent de nombreux exemples d'applications linéaires intéressantes. Le changement de variable du problème 54,

$$Tp(x) = p(x^2),$$

peut être considéré comme définissant une application linéaire de $\mathscr{P}$ dans lui-même, ou de $\mathscr{P}_5$ dans $\mathscr{P}_{10}$. D'accord ? Si $p(x) = x^4$, alors $\mathrm{T}p(x) = x^8$. De même, la multiplication par x^2 du problème 54,

$$\mathrm{T}p(x) = x^2 p(x),$$

peut être considérée comme application linéaire de $\mathscr{P}$ dans lui-même, ou de $\mathscr{P}_5$ dans $\mathscr{P}_7$. (Si $p(x) = x^4$, alors $\mathrm{T}p(x) = x^6$.)

Les domaines et les images des applications linéaires du problème 54 ne sont pas difficiles à trouver. Le lecteur peut vérifier que pour la dilatation de $\mathbb{R}^3$ le domaine et l'image sont tous deux égaux à $\mathbb{R}^3$ et que pour la permutation des coordonnées (exemple (1) dans la discussion du problème 54), ainsi que pour l'exemple (5) un peu plus loin, le domaine et l'image sont tous deux égaux à $\mathbb{R}^2$.

Le problème suivant nous donne l'occasion d'étudier quelques nouveaux exemples de domaine et d'image d'applications linéaires.

Problème 55. (1) *L'ensemble $\mathbb{R}$ des nombres réels est un espace vectoriel réel, qu'on notera $\mathbb{R}^1$ dans cette question. La somme de deux nombres réels x et y, considérés comme vecteurs, est simplement la somme ordinaire des deux nombres réels et le produit d'un « vecteur » (nombre réel) par un « scalaire » (nombre réel) est simplement le produit ordinaire des deux nombres réels. La relation*

$$\mathrm{F}(x, y) = x + 2y$$

définit une application linéaire de $\mathbb{R}^2$ dans $\mathbb{R}^1$. C'est un cas particulier d'une importante classe d'applications linéaires : une application linéaire d'un espace vectoriel réel V *dans l'espace vectoriel $\mathbb{R}^1$ est appelée* ***forme linéaire*** *sur* V. *Déterminer le domaine et l'image de la forme linéaire particulière donnée ci-dessus. Que peut-on dire en général de l'image d'une forme linéaire ?*

(2) *La relation*

$$\mathrm{T}p(x) = p(x + 2)$$

définit-elle une application linéaire de $\mathscr{P}_5$ dans $\mathscr{P}_{10}$? Si oui, quel est son domaine ? quelle est son image ?

(3) *La relation*

$$\mathrm{T}(x, y, z) = (0, 0)$$

définit-elle une application linéaire de $\mathbb{R}^3$ *dans* $\mathbb{R}^2$ *? Si oui, quel est son domaine ? quelle est son image ?*

(4) *La relation*

$$T(x, y, z) = (x+2, y+2)$$

définit-elle une application linéaire de $\mathbb{R}^3$ *dans* $\mathbb{R}^2$ *? Si oui, quel est son domaine ? quelle est son image ?*

(5) *Essayons de faire de l'ensemble* $\mathbb{R}_+^*$ *des nombres réels* > 0 *un espace vectoriel réel. Dans ce but, il est nécessaire de définir une « addition » de deux réels* > 0 *et une « multiplication scalaire » d'un réel* > 0 *par n'importe quel réel. Il serait dangereux d'utiliser pour ces opérations les symboles ordinaires d'addition et de multiplication. Pour éviter toute confusion, la somme sera toujours notée* $\boxplus$ *et la multiplication* $\boxdot$*. Les définitions sont les suivantes : si* s *et* t *sont des réels* > 0*, alors*

$$s \boxplus t = st$$

(cela signifie que la nouvelle somme de s *et* t *est le produit ordinaire de* s *et* t*) et, si* s *est un réel* > 0 *et* x *un réel quelconque, alors*

$$x \boxdot s = s^x$$

(le nouveau produit de s *par* x *est* s *à la puissance* x *au sens habituel). Ce sont des définitions bizarres, mais elles définissent quand même un espace vectoriel réel. La relation*

$$T(s) = \log s$$

définit-elle une forme linéaire sur cet espace vectoriel ? Si oui, déterminer son image. Attention : que signifie « log » *? Est-ce* $\log_{10}$*, ou* $\log_e$*, ou* $\log_2$ *?*

56. Noyau

Il existe un nombre réel 0 et il existe un vecteur 0 dans chaque espace vectoriel, et aucune confusion entre eux ne se produit jamais ; dans les rares occasions où il y a risque de confusion, quelques mots de précaution suffisent à éloigner le danger.

Le symbole 0 a aussi d'autres utilisations en mathématiques, et même en algèbre linéaire. En voici par exemple une troisième. Soient deux espaces vectoriels V et W, et définissons une application T de V dans W par

$$\mathrm{T}v = 0$$

pour tout v de V. Puisque la description de T nous a prévenus que l'image de T est dans W, il est clair que le symbole 0 du second membre désigne le vecteur nul de W. Il est clair que T est linéaire. On forme toutes les combinaisons linéaires qu'on veut dans V et on leur applique T. Puisque T envoie tout sur le vecteur 0 de W, le résultat obtenu en appliquant T en premier puis en formant les combinaisons linéaires sera toujours 0. C'est ce qu'il fallait :

$$\mathrm{T}(\alpha u + \beta v)$$

est égal à

$$\alpha \mathrm{T}u + \beta \mathrm{T}v$$

puisque $\mathrm{T}(\alpha u + \beta v)$ est nul et que $\alpha \mathrm{T}u + \beta \mathrm{T}v$ vaut $\alpha \cdot 0 + \beta \cdot 0$, c'est-à-dire 0. Cette application linéaire particulière (qui peut être utilisée entre deux espaces vectoriels quelconques) a un nom, l'application nulle de V dans W, et on la note toujours par le même symbole : 0.

Interruption terminologique : soit T une application linéaire et soit v un vecteur du domaine de T, le vecteur correspondant de l'image $\mathrm{T}v$ est souvent appelé **l'image** de v ou le **transformé** de v sous l'action de T. Ainsi l'application nulle de V dans W est celle qui envoie tout vecteur v sur 0 ou, autrement dit, celle pour qui tous les vecteurs ont la même image, 0.

Zéro joue un rôle important en algèbre linéaire. Par exemple, toutes les applications linéaires envoient 0 sur 0. (Une démonstration précise de cette affirmation est facile, mais elle appartient à l'axiomatique du sujet, et sera traitée plus loin.) Il se peut qu'il y ait d'autres vecteurs, différents de 0, qu'une application linéaire T envoie sur 0 aussi. L'ensemble de tous ces vecteurs apporte une information fondamentale sur T ; il est appelé le **noyau** de T, et il est noté

$$\mathrm{Ker}\,\mathrm{T}.$$

Comme premier exemple, considérons l'application nulle de $\mathbb{R}^3$ dans $\mathbb{R}^2$. Quel est son noyau ? Cela revient à déterminer l'ensemble des vecteurs de $\mathbb{R}^3$ qu'elle envoie sur le vecteur 0 de $\mathbb{R}^2$. Or l'application nulle envoie *tout* vecteur sur 0 ; le noyau de 0 est donc $\mathbb{R}^3$ tout entier.

Considérons maintenant l'application linéaire T sur $\mathscr{P}_5$ définie par

$$\mathrm{T}p = p$$

pour tout p. Il est facile de vérifier qu'elle est linéaire. Quel est son noyau ? Autrement dit, quel est l'ensemble des polynômes de $\mathscr{P}_5$ dont l'image par T est le polynôme nul ? Comme T n'envoie *aucun* polynôme sur 0, à part le polynôme nul, le noyau est l'ensemble réduit au polynôme nul, il est noté $\{0\}$. Les accolades sont nécessaires : il est important de réaliser que le noyau est un *ensemble.* Cet ensemble peut être réduit à un seul objet, mais il reste un ensemble. (Une boîte à chapeaux qui ne contient qu'un seul chapeau n'est pas un chapeau.)

Au fait, la relation $\mathrm{T}p = p$ définit une transformation linéaire sur chaque espace vectoriel, et cette transformation linéaire est importante, elle mérite un nom. Tout le monde l'appelle l'application (ou transformation) **identité**, mais tout le monde ne la note pas de la même façon. Certains la notent

$$1$$

(ainsi le nombre « un » et la transformation identité ont le même symbole), d'autres utilisent la lettre I, et d'autres encore indiquent l'espace vectoriel considéré en utilisant le symbole I_V. Dans ce livre, nous utiliserons le plus souvent la première de ces notations, le symbole numérique, mais nous reviendrons à I quand cette pratique risque de mener à confusion.

Problème 56. *Quels sont les noyaux des applications linéaires suivantes ?*

(1) *L'intégration, disons par exemple,*

$$\mathrm{T}p(x) = \int_{-3}^{x+9} p(t)\,dt$$

de $\mathscr{P}_6$ *dans* $\mathscr{P}_7$.

(2) *La dérivation* D *sur* $\mathscr{P}_5$.

(3) *La transformation linéaire de* $\mathbb{R}^2$ *définie par*

$$\mathrm{T}(x, y) = (2x + 3y, 7x - 5y)\,;$$

(voir l'exemple (5) *du problème 54).*

(4) *L'application linéaire de* $\mathscr{P}_5$ *dans* $\mathscr{P}_{10}$ *définie par le changement de variable*

$$\mathrm{T}p(x) = p(x^2)\,;$$

(voir la partie (4) *du problème 54).*

(5) *La transformation linéaire de* $\mathbb{R}^2$ *définie par*

$$\mathrm{T}(x, y) = (x, 0).$$

(6) *L'application linéaire de* $\mathbb{R}^2$ *dans* $\mathbb{R}^1$ *définie par*

$$\mathrm{F}(x, y) = x + 2y\,;$$

(voir la partie (1) *du problème 55).*

57. Composition

La dérivation (notée D) est une transformation linéaire de l'espace vectoriel $\mathscr{P}$ de tous les polynômes, et il en est de même de la transformation M (multiplication par la variable) définie par

$$\mathrm{M}p(x) = xp(x).$$

Qu'arrive-t-il à un polynôme si on lui applique successivement ces deux transformations ? Pour être plus explicite, si D envoie p sur q,

$$q = \mathrm{D}p,$$

et si M envoie ensuite q sur r,

$$r = \mathrm{M}q,$$

que peut-on dire du passage de p à r ? Écrivons

$$r = \mathrm{T}p$$

et, pour voir ce qui se passe sur un exemple, prenons

$$p(x) = 2 + 3x + 4x^2.$$

On a alors

$$q(x) = 3 + 8x$$

et donc

$$r(x) = 3x + 8x^2.$$

Supposons maintenant qu'on applique cette suite de transformations non seulement à un polynôme, mais à deux, et qu'on forme ensuite une combinaison linéaire des deux polynômes obtenus, soit

$$\alpha_1 \mathrm{T}p_1(x) + \alpha_2 \mathrm{T}p_2(x).$$

Que se passerait-il si on formait d'abord la combinaison linéaire avant d'appliquer la transformation en deux étapes T ? Le résultat

$$\big(\mathrm{T}(\alpha_1 p_1 + \alpha_2 p_2)\big)(x)$$

serait-il le même ? Autrement dit, T est-elle linéaire ? Dire que D est linéaire signifie que D est **distributive** par rapport à l'addition vectorielle et la multiplication scalaire, c'est-à-dire que D transforme une combinaison linéaire de vecteurs en la même combinaison linéaire de leurs images par D. Si on applique M à la combinaison linéaire obtenue, la linéarité de M montre que M est aussi distributive sur cette combinaison linéaire, c'est-à-dire que M la transforme en la même combinaison linéaire des images par M des vecteurs qui interviennent. En reliant ces deux propriétés, on obtient que T est distributive par rapport aux combinaisons linéaires ou, en langage officiel, que T est linéaire.

Ce raisonnement est tout à fait général. Il prouve que la **composée** de deux applications linéaires est linéaire. La **composition** ainsi définie est quelquefois appelée **produit**. La définition mathématique est facile à donner : si S et T sont des applications linéaires sur le même espace vectoriel, alors la composée de S et T, notée

$$\mathrm{ST}$$

est l'application qui envoie chaque vecteur v de l'espace sur le vecteur qu'on obtient en appliquant T à v, puis S au vecteur obtenu.

Attention, l'ordre de ces opérations est important. Qu'aurait-on obtenu si on avait d'abord multiplié par x le polynôme $2+3x+4x^2$ et si on avait ensuite dérivé ? La multiplication par x aurait donné

$$2x+3x^2+4x^3$$

et la dérivation aurait donné

$$2+6x+12x^2,$$

ce qui n'est pas du tout la même chose que le

$$3x+8x^2$$

obtenu précédemment. Autrement dit,

$$\mathrm{MD} \neq \mathrm{DM}.$$

Pour donner un autre exemple éclairant, soit N la transformation définie sur $\mathscr{P}$ par

$$\mathrm{N}p(x) = (1-3x^2)p(x).$$

On a alors

$$N(2+3x+4x^2) = (1-3x^2)(2+3x+4x^2) = 2+3x-2x^2-9x^3-12x^4,$$

et, en appliquant M à ce polynôme, on obtient

$$2x+3x^2-2x^3-9x^4-12x^5.$$

D'autre part

$$M(2+3x+4x^2) = 2x+3x^2+4x^3,$$

et en appliquant N à ce dernier polynôme, on obtient

$$(1-3x^2)(2x+3x^2+4x^3) = 2x+3x^2-2x^3-9x^4-12x^5,$$

ce qui est le même résultat. C'était évident sans aucun calcul : le premier résultat a été obtenu en multipliant d'abord par $1-3x^2$ puis par x, et le second en multipliant d'abord par x puis par $1-3x^2$. Comme l'ordre dans lequel on fait ces multiplications est indifférent, il n'est pas surprenant que

$$MN = NM.$$

On dit que les deux applications linéaires M et N **commutent**. L'exemple de M et D montre que deux applications linéaires peuvent **ne pas commuter**.

Peut-on définir la composition pour des applications linéaires qui vont d'un espace vectoriel dans un autre ? La réponse est : quelquefois. Soient U et V des espaces vectoriels et soit T une application linéaire de U dans V, alors on peut faire agir après T une autre application linéaire S à la condition que S parte de là où T nous a laissé ou, en langage plus mathématique, que le domaine de S contienne l'image de T. Autrement dit, si pour tout vecteur u de U, l'image Tu appartient au domaine de S, alors STu a un sens et dans ce cas, si l'image de S est contenue dans un espace vectoriel W, alors le composé ST est défini et est une application linéaire de U dans W.

Voici un exemple. Soit $U = \mathbb{R}^3$, $V = \mathbb{R}^2$ et $W = \mathbb{R}^1$; soit T l'application linéaire de $\mathbb{R}^3$ dans $\mathbb{R}^2$ définie par

$$T(x, y, z) = (x, y),$$

et soit S l'application linéaire de $\mathbb{R}^2$ dans $\mathbb{R}^1$ définie par

$$S(x, y) = x + y.$$

Dans ce cas on a

$$ST(x, y, z) = S(x, y) = x + y.$$

Remarquons qu'on ne peut pas définir le composé TS. La seule façon d'interpréter le symbole TS est comme une application qui commence là où S commence, c'est-à-dire une application de domaine $\mathbb{R}^2$. Mais en appliquant S à un vecteur de $\mathbb{R}^2$ on obtient un vecteur de $\mathbb{R}^1$ et cela n'a pas de sens d'appliquer T à ce vecteur, puisque T ne s'applique qu'aux vecteurs de $\mathbb{R}^3$. Si le produit de deux applications linéaires S et T est défini, comment lire le symbole ST ? Ce symbole doit se lire de droite à gauche, ce qui est une cause possible de confusion. Pour voir comment ST agit sur un vecteur, on fait d'abord agir T sur ce vecteur et ensuite S sur le résultat obtenu. La raison en est que les transformations sont après tout des fonctions, et que la notation habituelle des fonctions (comme $f(x)$) place le nom de la fonction à côté du nom de la variable *et à sa gauche*. Les étudiants en mathématiques réalisent très vite que si

$$f(x) = x^2 \quad \text{et } g(x) = x + 2,$$

alors

$$f\big(g(x)\big) = (x+2)^2 ;$$

la première fonction qui s'applique est celle qui est la plus proche de x, donc celle de droite. (L'ordre inverse donnerait $g\big(f(x)\big)$, soit $x^2 + 2$, ce qui n'est pas du tout la même chose. La non-commutativité apparaît de nouveau.)

Problème 57. (1) *Soit* S *la dilatation sur* $\mathbb{R}^2$ *définie par*

$$S(x, y) = (7x, 7y)$$

(voir le problème 54) et soit T *la transformation sur* $\mathbb{R}^2$ *définie par*

$$T(x, y) = (2x + 3y, 7x - 5y).$$

Est-ce que S *et* T *commutent ?*

(2) *Soit* S *la dilatation sur* $\mathbb{R}^3$ *définie par*

$$S(x, y, z) = (7x, 7y, 7z)$$

et soit T *l'application linéaire de « projection » de* $\mathbb{R}^3$ *dans* $\mathbb{R}^2$ *définie par*

$$T(x, y, z) = (x, y).$$

Est-ce que S *et* T *commutent ?*

(3) *Soit* S *le changement de variable sur* $\mathscr{P}$ *défini par*

$$\mathrm{S}p(x) = p(x^2)$$

et soit T *l'application de multiplication définie par*

$$\mathrm{T}p(x) = x^2 p(x).$$

Est-ce que S *et* T *commutent ?*

(4) *Soit* S *l'application linéaire de* $\mathbb{R}^2$ *dans* $\mathbb{R}^1$ *définie par*

$$\mathrm{S}(x, y) = x + 2y$$

et soit T *l'application linéaire de* $\mathbb{R}^1$ *dans* $\mathbb{R}^2$ *définie par*

$$\mathrm{T}(x) = (x, x).$$

Est-ce que S *et* T *commutent ?*

(5) *Soit* S *le changement de variable sur* $\mathscr{P}_3$ *défini par*

$$\mathrm{S}p(x) = p(x+2)$$

et soit T *l'application linéaire définie par*

$$\mathrm{T}(a + bx + cx^2 + dx^3) = a + cx^2$$

(pour tous a, b, c, d*). Est-ce que* S *et* T *commutent ?*

(6) *Dans chacun des cas précédents, quels sont les domaines, images et noyaux des applications* ST *et* TS *(quand elles ont un sens) ?*

58. Inclusion des images et factorisation

Quand une application linéaire est-elle divisible par une autre ? Vu la différence entre la gauche et la droite, la question n'a pas vraiment de sens, mais une fois qu'on a interprété la divisibilité dans un sens ou dans l'autre, elle a un sens.

Disons par exemple que A est **divisible à gauche** par B s'il existe une application linéaire T telle que A = BT. Cette relation a une conséquence immédiate sur les images :

$$\mathrm{Im}\,\mathrm{A} \subset \mathrm{Im}\,\mathrm{B}.$$

Cette condition nécessaire pour la divisibilité à gauche est-elle aussi suffisante ?

Problème 58. *Soient* A *et* B *deux applications linéaires sur un même espace vectoriel qui vérifient* $\operatorname{Im} A \subset \operatorname{Im} B$. *L'application* A *est-elle divisible à gauche par* B *? Formuler la condition nécessaire analogue pour la divisibilité à droite. Cette condition est-elle suffisante ?*

59. Transformations considérées comme vecteurs

Deux transformations A et B d'un espace vectoriel V peuvent s'associer pour en former une troisième : pour chaque vecteur v, on peut ajouter les images de v par A et B pour former un nouveau vecteur. On obtient ainsi, pour chaque vecteur v, un vecteur $\mathrm{S}v$, autrement dit le passage S de v à $\mathrm{A}v + \mathrm{B}v$ est une transformation de l'espace vectoriel V. La commutativité et l'associativité de l'addition dans V impliquent immédiatement que l'addition des transformations linéaires est commutative et associative.

On a même beaucoup plus. La somme de la transformation linéaire A et de la transformation linéaire 0 (voir le problème 56) est A. Si on note −A la transformation définie par

$$(-\mathrm{A})v = -(\mathrm{A}v),$$

on a

$$\mathrm{A} + (-\mathrm{A}) = 0,$$

et la transformation linéaire −A est caractérisée par cette propriété. Pour résumer, l'ensemble des transformations linéaires de V est un groupe abélien pour l'addition.

De plus, pour tout scalaire α et toute transformation linéaire A, on peut définir le produit $\alpha\mathrm{A}$ par

$$(\alpha\mathrm{A})v = \alpha(\mathrm{A}v)$$

et on en déduit que l'ensemble des transformations linéaires d'un espace vectoriel V est lui-même un espace vectoriel, qu'on notera $\mathscr{L}(\mathrm{V})$.

L'ensemble $\mathscr{L}(\mathrm{V})$ a une structure que n'ont pas tous les espaces vectoriels, il a une multiplication naturelle, la composition des transformations linéaires. Si A et B sont des transformations linéaires, non seulement $\alpha\mathrm{A}$ et A + B le sont, mais aussi AB ; on peut donc former non seulement des combinaisons linéaires de transformations linéaires mais aussi des combinaisons linéaires de puissances d'une même transformation linéaire. Un raccourci pour « combinaison linéaire de puissances » est **polynôme** ; c'est-à-dire, si

$$p(x) = \alpha_0 + \alpha_1 x + \cdots + \alpha_n x^n$$

est un polynôme et si A est une transformation linéaire, alors $p(\mathrm{A})$ a un sens :

$$p(\mathrm{A}) = \alpha_0 + \alpha_1 \mathrm{A} + \cdots + \alpha_n \mathrm{A}^n.$$

Comment les propriétés linéaires et multiplicatives de $\mathscr{L}(\mathrm{V})$ sont-elles liées aux propriétés de l'espace vectoriel V ?

Problème 59. (1) *Que peut-on dire de la dimension de* $\mathscr{L}(\mathrm{V})$ *en fonction de la dimension de* V *?*

(2) *Si* A *est une transformation linéaire d'un espace vectoriel de dimension finie, existe-t-il toujours un polynôme* p *tel que* $p(\mathrm{A}) = 0$ *?*

(3) *Soit* x_0 *un vecteur d'un espace vectoriel* V *et* y_0 *une forme linéaire sur* V. *On définit, pour chaque vecteur* x *de* V, *un vecteur* Ax *par*

$$\mathrm{A}x = y_0(x)x_0.$$

Alors A *est une transformation linéaire de* V *; quel est le plus petit degré possible d'un polynôme* p *tel que* $p(\mathrm{A}) = 0$ *?*

60. Inversibilité

L'addition peut être défaite par la soustraction ; la multiplication des transformations linéaires peut-elle aussi être défaite ? Y a-t-il un procédé comme la division pour les transformations linéaires ? En particulier, peut-on « diviser » la transformation identité 1 par n'importe quelle autre transformation linéaire T – ou, autrement dit, une transformation linéaire admet-elle toujours une transformation « inverse » ?

Soit T une transformation d'un espace vectoriel V, alors T associe à chaque vecteur de V un autre (ou le même) vecteur de V. Une candidate pour l'inverse devrait donc être une transformation qui irait en sens inverse, au sens où elle associerait à chaque vecteur de V le vecteur dont il est l'image. Cela semble logique, mais il y a une faille dans ce raisonnement, et même deux failles. Pour pouvoir aller en sens inverse, *tout* vecteur de V doit être l'image par T d'un vecteur (autrement dit, on doit avoir $\operatorname{Im} T = V$), et cela doit avoir un sens de parler *du* vecteur dont un vecteur est l'image (autrement dit, T ne doit jamais envoyer deux vecteurs différents sur le même vecteur). Une façon équivalente de dire les choses est que T doit être **surjective** et **injective**.

Un contre-exemple brutal (dans le cas où l'espace vectoriel V n'est pas l'espace trivial $\{0\}$,) est celui de la transformation linéaire 0 ; elle ne vérifie aucune des conditions ci-dessus, et de la pire des façons possibles. Non seulement T n'est pas surjective, mais en fait $\operatorname{Im} T$ est le plus petit possible (réduit à un seul vecteur) et non seulement T n'est pas injective, mais elle est aussi peu injective que possible : elle envoie tous les vecteurs sur le même. Voici quelques autres contre-exemples, pas aussi violents que le précédent : Les transformations linéaires définies sur chaque vecteur $\begin{pmatrix} x \\ y \end{pmatrix}$ de $\mathbb{R}^2$ par

$$A\begin{pmatrix} x \\ y \end{pmatrix} = \begin{pmatrix} x+y \\ x+y \end{pmatrix}$$

et

$$B\begin{pmatrix} x \\ y \end{pmatrix} = \begin{pmatrix} 0 \\ y \end{pmatrix}.$$

(On peut écrire les vecteurs verticalement, sous la forme $\begin{pmatrix} x \\ y \end{pmatrix}$, ou horizontalement, sous la forme (x, y), au choix. La notation verticale apparaîtra plus appropriée quand les matrices interviendront, mais la notation horizontale est plus commode typographiquement.) L'image de A est constituée des vecteurs dont les deux coordonnées sont égales, et elle est loin d'être égale à $\mathbb{R}^2$ tout entier. Quant à B, le vecteur $(0, 0)$ étant l'image d'une infinité de vecteurs différents, elle n'est pas près d'être injective. (Question : Est-ce que A et B échouent pour une seule raison, ou pour deux ? Puisque A n'est pas surjective, est-elle au moins injective ? Puisque B n'est pas injective, est-elle au moins surjective ?)

Une transformation linéaire T d'un espace vectoriel V est dite **inversible** si elle est à la fois injective et surjective. Si T est inversible, alors l'application qui associe à chaque vecteur v de V l'unique vecteur u dont il provient (c'est-à-dire le seul vecteur u tel que $Tu = v$) est appelée **l'inverse** de T ; elle est notée T^{-1}.

Si on applique T à un vecteur, puis T^{-1} au résultat, qu'obtient-on? La réponse est évidente : T^{-1} renvoie Tv sur v, si bien que $T^{-1}(Tv) = v$. Est-ce que cela marche en sens inverse? Que vaut $T(T^{-1}v)$? Pour trouver la réponse, on écrit $u = T^{-1}v$, ce qui revient à dire que $Tu = v$, puis on décrypte :

$$T(T^{-1}v) = Tu = v.$$

On peut exprimer cette question (et sa réponse) d'une autre manière. L'inverse d'une transformation, telle que nous l'avons définie, est en réalité une **inverse à gauche**. Est-ce aussi une **inverse à droite** ? La question a un sens (puisque T et T^{-1} envoient V dans V, on peut former leur produit dans les deux sens) et, comme nous venons de le voir, la réponse est oui.

L'exemple le plus simple de transformation inversible est 1, l'identité. Elle est à la fois injective et surjective et elle est sa propre inverse.

La transformation linéaire T définie sur chaque vecteur $\begin{pmatrix} x \\ y \end{pmatrix}$ de $\mathbb{R}^2$ par

$$T\begin{pmatrix} x \\ y \end{pmatrix} = \begin{pmatrix} 2x+y \\ x+y \end{pmatrix}$$

est-elle inversible? Cela fait deux questions : T est-elle surjective? T est-elle injective? Mais un examen de la seule surjectivité donne la réponse. La question de la surjectivité revient à résoudre les équations

$$\begin{cases} 2x+y=\alpha \\ x+y=\beta \end{cases}$$

pour tous α et β. C'est une question de routine : x doit être égal à $\alpha-\beta$ et y à $-\alpha+2\beta$. Cela signifie que la transformation S définie par

$$S\begin{pmatrix} x \\ y \end{pmatrix} = \begin{pmatrix} x-y \\ -x+2y \end{pmatrix}$$

est candidate à être l'inverse de T. Pour vérifier si elle est bien l'inverse de T, on forme le produit ST. La valeur de ST en chaque point $\begin{pmatrix} x \\ y \end{pmatrix}$ s'obtient en calculant $S\begin{pmatrix} \gamma \\ \delta \end{pmatrix}$, où

$$\begin{pmatrix} \gamma \\ \delta \end{pmatrix} = \begin{pmatrix} 2x+y \\ x+y \end{pmatrix}.$$

Le résultat de la substitution est

$$\mathrm{ST}\begin{pmatrix} x \\ y \end{pmatrix} = \begin{pmatrix} (2x+y)-(x+y) \\ -(2x+y)+2(x+y) \end{pmatrix} = \begin{pmatrix} x \\ y \end{pmatrix},$$

et on a bien $\mathrm{ST} = 1$.

Ces exemples suggèrent une question dont il faut connaître la réponse avant de continuer.

Problème 60. *L'inverse d'une transformation linéaire inversible est-il linéaire ?*

61. Exemples d'inversibilité

Problème 61. *La transformation linéaire définie par*

$$\mathrm{T}\begin{pmatrix} x \\ y \end{pmatrix} = \begin{pmatrix} 2x+y \\ 2x+y \end{pmatrix}$$

est-elle inversible ?

(2) *La transformation linéaire définie par*

$$\mathrm{T}\begin{pmatrix} x \\ y \end{pmatrix} = \begin{pmatrix} y \\ x \end{pmatrix}$$

est-elle inversible ?

(3) *La dérivation* D *sur l'espace vectoriel* $\mathscr{P}_5$ *est-elle inversible ?*

62. Déterminants 2×2

Les nombres a et ξ étant connus, peut-on résoudre en x l'équation

$$ax = \xi\ ?$$

Ça dépend. Si $a \neq 0$, il suffit de diviser par a. Si $a = 0$, c'est plus compliqué : si $\xi \neq 0$, l'équation n'a pas de solution et si $\xi = 0$, elle en a trop – tout x est solution.

On aurait pu poser la question de la façon suivante : si a est un scalaire donné et T une transformation linéaire définie sur $\mathbb{R}^1$ par

$$\mathrm{T}x = ax,$$

T est-elle inversible ? La réponse est oui si et seulement si $a \neq 0$.

Nous avons en fait donné la réponse à un cas très particulier d'une question très générale, qui est celle-ci : comment peut-on déterminer à partir des coefficients d'une matrice $n \times n$ si elle est inversible ? (Si vous ne savez pas ce qu'est une matrice, voyez la solution du problème 59 et la présentation du problème 67.) Quand $n = 1$, il n'y a qu'un seul coefficient, et la matrice est inversible si et seulement si ce coefficient est différent de 0.

Que se passe-t-il quand $n = 2$? À quelle condition sur les nombres a, b, c, d la matrice 2×2

$$\mathrm{M} = \begin{pmatrix} a & b \\ c & d \end{pmatrix}$$

est-elle inversible ou, de façon équivalente, quand peut-on résoudre en x et y les équations

$$ax + by = \xi$$
$$cx + dy = \eta\ ?$$

Pour déterminer x, on élimine y en multipliant la première équation par d, la seconde par b et en soustrayant la seconde de la première, ce qui donne

$$(ad - bc)x = d\xi - b\eta.$$

Pour déterminer y, on multiplie la première équation par c, la seconde par a et on soustrait la première de la seconde, ce qui donne

$$(ad - bc)y = a\eta - b\xi.$$

Si $ad - bc \neq 0$, il suffit alors de diviser par $ad - bc$, mais si $ad - bc = 0$, il y a un problème : les équations obtenues ne donnent pas d'information sur x et y. Si l'un des nombres $d\xi - b\eta$ ou $a\eta - b\xi$ est non nul, les équations n'ont pas de solution, et si ces deux nombres sont nuls, elles en ont trop – tout couple (x, y) est solution.

La quantité $ad - bc$ est appelée le **déterminant** de M, et notée

$$\det \mathrm{M},$$

et M est inversible si et seulement si $\det \mathrm{M} \neq 0$. La fonction det a quelques propriétés très évidentes et quelques propriétés non évidentes. Il est évident que

$$\det 1 = 1,$$

et que, plus généralement, si M est diagonale (c'est-à-dire si $b = c = 0$), alors $\det \mathrm{M}$ est le produit des coefficients diagonaux. Une autre propriété simple est le comportement de det par rapport à la multiplication scalaire ;

$$\det(\lambda \mathrm{M}) = \lambda^2 \det \mathrm{M}$$

pour tout scalaire réel λ.

Une propriété non évidente et plus surprenante du déterminant est qu'il est multiplicatif, ce qui signifie que pour deux matrices M_1 et M_2 quelconques de format 2×2, on a

$$\det(\mathrm{M}_1 \cdot \mathrm{M}_2) = (\det \mathrm{M}_1)(\det \mathrm{M}_2).$$

Autrement dit, si

$$\mathrm{M}_1 = \begin{pmatrix} a_1 & b_1 \\ c_1 & d_1 \end{pmatrix} \quad \text{et} \quad \mathrm{M}_2 = \begin{pmatrix} a_2 & b_2 \\ c_2 & d_2 \end{pmatrix},$$

de sorte que

$$\mathrm{M}_1 \cdot \mathrm{M}_2 = \begin{pmatrix} a_1 a_2 + b_1 c_2 & a_1 b_2 + b_1 d_2 \\ c_1 a_2 + d_1 c_2 & c_1 b_2 + d_1 d_2 \end{pmatrix},$$

il s'agit de démontrer que

$$(a_1 a_2 + b_1 c_2)(c_1 b_2 + d_1 d_2) - (a_1 b_2 + b_1 d_2)(c_1 a_2 + d_1 c_2) \\ = (a_1 d_1 - b_1 c_1)(a_2 d_2 - b_2 c_2),$$

et, pour le démontrer, il n'y a rien d'autre à faire que de calculer.

Cette propriété a une agréable conséquence pour les inverses. Si M est inversible, alors

$$(\det \mathrm{M}) \cdot (\det \mathrm{M}^{-1}) = \det(\mathrm{M}\mathrm{M}^{-1}) = \det 1 = 1,$$

de sorte que

$$\det \mathrm{M}^{-1} = \frac{1}{\det \mathrm{M}}.$$

Peut-on généraliser ces résultats sur le déterminant des matrices 2×2 à des matrices de format plus grand ? On pourrait être tenté de généraliser de la façon suivante : remplacer les coefficients a, b, c, d de la matrice par des matrices 2×2 (a), (b), (c), (d), en obtenant ainsi une matrice 4×4

$$\mathrm{M} = \begin{pmatrix} (a) & (b) \\ (c) & (d) \end{pmatrix}.$$

Avant de commencer, on est confronté à un problème : puisque les coefficients de la matrice ne commutent pas, on ne sait pas si on doit choisir pour le déterminant généralisé

$$(a)(d) - (b)(c), \quad \text{ou} \quad (a)(d) - (c)(b), \quad \text{ou}$$
$$(d)(a) - (b)(c), \quad \text{ou} \quad (d)(a) - (c)(b).$$

Ces quatre « déterminants formels » semblent jouer des rôles équivalents, il n'y a aucune raison apparente d'en privilégier un. La meilleure chose à faire est d'être modeste : on suppose autant que possible et on conclut aussi peu que possible. Voici une question qu'on peut se poser.

Problème 62. *Laquelle (s'il y en a une) des deux assertions suivantes est vraie ?*

(1) *Si une matrice* M *de format* 2×2 *à coefficients matrices* 2×2 *est inversible, alors au moins l'un de ses déterminants formels est inversible.*

(2) *Si tous les déterminants formels d'une matrice* M *de format* 2×2 *à coefficients matrices* 2×2 *sont inversibles, alors* M *est inversible.*

63. Déterminants $n \times n$

À ses débuts, l'algèbre linéaire ne s'appelait pas « algèbre linéaire ». Et on pensait que le cœur de ce domaine des mathématiques était la notion de déterminant. De nos jours, on considère la théorie du déterminant comme une partie mineure de l'algèbre linéaire. Pour plusieurs raisons, la première étant que cette partie de l'algèbre linéaire n'est pas vraiment linéaire : il s'agit de combinatoire compliquée, et certains apprécient les déterminants précisément pour cette raison, tandis que d'autres soutiennent que la seule façon élégante d'exposer l'algèbre linéaire consiste à se passer des déterminants partout où c'est possible. Tout le monde convient, cependant, que les étudiants doivent connaître un minimum sur les déterminants. Voici donc ce minimum.

Il n'est pas évident d'étendre la définition du déterminant des matrices 2×2 à des matrices $n \times n$. Même la définition de base avec laquelle la plupart des cours commencent est un peu effrayante. Si $\mathrm{M} = (a_{ij})$ est une matrice $n \times n$, on appelle **matrice mineure** associée à un coefficient a_{ij}, et on note A_{ij}, la matrice $(n-1) \times (n-1)$ obtenue en retirant de M la ligne et la colonne de a_{ij}, c'est-à-dire la ligne i et la colonne j. Ainsi, par exemple, la matrice mineure associée à a dans $\begin{pmatrix} a & b \\ c & d \end{pmatrix}$ est la matrice 1×1 (d), et la matrice mineure associée à c est la matrice 1×1 (b). Le déterminant d'une matrice 1×1 (x) est par définition le nombre x. On définit le déterminant d'une matrice $n \times n$ à l'aide de celui de ses sous-matrices $(n-1) \times (n-1)$ par la formule suivante (écrite ici pour $n = 4$) :

$$\det \mathrm{M} = a_{11} \cdot \det \mathrm{A}_{11} - a_{21} \cdot \det \mathrm{A}_{21} + a_{31} \cdot \det \mathrm{A}_{31} - a_{41} \cdot \det \mathrm{A}_{41}.$$

En mots, cela signifie qu'on multiplie chaque élément de la première colonne par le déterminant de la mineure associée et qu'on fait la somme alternée des produits obtenus. Cas particulier :

$$\det \begin{pmatrix} a & b \\ c & d \end{pmatrix} = a \cdot \det(d) - c \cdot \det(b),$$

ce qui coïncide bien avec la définition du problème 62.

Commentaire important : il n'est pas obligatoire d'utiliser la *première* colonne. Avec une petite modification, on peut obtenir le déterminant à partir de n'importe quelle colonne. La modification concerne les signes. Imaginons que les coefficients de la matrice soient affectés de signes : a_{ij} est affecté du signe plus si $i + j$ est pair et du signe moins si $i + j$ est impair. (De façon équivalente, a_{ij} est affecté du signe de $(-1)^{i+j}$.) Ainsi, a_{11} et a_{31} sont affectés du signe plus, alors que a_{21} et a_{41} sont affectés du signe moins. La définition du déterminant à partir de la colonne j est, dans le cas $n = 4$, ou bien

$$a_{1j} \cdot \det \mathrm{A}_{1j} - a_{2j} \cdot \det \mathrm{A}_{2j} + a_{3j} \cdot \det \mathrm{A}_{3j} - a_{4j} \cdot \det \mathrm{A}_{4j}$$

ou bien l'opposé suivant que a_{1j} est affecté du signe plus ou du signe moins. (Le nombre $(-1)^{i+j} \det \mathrm{A}_{ij}$ est appelé **cofacteur** du coefficient a_{ij} de M.) Par exemple, si

$$\mathrm{M} = \begin{pmatrix} a_{11} & a_{12} & a_{13} \\ a_{21} & a_{22} & a_{23} \\ a_{31} & a_{32} & a_{33} \end{pmatrix},$$

alors

$$\det \mathrm{M} = a_{11}(a_{22}a_{33} - a_{23}a_{32}) - a_{21}(a_{12}a_{33} - a_{13}a_{32}) \\ + a_{31}(a_{12}a_{23} - a_{13}a_{22}),$$

et aussi

$$\det M = -a_{12}(a_{21}a_{33} - a_{23}a_{31}) + a_{22}(a_{11}a_{33} - a_{13}a_{31}) \\ - a_{32}(a_{11}a_{23} - a_{13}a_{21}).$$

On appelle ces formules les **développements** de $\det M$ par rapport à la première et à la seconde colonne ; il y a aussi, évidemment, un développement par rapport à la troisième colonne et il existe aussi des développements similaires par rapport aux lignes.

L'assertion que ces divers développements ont tous la même valeur (dans tous les cas, pas seulement pour les matrices 3×3) nécessite une démonstration, mais cette démonstration n'améliorera pas la compréhension du lecteur et nous la laissons de côté. Ce point étant admis, on en déduit facilement que le déterminant est changé en son opposé si on échange deux colonnes (ou deux lignes) et qu'il n'est pas changé si on remplace M par sa transposée (voir p. 289).

Remarque : si on enlève toutes les parenthèses pour développer complètement le déterminant d'une matrice 3×3, on constate que chacun des termes est un produit (avec un signe approprié) d'exactement un élément dans chaque ligne et dans chaque colonne. En développant le déterminant d'une matrice $n \times n$ par rapport à la première colonne, puis les n déterminants mineurs obtenus par rapport à la première colonne, et ainsi de suite, on obtient un énoncé similaire : la valeur du déterminant est la somme, avec des signes convenables, des $n!$ produits qui contiennent un facteur dans chaque ligne et dans chaque colonne. On utilise quelquefois cette description comme définition alternative des déterminants.

Une autre assertion (complètement non triviale) est que, pour des matrices de toutes tailles, le déterminant est multiplicatif : si M_1 et M_2 sont des matrices $n \times n$, alors

$$\det(M_1M_2) = (\det M_1)(\det M_2).$$

Une propriété plus facile à démontrer (mais dont nous ne donnons pas la démonstration non plus) est que le déterminant d'une matrice triangulaire supérieure, du type

$$\begin{pmatrix} * & * & * & * \\ 0 & * & * & * \\ 0 & 0 & * & * \\ 0 & 0 & 0 & * \end{pmatrix}$$

est le produit de ses éléments diagonaux. (Le schéma ci-dessus est censé indiquer que les coefficients sous la diagonale principale sont nuls, alors que les coefficients de la diagonale et au-dessus sont quelconques.) On a la même propriété pour les matrices triangulaires inférieures.) En particulier, le déterminant d'une matrice diagonale est le produit de ses éléments diagonaux. Cas encore plus particulier : le déterminant de la matrice $\lambda \cdot 1$ est λ^n et le déterminant de 1 est 1. Pour une matrice inversible M, on a

$$\det \mathrm{M}^{-1} = \frac{1}{\det \mathrm{M}},$$

et pour toute matrice

$$\det(\lambda \mathrm{M}) = \lambda^n \det \mathrm{M},$$

où λ est un scalaire arbitraire.

La propriété de loin la plus importante est que $\det \mathrm{M} \neq 0$ si et seulement si M est inversible. (On omet la démonstration, comme toutes les démonstrations de ce paragraphe.) C'est la propriété la plus utilisée, nous y ferons effectivement appel dans la suite.

La valeur numérique d'un déterminant a rarement un intérêt ; ce qui est important, c'est l'information théorique qu'apporte l'existence d'une fonction définie sur les matrices et possédant les propriétés ci-dessus. Les questions qui suivent concernent cependant l'évaluation numérique de certains déterminants ; elles sont destinées à apporter une certaine familiarité avec (et peut-être de la sympathie pour) le calcul de déterminants.

Problème 63. *Calculer le déterminant des matrices suivantes :*

$$\mathrm{M}_1 = \begin{pmatrix} 1 & 2 & 0 & 0 \\ 2 & 1 & 0 & 0 \\ 0 & 0 & 3 & 4 \\ 0 & 0 & 4 & 3 \end{pmatrix},$$

$$\mathrm{M}_2 = \begin{pmatrix} 2 & 0 & 0 & 0 & 2 \\ 0 & 2 & 0 & 2 & 0 \\ 0 & 0 & 2 & 0 & 0 \\ 0 & 2 & 0 & 2 & 0 \\ 2 & 0 & 0 & 0 & 2 \end{pmatrix},$$

$$M_3 = \begin{pmatrix} 3 & 0 & 0 & 0 & 0 & 2 \\ 0 & 3 & 0 & 0 & 2 & 0 \\ 0 & 0 & 3 & 2 & 0 & 0 \\ 0 & 0 & 2 & 3 & 0 & 0 \\ 0 & 2 & 0 & 0 & 3 & 0 \\ 2 & 0 & 0 & 0 & 0 & 3 \end{pmatrix}.$$

64. Matrices zéro-un

Les matrices qui ont très peu de coefficients différents intriguent les mathématiciens car elles ont des propriétés agréables, intéressantes et quelquefois surprenantes. Considérons par exemple une matrice $n \times n$ dont tous les coefficients valent 0 ou 1, quelles sont ses chances d'être inversible ? Il est clair qu'elle ne l'est pas nécessairement. Le cas extrême est celui où tous les coefficients valent 0 – la matrice nulle. Il est clair également qu'une matrice à coefficients 0 ou 1 (appelons-la « matrice zéro-un ») peut être inversible – il y a l'exemple trivial de la matrice identité. Il semble raisonnable de penser que plus la matrices a de zéros, plus il est probable que son déterminant vaudra 0, et donc moins elle aura de chances d'être inversible. Plus précisément, quel est le nombre maximum de 0 que peut avoir une matrice zéro-un de format $n \times n$ inversible ? Il est équivalent de demander le plus petit nombre de 1 que peut avoir une matrice zéro-un de format $n \times n$ et inversible. C'est clair : la réponse est n. Le nombre de 1 de la matrice identité est n ; si une matrice en a moins de n, alors au moins l'une de ses lignes est constituée uniquement de 0, ce qui implique que son déterminant vaut 0 (expliquer pourquoi). Par conséquent le nombre maximum de zéros d'une matrice zéro-un inversible est $n^2 - n$.

Passons aux 1. Une matrice $n \times n$ a n^2 coefficients ; s'ils valent tous 1, elle n'est pas inversible, car son déterminant est nul. Quel est le nombre maximum de 1 d'une matrice zéro-un inversible de format $n \times n$? Quelques essais avec des exemples triangulaires comme

$$\begin{pmatrix} 1 & 1 & 1 & 1 \\ 0 & 1 & 1 & 1 \\ 0 & 0 & 1 & 1 \\ 0 & 0 & 0 & 1 \end{pmatrix}.$$

suggèrent une réponse :

$$n^2 - \big(1 + \cdots + (n-1)\big) = \frac{n(n+1)}{2}.$$

Est-ce la bonne ?

Problème 64. *Quel est le nombre maximum de* 1 *d'une matrice zéro-un inversible de format $n \times n$?*

Commentaire. La formule ci-dessus présente un problème pour la plus petite valeur de n : quand $n = 1$, il faut interpréter le premier membre de façon convenable.

65. Bases de matrices inversibles

L'ensemble $\mathscr{L}(\mathrm{V})$ des transformations linéaires d'un espace vectoriel V réel de dimension n ou, de façon équivalente, l'ensemble des matrices réelles $n \times n$ est un espace vectoriel qui admet une base formée de n^2 éléments (voir le problème 59). Quelles propriétés supplémentaires peut-on demander à une base de cet espace ?

Problème 65. *L'espace $\mathscr{L}(\mathrm{V})$ admet-il une base constituée de matrices inversibles ?*

66. Inversibilité en dimension finie

Les deux conditions nécessaires pour l'inversibilité sont simples à caractériser séparément : dire qu'une transformation linéaire T d'un espace vectoriel V est surjective signifie que $\mathrm{Im}\,\mathrm{T} = \mathrm{V}$, et dire qu'elle est injective signifie que $\mathrm{Ker}\,\mathrm{T} = \{0\}$. La première propriété n'est qu'un jeu sur les mots : elle veut dire exactement ce qu'elle veut dire. La seconde caractérisation consiste en réalité en deux énoncés : (1) si T est injective, alors $\mathrm{Ker}\,\mathrm{T} = \{0\}$ et (2) si $\mathrm{Ker}\,\mathrm{T} = \{0\}$, alors T est injective. L'énoncé (1) est évident : si T est injective, alors en particulier T n'envoie aucun vecteur $\neq 0$ sur 0. La partie (2) est presque aussi évidente : si T n'envoie jamais un vecteur non nul sur 0, alors T n'envoie jamais deux vecteurs distincts u_1 et u_2 sur le même vecteur car sinon T enverrait (par linéarité) $u_1 - u_2$ sur 0.

Dans cet ordre d'idées, une question intéressante concerne la relation entre ces deux conditions. Est-il possible que T soit surjective mais pas injective ? et le contraire ? Ces questions sont difficiles en dimension infinie mais plus transparentes en dimension finie.

Problème 66. *Une transformation linéaire d'un espace vectoriel de dimension finie peut-elle être injective mais pas surjective ? surjective mais pas injective ?*

67. Matrices

Une matrice est un tableau carré de scalaires, comme par exemple

$$\begin{pmatrix} -3 & 7 & \frac{1}{2} & \pi \\ 3 & 0 & 0 & 1 \\ \sqrt[3]{10} & \sqrt{\pi} & e^2 & 19 \\ 0 & 1 & 0 & \frac{1}{2\pi} \end{pmatrix}.$$

On dit que cette matrice est de format 4×4 ; tous les autres formats (2×2, 11×11) sont également possibles. Un cas extrême est celui d'une matrice 1×1, qui est difficile à distinguer d'un scalaire. Dans certains cas (légèrement plus généraux que ceux que ceux que nous considérons ici) on autorise aussi les matrices rectangulaires de format $m \times n$ (m lignes, p colonnes).

Nous avons déjà vu des matrices dans les problèmes précédents. Dans la solution 59, on montre que, dans un espace vectoriel de dimension finie, on peut utiliser une base $(e_1, e_2, \dots, e_n)$ pour établir une correspondance bijective entre les transformations linéaires de cet espace et les matrices (a_{ij}) (a_{ij} est l'élément (ou le coefficient) de la matrice situé à l'intersection de la ligne i et de la colonne j). La relation entre une transformation linéaire A et sa matrice (a_{ij}) est :

$$\mathrm{A}e_j = \sum_{i=1}^{n} a_{ij} e_i$$

pour $j = 1, 2, \dots, n$. On dit que la matrice (a_{ij}) représente A dans la base $(e_1, e_2, \dots, e_n)$ ou simplement que c'est la matrice de A dans cette base. On sait déjà que les propriétés linéaires des transformations linéaires correspondent bien aux propriétés linéaires des matrices : si les deux transformations linéaires A et B sont représentées par les matrices (a_{ij}) et (b_{ij}), alors la transformation linéaire $\lambda\mathrm{A} + \mu\mathrm{B}$ est représentée par la matrice $(\lambda a_{ij} + \mu b_{ij})$. Ce que nous n'avons pas encore vu, c'est comment les matrices se multiplient.

Quelle est la matrice de AB ? La seule façon de le trouver, c'est d'accepter de faire le calcul tel qu'il se présente :

$$\begin{aligned}(\mathrm{AB})e_j = \mathrm{A}(\mathrm{B}e_j) = \mathrm{A}\Big(\sum_k b_{kj}e_k\Big) = \sum_k b_{kj}\mathrm{A}e_k \\ = \sum_k b_{kj}\Big(\sum_i a_{ik}e_i\Big) = \sum_i\Big(\sum_k a_{ik}b_{kj}\Big)e_i.\end{aligned}$$

Le coefficient d'indice (i, j) de la matrice de AB est donc

$$\sum_k a_{ik}b_{kj}.$$

Quand on n'a jamais vu cette formule, elle peut sembler compliquée, mais on s'y habitue vite.

Voici un exemple simple : l'ensemble $\mathbb{C}$ des nombres complexes est un espace vectoriel réel (!), l'ensemble $\{1, i\}$ est une base de cet espace et la conjugaison complexe C est une transformation linéaire de cet espace. Quelle est la matrice de C dans la base indiquée ? Cela fait deux questions : quel est le développement de C1 dans la base $(1, i)$, et quel est le développement de Ci ? Les réponses sont évidentes : C1 = 1 et C$i = -i$, la matrice est donc

$$\begin{pmatrix}1 & 0\\ 0 & -1\end{pmatrix}.$$

C'était un exemple trop simple. Pour un exemple plus révélateur, considérons l'espace vectoriel $\mathscr{P}_4$ des polynômes de degré $\leqslant 4$, muni de la base

$$e_0 = 1, e_1 = t, e_2 = t^2, e_3 = t^3, e_4 = t^4,$$

et soit A la transformation linéaire de $\mathscr{P}_4$ définie par

$$\mathrm{A}x(t) = x(t+1)\,;$$

Quelle est sa matrice ? Puisque

$$\begin{aligned}\mathrm{A}e_0 &= 1\\ \mathrm{A}e_1 &= t+1\\ \mathrm{A}e_2 &= (t+1)^2 = t^2 + 2t + 1, \quad \text{etc.}\end{aligned}$$

on obtient que la matrice de A est

$$\begin{pmatrix}1 & 1 & 1 & 1 & 1\\ 0 & 1 & 2 & 3 & 4\\ 0 & 0 & 1 & 3 & 6\\ 0 & 0 & 0 & 1 & 4\\ 0 & 0 & 0 & 0 & 1\end{pmatrix}$$

(puisque $Ae_j = \sum_{i=1}^{n} a_{ij}e_i$, on obtient la colonne j en écrivant successivement les coordonnées de Ae_j dans la base $(e_0, \ldots, e_n)$).

Problème 67. *Que devient la matrice d'une transformation linéaire d'un espace vectoriel de dimension finie lorsqu'on fait une permutation sur les vecteurs de la base ?*

Commentaire. Les considérations d'inversibilité introduites au problème 60 s'expriment plus simplement et plus naturellement en termes de matrices. Par exemple, on aurait pu poser la question sur la transformation T de la façon suivante : la matrice

$$\begin{pmatrix} 2 & 1 \\ 1 & 1 \end{pmatrix}$$

est-elle inversible ?

68. Matrices diagonales

Certaines matrices sont plus simples à manipuler que d'autres et, le plus souvent, ce sont les matrices diagonales, c'est-à-dire celles qui sont de la forme

$$\begin{pmatrix} 5 & 0 & 0 & 0 \\ 0 & -e & 0 & 0 \\ 0 & 0 & \frac{2}{3} & 0 \\ 0 & 0 & 0 & 100 \end{pmatrix},$$

où chaque coefficient en dehors de la diagonale principale est nul. (La diagonale principale d'une matrice (a_{ij}) est l'ensemble de ses coefficients de la forme a_{ii}, c'est-à-dire ceux dont les deux indices sont égaux.) La somme de deux matrices diagonales est diagonale et, mieux encore, la formule de multiplication est particulièrement simple pour les matrices diagonales. Le produit de deux matrices diagonales est la matrice diagonale qu'on obtient en multipliant chaque coefficient de l'une par le coefficient correspondant de l'autre. Il en découle en particulier que, dans l'ensemble des matrices diagonales, la multiplication est commutative. Le produit de deux matrices dépend en général de l'ordre dans lequel on les place, mais si A et B sont diagonales on a toujours AB = BA.

Parmi les matrices diagonales, les plus simples figurent les matrices scalaires, c'est-à-dire les multiples scalaires de l'identité, ou autrement dit les matrices diagonales dont tous les coefficients diagonaux sont égaux. Ce sont les plus simples à écrire mais il est quelquefois plus facile de travailler avec celles qui sont à l'extrême opposé, les matrices diagonales dans lesquelles tous les coefficients diagonaux sont différents.

> **Problème 68.** *Soit* A *une matrice diagonale dont tous les coefficients diagonaux sont différents et soit* B *une matrice qui commute avec* A. *La matrice* B *est-elle obligatoirement diagonale ?*

69. Commutativité universelle

Quelles sont les matrices qui commutent avec toutes les matrices ? Pour que la question ait un sens, il faut évidemment supposer que seules les matrices carrées d'un format donné participent à la compétition. La matrice identité en est un exemple, la matrice nulle un autre. Quels sont les exemples non triviaux ?

> **Problème 69.** *Quelles matrices* B *de format* $n \times n$ *ont la propriété que* AB = BA *pour toute matrice* B *de format* $n \times n$ *?*

70. Invariance

L'ensemble M de tous les vecteurs de $\mathbb{R}^4$ de la forme

$$(0, \alpha, \beta, \beta)$$

(c'est-à-dire les vecteurs dont la première composante est nulle et dont les deux dernières composantes sont égales) est un sous-espace vectoriel de $\mathbb{R}^4$, et la matrice

$$A = \begin{pmatrix} 2 & 0 & 1 & -1 \\ 2 & 1 & 2 & 1 \\ 0 & 1 & 6 & 1 \\ 3 & 1 & 3 & 4 \end{pmatrix}$$

définit une transformation linéaire de $\mathbb{R}^4$. Si u est un vecteur de M, il est facile de vérifier que Au a sa première composante nulle et ses deux dernières composantes égales, autrement dit il est dans M. On décrit ce phénomène en disant que le sous-espace M est **invariant** par la transformation linéaire A.

Soit B la matrice scalaire

$$B = \begin{pmatrix} 2 & 0 & 0 & 0 \\ 0 & 2 & 0 & 0 \\ 0 & 0 & 2 & 0 \\ 0 & 0 & 0 & 2 \end{pmatrix}$$

et soit $u \in M$, alors Bu est dans M − le sous-espace M est donc aussi invariant par B.

Soit C la matrice diagonale

$$C = \begin{pmatrix} 1 & 0 & 0 & 0 \\ 0 & 2 & 0 & 0 \\ 0 & 0 & 1 & 0 \\ 0 & 0 & 0 & 2 \end{pmatrix}$$

et soit $u = (0,1,2,2)$. Alors u est dans M, mais Cu n'appartient pas à M ; le sous-espace M n'est pas invariant par C.

La notion d'invariance a une importance cruciale en algèbre linéaire (et d'ailleurs dans toutes les mathématiques). La première question à se poser à propos de l'invariance est celle-ci : combien y a-t-il de sous-espaces invariants ? Si par exemple V est l'espace vectoriel trivial, c'est-à-dire $\{0\}$, alors toute transformation linéaire de V a un seul sous-espace invariant, à savoir $\{0\}$ lui-même. Si $V = \mathbb{R}^1$ et si A est la transformation identité de $\mathbb{R}^1$, il n'y a que deux sous-espaces invariants, à savoir $\{0\}$ et $\mathbb{R}^1$.

Problème 70. *Existe-t-il un espace vectoriel* V *et une transformation linéaire* A *de* V *tels que* A *admette exactement trois sous-espaces invariants ?*

71. Supplémentaires invariants

On se sert des sous-espaces invariants pour simplifier la forme des matrices. Si A est une transformation linéaire d'un espace vectoriel V de dimension n et si M est un sous-espace de dimension m de V invariant par A, il existe une base $(e_1, e_2, \ldots, e_n)$ de V telle que les vecteurs e_j $(j = 1, \ldots, m)$ appartiennent à M. Par rapport à cette base la matrice de A est de la forme

$$\begin{pmatrix} P & Q \\ 0 & R \end{pmatrix},$$

où P est une matrice $m \times m$, R une matrice $(n-m) \times (n-m)$ et Q une matrice rectangulaire à m lignes et $n - m$ colonnes. Le coefficient 0 en bas à gauche ne doit pas être oublié : il désigne une matrice rectangulaire à $n-m$ lignes et m colonnes.

Plus une matrice a de zéros, plus il est facile de calculer. Pour une transformation linéaire donnée, il est donc naturel de chercher une base dans laquelle la matrice de cette transformation a beaucoup de zéros. On vient de voir que si la base commence par des vecteurs d'un sous-espace invariant, la matrice a un tableau de zéros dans le coin inférieur gauche. Quand les autres coins seront-ils aussi formés de zéros ?

Quand aura-t-on par exemple $\mathrm{P} = 0$? Il est facile de répondre à cette question : $\mathrm{P} = 0$ signifie que $\mathrm{A}e_j = 0$ pour $j = 1, \ldots, m$, de sorte que le sous-espace M engendré par $(e_1, e_2, \ldots, e_m)$ est contenu dans le noyau de A – c'est nécessaire et suffisant.

Quand a-t-on $\mathrm{Q} = 0$? On a $\mathrm{Q} = 0$ si et seulement si les coefficients des m premiers vecteurs $e_1, e_2, \ldots, e_m$ dans le développement de $\mathrm{A}e_j$ $(j = m+1, \ldots, n)$ sont tous nuls. Mieux dit : l'image par A de chaque e_j $(j = m+1, \ldots, n)$ appartient au sous-espace engendré par $(e_{m+1}, \ldots, e_n)$. Autre formulation : le sous-espace engendré par $(e_{m+1}, \ldots, e_n)$ est invariant par A. Autrement dit, une condition nécessaire et suffisante pour que la matrice de A soit de la forme

$$\begin{pmatrix} \mathrm{P} & 0 \\ 0 & \mathrm{R} \end{pmatrix},$$

dans une base $(e_1, e_2, \ldots, e_n)$ est que, pour un certain m, le sous-espace engendré par $(e_1, \ldots, e_m)$ et le sous-espace engendré par $(e_{m+1}, \ldots, e_n)$ soient tous deux invariants par A. La meilleure formulation est donc : on peut trouver une base où la matrice de A est de la forme $\begin{pmatrix} \mathrm{P} & 0 \\ 0 & \mathrm{R} \end{pmatrix}$ si et seulement si il existe deux sous-espaces supplémentaires invariants par A.

Est-ce toujours possible ?

Problème 71. *Soit* A *une transformation linéaire d'un espace vectoriel de dimension finie. Tout sous-espace invariant par* A *a-t-il nécessairement un supplémentaire invariant ?*

72. Projecteurs

Si M et N sont des sous-espaces supplémentaires d'un espace vectoriel de dimension finie V, alors, d'après le problème 28, il correspond à tout vecteur z de V deux vecteurs x et y, avec $x \in$ M et $y \in$ N, tels que $z = x + y$ et, de plus, x et y sont déterminés de façon unique par z. Le vecteur x est appelé **projection de z sur M parallèlement à** N et, de même, y est la projection de z sur N parallèlement à M.

Un dessin dans le cas où M et N sont des droites distinctes passant par l'origine dans le plan aide à voir ce qui se passe. Si z est un point du plan qui n'appartient pas à M ni à N, on trace la droite passant par z parallèle à M ; le point où cette droite coupe N est la projection de z sur N. (Naturellement, l'intersection de M avec la droite passant par z parallèle à N est la projection de z sur M.) Que se passe-t-il quand z appartient à M ou à N ?

Considérons l'application E qui à z associe le vecteur x et, de façon analogue, l'application F qui à z associe le vecteur y. La vérification que E et F sont linéaires est pure routine (mais il faut la faire). Puisque $x + y = z$, on a $\mathrm{E} + \mathrm{F} = 1$. On utilise le mot **projecteur** pour désigner les transformations E et F : E est appelée projecteur sur M (parallèlement à N) et F est le projecteur sur N (parallèlement à M). Attention : la définition de E met l'accent sur M mais elle dépend de façon cruciale des deux sous-espaces M et N, et F met l'accent sur N mais dépend aussi de M et N. Autrement dit, si N_1 et N_2 sont des supplémentaires de M distincts, les projecteurs E_1 et E_2 sur M parallèlement à N_1 et N_2 sont des transformations différentes. Si M = V (auquel cas N est unique et est égal à $\{0\}$), alors $\mathrm{E} = 1$; si $\mathrm{M} = \{0\}$, alors $\mathrm{E} = 0$. Ce sont des exemples triviaux de projecteurs. Peut-on donner quelques exemples non triviaux ? Par exemple, toute transformation linéaire est-elle un projecteur sur un sous-espace parallèlement à un supplémentaire de ce sous-espace ?

Problème 72. (*a*) *Quelles transformations linéaires sont des projecteurs ?*

(*b*) *Soit* E *le projecteur sur* M *parallèlement à* N. *Déterminer* Im E *et* Ker E.

Commentaire. La question (*a*) demande une caractérisation de nature algébrique (par opposition à la définition géométrique), qui mette dans un sac tous les projecteurs et dans un autre toutes les autres transformations linéaires.

73. Sommes de projecteurs

La somme de deux projecteurs est-elle toujours un projecteur ? Bien sûr que non – la transformation identité 1, par exemple, est un projecteur mais la somme de l'identité et d'elle-même, la transformation 2, n'est certainement pas un projecteur. (En fait le double d'un projecteur différent de 0 n'est jamais un projecteur. Pourquoi ?)

D'autre part la somme de deux projecteurs est souvent un projecteur. On obtient un exemple trivial en considérant la somme d'un projecteur E et du projecteur 0. Voici un exemple un peu moins trivial :

$$\begin{pmatrix} 1 & 0 \\ 0 & 0 \end{pmatrix} \quad \text{et} \quad \begin{pmatrix} 0 & 0 \\ 0 & 1 \end{pmatrix}.$$

Voici encore, dans le même esprit, un exemple numérique

$$\frac{1}{25}\begin{pmatrix} 9 & 12 \\ 12 & 16 \end{pmatrix} \quad \text{et} \quad \frac{1}{25}\begin{pmatrix} 16 & -12 \\ -12 & 9 \end{pmatrix}.$$

Problème 73. *Quand la somme de deux projecteurs est-elle un projecteur ?*

74. Presque idempotence

Une transformation linéaire E est un projecteur si et seulement si elle est idempotente, et cette condition équivaut à $E(1-E)=0$. Si cette dernière relation est satisfaite, on a $E=E^2$ et $1-E=(1-E)^2$. On en déduit que si E est idempotent, les relations légèrement plus faibles

$$E^2(1-E)=0 \quad \text{et} \quad E(1-E)^2=0$$

sont satisfaites aussi. Ces conditions nécessaires sont-elles aussi suffisantes ? Et la question concerne-t-elle les deux relations ensemble ou séparément ?

Problème 74. *Soit* E *une transformation linéaire telle que*

$$E^2(1-E)=0.$$

Peut-on en déduire que E *est idempotente ? Cette condition est-elle équivalente à*

$$E(1-E)^2=0\ ?$$

5

Dualité

75. Formes linéaires

Les formes linéaires sont les plus utiles des fonctions définies sur un espace vectoriel. Rappelons la définition (problème 55) : une forme linéaire f sur l'espace vectoriel V est une application de V dans le corps des scalaires telle que

$$f(x+y) = f(x) + f(y)$$

et

$$f(\alpha x) = \alpha f(x)$$

quels que soient les vecteurs x et y de V et le scalaire α.

Exemple sur $\mathbb{R}^n$: $f(x_1, x_2, \ldots, x_n) = 3x_1$.

Exemple sur $\mathbb{R}^3$: $f(x, y, z) = x + 2y + 3z$.

Exemples sur l'espace $\mathscr{P}$ des polynômes :

$$f(p) = \int_{-1}^{+1} p(t)\,dt, \text{ ou } \int_{-2}^{+1} t^2 p(t)\,dt$$

$$\text{ou } \int_0^9 t^2 p(t^2)\,dt, \text{ ou } \left.\frac{d^2 p}{dt^2}\right|_{t=1}.$$

La forme linéaire triviale 0 est aussi la plus importante. Autrement dit, si f est définie par

$$f(x) = 0$$

pour tout x, alors f est une forme linéaire. À part ce cas trivial, une forme linéaire prend toutes les valeurs scalaires – c'est un exercice facile (voir le problème 55(1)). Ainsi, par exemple, si f_0 est une forme linéaire non nulle sur un espace vectoriel de dimension finie V, il existe toujours un vecteur x de V tel que $f_0(x) = 3$. A-t-on la réciproque ? C'est-à-dire : si x_0 est un vecteur non nul d'un espace vectoriel de dimension finie V, existe-t-il une forme linéaire f telle que $f(x_0) = 3$? Cela demande un peu plus de réflexion, mais la réponse est encore oui. En effet, soit $(x_1, x_2, \ldots, x_n)$ une base de V dont un des vecteurs soit le vecteur x_0 donné, disons $x_1 = x_0$; alors le premier exemple donné ci-dessus convient.

Nous avons donné quelques propriétés des images des formes linéaires ; peut-on dire quelque chose d'intelligent sur leurs noyaux ? Soient, par exemple, f et g des formes linéaires sur le même espace vectoriel V et soit α un scalaire tels que $g(x) = \alpha f(x)$ pour tout x dans V. Il est clair que $f(x) = 0$ implique $g(x) = 0$. Y a-t-il une chance que la réciproque soit vraie ?

> **Problème 75.** *Soient f et g des formes linéaires (sur le même espace vectoriel) telles que $g(x) = 0$ dès que $f(x) = 0$. Existe-t-il un scalaire α tel que $g(x) = \alpha f(x)$ pour tout x ?*

76. Espace dual

On peut utiliser des espaces vectoriels connus pour en construire de nouveaux. Par exemple, on peut construire des sous-espaces vectoriels d'un espace vectoriel donné. On peut aussi partir d'un espace vectoriel et d'un de ses sous-espaces et former l'espace quotient. On peut également partir de deux espaces vectoriels quelconques et former leur somme directe.

Une autre méthode, très importante, pour obtenir un nouvel espace vectoriel à partir d'un espace vectoriel donné est la **dualité** : il correspond à chaque espace vectoriel V un autre espace vectoriel qu'on appelle son **espace dual** et que l'on note V′. Les éléments de V′ sont faciles à décrire : ce sont les formes linéaires sur V. On peut faire la somme de deux formes linéaires : si f et g sont des formes linéaires sur V, on peut définir leur somme $h = f + g$ pour tout x par

$$h(x) = f(x) + g(x).$$

On peut multiplier une forme linéaire par un scalaire : si f est une forme linéaire sur V et α un scalaire, on peut définir une nouvelle forme linéaire $k = \alpha f$ pour tout x par

$$k(x) = \alpha f(x).$$

Muni de ces deux opérations d'addition et de multiplication scalaire, l'ensemble V′ devient un espace vectoriel, le dual de V.

Problème 76. *Le dual d'un espace vectoriel de dimension finie est-il de dimension finie ?*

77. Systèmes de *n* équations linéaires à *n* inconnues

Un vecteur dans un espace vectoriel (à part le vecteur nul) est exactement comme tous les autres, et une forme linéaire (à part la forme linéaire nulle) est exactement comme toutes les autres. Mais, si K est un corps et n un entier > 0, et si on considère l'espace vectoriel particulier K^n, alors l'existence de coordonnées intrinsèques permet de distinguer certains vecteurs et certaines formes linéaires. Ainsi, par exemple, les vecteurs qui ont toutes leurs coordonnées nulles sauf une, cette dernière valant 1, jouent souvent un rôle important, et il en est de même des formes linéaires p_j définies par

$$p_j(x_1,\dots,x_n) = x_j, \quad j = 1,\dots,n.$$

Ces formes linéaires sont appelées **formes linéaires coordonnées** ou **projections coordonnées**.

On ne peut pas manquer de les voir dans la « résolution » de systèmes de n équations linéaires à n inconnues. Voici ce que « résoudre un système » semble signifier pour la plupart des étudiants : former des combinaisons linéaires des équations données jusqu'à ce qu'elles prennent la forme

$$x_1 = \alpha_1, \quad \dots, \quad x_n = \alpha_n,$$

et ensuite se sentir justifié de déclarer que $(\alpha_1,\dots,\alpha_n)$ est la solution cherchée.

La façon la plus honnête de décrire ce procédé est de dire que SI il existe une solution et si ce procédé aboutit, ALORS le procédé conduit bien à une solution, mais qu'une preuve d'existence et une preuve d'unicité sont probablement nécessaires (la preuve de l'unicité est simple : si l'existence d'une solution est prouvée, son unicité résulte du calcul des étudiants). Certains professeurs, ennuyés d'avoir à mettre un outil aussi incomplet[1] entre les mains de leurs étudiants, se sentent obligés de se justifier par un vague

1. Il faut peut-être dire que c'était dans l'enseignement d'autrefois. Aujourd'hui on enseigne sous le nom de méthode du pivot une méthode où on transforme progressivement le système donné, et où les étapes sont suffisamment décomposées pour garantir que chaque nouveau système écrit est équivalent au précédent, et suffisamment bien choisies pour garantir qu'on avance effectivement vers la

signe de la main et par la suggestion « de remonter les étapes, et ce sera juste ». Est-ce que c'est bien vrai ?

Une équation linéaire est une équation de la forme

$$f(x) = \alpha,$$

où f est une forme linéaire (donnée), α un scalaire (donné), et x un vecteur (inconnu). Un système de n équations linéaires à n inconnues fait donc intervenir n formes linéaires $f_1, \ldots, f_n$ et n scalaires $\alpha_1, \ldots, \alpha_n$; on cherche un vecteur $x = (x_1, \ldots, x_n)$ tel que

$$f_j(x) = \alpha_j, \quad j = 1, \ldots, n.$$

On peut exprimer cela en définissant une transformation linéaire T de K^n dans K^n par

$$\mathrm{T}(x) = \mathrm{T}(x_1, \ldots, x_n) = \big(f_1(x), \ldots, f_n(x)\big),$$

et en espérant qu'on en sait suffisamment sur T pour garantir que son image est tout K^n (existence de solutions) et que son noyau est $\{0\}$ (unicité). On espère donc que T est inversible ; dans ce cas, la solution $(x_1, \ldots, x_n)$ cherchée est $\mathrm{T}^{-1}(\alpha_1, \ldots, \alpha_n)$.

Quelle hypothèse cachée y a-t-il dans le procédé habituel de résolution qui serait suffisante pour assurer l'inversibilité de T ? L'hypothèse, pas particulièrement bien cachée, est qu'il est possible de

> « former des combinaisons linéaires des équations données jusqu'à ce qu'elles prennent la forme $x_1 = \alpha_1, \ldots, x_n = \alpha_n$ ».

Autrement dit, l'espace vectoriel engendré (dans le dual de K^n) par les formes linéaires $f_1, \ldots, f_n$ contient toutes les formes linéaires coordonnées.

> **Problème 77.** *Soient $f_1, \ldots, f_n$ des formes linéaires sur K^n telles que l'espace vectoriel qu'elles engendrent contienne toutes les formes linéaires coordonnées. La transformation linéaire T définie par*
>
> $$\mathrm{T}(x) = \big(f_1(x), \ldots, f_n(x)\big)$$
>
> *est-elle inversible ?*

---

solution. L'étude des systèmes de m équations à n inconnues ($m \neq n$) habitue d'autre part les étudiants à se poser les questions de l'existence et de l'unicité des solutions. (N.d.T.)

78. Réflexivité

Il se peut que deux espaces vectoriels différents se ressemblent à tel point qu'il soit difficile de les distinguer. De prime abord l'espace $\mathscr{P}_3$ (des polynômes de degré $\leqslant 3$) et l'espace $\mathbb{R}^4$ (des suite de réels de longueur 4) n'ont pas l'air de se ressembler, mais à la réflexion, il se peut que si. Quelles sont les propriétés vectorielles des polynômes

$$a_0 + a_1 t + a_2 t^2 + a_3 t^3,$$

et comment se comparent-elles à celles des suites

$$(x_1, x_2, x_3, x_4)\ ?$$

Dans ce contexte, l'utilisation de l'alphabet nuit plutôt qu'elle n'aide. Si on change les a en x et si on augmente leurs indices d'une unité, ou bien si on change les x en a et qu'on diminue leurs indices d'une unité, la différence tend à disparaître : la seule différence entre le vecteur

$$x_1 + x_2 t + x_3 t^2 + x_4 t^3$$

de $\mathscr{P}_3$ et le vecteur

$$(x_1, x_2, x_3, x_4)$$

de $\mathbb{R}^4$ est que l'un utilise des signes plus alors que l'autre utilise des parenthèses et des virgules – une différence de notation mais pas de nature. Plus élégamment, on peut dire qu'il existe une correspondance bijective entre $\mathbb{R}^4$ et $\mathscr{P}_3$, donnée par l'application T définie par

$$\mathrm{T}(x_1, x_2, x_3, x_4) = x_1 + x_2 t + x_3 t^2 + x_4 t^3,$$

et que cette application T et son inverse sont linéaires. Cela signifie que non seulement T est bijective mais, de plus, qu'on a, pour tous $x = (x_1, x_2, x_3, x_4)$ et $y = (y_1, y_2, y_3, y_4)$ de $\mathbb{R}^4$ et tous scalaires α et β

$$\mathrm{T}(\alpha x + \beta y) = \alpha \mathrm{T}(x) + \beta \mathrm{T}(y),$$

et que, pour p et q dans $\mathscr{P}_3$, on a

$$\mathrm{T}^{-1}(\alpha p + \beta q) = \alpha \mathrm{T}^{-1}(p) + \beta \mathrm{T}^{-1}(q)$$

(voir le problème 60). On peut exprimer ceci de façon familière mais non mensongère en disant que $\mathscr{P}_3$ et $\mathbb{R}^4$ ne diffèrent que par la notation, ou de façon encore plus familière, mais peut-être un peu trompeuse, en disant que $\mathscr{P}_3$ et $\mathbb{R}^4$ sont essentiellement identiques.

Un terme plus approprié pour dire « essentiellement identiques » est **isomorphes**. Un **isomorphisme** d'un espace vectoriel V dans un espace vectoriel W est une application linéaire bijective de V dans W ; deux espaces sont dits isomorphes s'il existe un isomorphisme entre eux. Il est trivial que V et V sont isomorphes et que, si V et W sont isomorphes, alors W et V sont isomorphes (l'inverse d'un isomorphisme est un isomorphisme). Enfin si U, V, W sont des espaces vectoriels tels que U est isomorphe à V et V est isomorphe à W, alors U est isomorphe à W (le composé de deux isomorphismes est un isomorphisme). Nous venons d'exprimer le fait que l'isomorphisme est une relation d'équivalence.

Les isomorphismes conservent toutes les propriétés importantes des espaces vectoriels. Par exemple, deux espaces vectoriels isomorphes ont la même dimension. En effet, montrons que si $(x_1,\dots,x_n)$ est une base de V, alors $(\mathrm{T}x_1,\dots,\mathrm{T}x_n)$ est une base de W. Si

$$\alpha_1\mathrm{T}x_1+\cdots+\alpha_n\mathrm{T}x_n=0,$$

alors

$$\mathrm{T}(\alpha_1x_1+\cdots+\alpha_nx_n)=0,$$

ce qui implique que

$$\alpha_1x_1+\cdots+\alpha_nx_n=0,$$

et donc que

$$\alpha_1=\cdots=\alpha_n=0\,;$$

les $\mathrm{T}x_j$ sont donc linéairement indépendants. De plus, si y est un vecteur arbitraire de W, alors $\mathrm{T}^{-1}y$ est combinaison linéaire des x_j, c'est-à-dire que $\mathrm{T}^{-1}y$ est de la forme $\alpha_1x_1+\cdots+\alpha_nx_n$. Il suffit d'appliquer T pour obtenir $y=\alpha_1\mathrm{T}x_1+\cdots+\alpha_n\mathrm{T}x_n$; les vecteurs $\mathrm{T}x_j$ engendrent donc W.

La réciproque de ce résultat est aussi exacte : si deux espaces vectoriels de dimension finie V et W ont la même dimension, alors ils sont isomorphes. En effet, si $(x_1,\dots,x_n)$ est une base de V et $(y_1,\dots,y_n)$ une base de W, il existe une et une seule transformation linéaire T de V dans W telle que $\mathrm{T}x_j=y_j$ $(j=1,\dots,n)$ et cette transformation est un isomorphisme de V dans W.

Cette démonstration est correcte mais elle apparaît laide car non naturelle à certains mathématiciens. En effet, elle dépend du choix (non naturel) des bases de V et de W. Si on change ces deux bases, l'isomorphisme T change. Il existe bien un isomorphisme, et en fait il y a beaucoup d'isomorphismes entre V et W mais il n'y a aucune raison de préférer l'un à l'autre – il n'y a aucun moyen naturel de faire un choix entre eux.

Il y a un cas célèbre où un isomorphisme **naturel** entre deux espaces vectoriels saute aux yeux : l'isomorphisme entre un espace vectoriel de dimension finie et le dual $(V')'$ de son dual. (Il est habituel et plus pratique de noter cet espace **bidual** V''.) Les éléments de V'' sont des formes linéaires de formes linéaires. Quel exemple peut-on imaginer d'un objet de ce type ? En voici un : on fixe un vecteur x_0 de V, puis, pour chaque élément f de V' – c'est-à-dire pour chaque forme linéaire f sur V – on écrit

$$x_0'(f) = f(x_0).$$

Nous insistons sur le fait que x_0 est fixé (dans V) et que f varie (dans V'). Par conséquent, ξ_0' est une fonction définie sur V' et il suffit de regarder une seconde comment $f(x_0)$ (qui est égal à $x_0'(f)$) dépend de f pour se convaincre que x_0' est une forme linéaire sur V'.

Toutes les formes linéaires sur V' sont-elles de ce type ?

> **Problème 78.** *Soit* V *un espace vectoriel. Pour chaque vecteur* x *de* V *on définit un élément* $x'(= \mathrm{T}x)$ *de* V'' *par*
>
> $$x'(f) = f(x).$$
>
> *Vérifier que* T *est linéaire de* V *dans* V'' *; l'application* T *est-elle nécessairement un isomorphisme ?*

Commentaire. Cette question appartient à un des domaines les plus subtils de l'algèbre linéaire ; pour la mettre dans le bon contexte, quelques commentaires sont utiles.

(1) L'application T définie ci-dessus est appelée l'injection **canonique** de V dans V''. Dans le cas où T envoie V *sur* V'' (ce qui assure que T est un isomorphisme), on dit que l'espace V est **réflexif**. (Avertissement : dans le cas des espaces vectoriels topologiques de dimension infinie le même mot est employé avec un sens légèrement dévié, et l'utilisation de la présente définition peut mener à des erreurs.)

(2) Si un espace vectoriel de dimension finie V est réflexif – c'est-à-dire si non seulement V et V'' sont isomorphes mais si l'injection canonique est un isomorphisme – alors il est souvent pratique (bien qu'un peu risqué) d'identifier V et V''. Plus précisément, si V est réflexif, chaque vecteur x de V est considéré comme le même que

son image $x'(= \mathrm{T}x)$ dans V″. Comme cas particulier, rappelons la construction (décrite dans la solution 76) de la base duale d'une base donnée. On part d'une base

$$\mathrm{X} = (x_1, \ldots, x_n)$$

de V. Soit

$$\mathrm{U} = (u_1, \ldots, u_n)$$

la base duale de V′ (telle que $u_i(x_j) = \delta_{ij}$ pour tout i et tout j) et on recommence : soit

$$\mathrm{X}' = (x'_1, \ldots, x'_n)$$

la base de V″ duale de la base U (de sorte que

$$x'_j(u_i) = \delta_{ij}$$

pour tout i et tout j) Puisque

$$x'_j(u_i) = u_i(x_j),$$

il en découle que

$$x'_j(u) = u(x_j)$$

pour tout u dans V′ et pour tout j, ce qui prouve que x'_j est exactement l'image de x_j par l'injection canonique T de V dans V″. L'identification proposée revient à décréter que pour chaque j les vecteurs x'_j et x_j sont les mêmes, et donc que les bases X et X′ sont les mêmes.

79. Annulateurs

Le noyau d'une application linéaire (voir le problème 56), et en particulier le noyau d'une forme linéaire, est le sous-ensemble (le sous-espace) formé des vecteurs sur lesquels elle prend la valeur 0. On peut poser la question dans l'autre sens : si x est un vecteur d'un espace vectoriel V, quel est l'ensemble des formes linéaires u sur V telles que $u(x) = 0$? Autrement dit, quel est **l'annulateur** de x ? Une question un peu plus générale est celle-ci : si M est un sous-ensemble (pas nécessairement un sous-espace) d'un espace vectoriel V, quel est l'ensemble des formes linéaires u sur V telles que $u(x) = 0$ pour tout x de M ? La réponse est notée M^0 et s'appelle **l'annulateur** de M.

Exemples triviaux : $\{0\}^0 = V'$ et $V^0 = \{0\}$ (dans V'). Si V est de dimension finie et si M contient un vecteur non nul, on a $M^0 \neq V'$ (voir la discussion qui précède le problème 63).

L'annulateur d'un singleton ($M = \{x\}$) est constitué des formes linéaires u telles que x soit dans $\operatorname{Ker} u$. Dans le langage abrégé de la bidualité (voir le problème 77) $\{x\}^0$ est le noyau (dans V') des formes linéaires x dans V'' (notées au départ x' dans le problème 77). Par conséquent, l'annulateur de $\{x\}$ est toujours un sous-espace de V'. On aurait pu facilement obtenir ce résultat directement sans référence à la bidualité, mais il appartient naturellement au domaine de la bidualité. Si M est un sous-ensemble quelconque de V, M^0 est l'intersection de tout les annulateurs $\{x\}^0$ de vecteurs x de M. Par conséquent, c'est un sous-espace (de V').

Puisque M^0 est un sous-espace on peut parler de $\dim M^0$; que peut-on en dire ?

> **Problème 79.** *Soit* M *un sous-espace de dimension* m *d'un espace vectoriel de dimension* n *; quelle est la dimension de* M^0 *?*

80. Bi-annulateurs

C'est un bon principe en mathématiques, si on a pu faire quelque chose une fois, d'essayer de la répéter encore et encore, c'est-à-dire d'itérer quand c'est possible. Par exemple, puisqu'à partir d'un sous-espace M d'un espace vectoriel V on peut former son annulateur M^0, il est bon de recommencer. Cela signifie qu'on part du sous-espace M^0 de V' et qu'on forme son annulateur $(M^0)^0$ dans V''. On note ce bi-annulateur M^{00}, de même qu'on a noté V'' le dual $(V')'$ de V'.

> **Problème 80.** *Soit* M *un sous-espace d'un espace vectoriel de dimension finie* V. *Comparer* M *et* M^{00}.

Commentaire. Au sens strict, M et M^{00} ne peuvent pas être comparés car ce sont des sous-espaces de deux espaces vectoriels différents V et V''. Mais, puisque tout espace vectoriel de dimension finie est réflexif, on peut (et on doit) appliquer la convention d'identification du problème 78. Selon cette convention, l'espace V'' est le même que V, et M et M^{00} sont tous deux des sous-espaces de cet espace.

81. Transposition

La notion de dualité a été définie à l'aide de transformations linéaires très spéciales, les formes linéaires. Cette notion s'applique aussi à des transformations linéaires plus générales.

Soit A une transformation linéaire sur un espace vectoriel V et soit u un élément du dual V′. Avec ces deux outils, il y a deux choses naturelles à faire à un vecteur x de V : former le vecteur Ax et former le scalaire $u(x)$. On peut faire une troisième chose : combiner les deux outils en les appliquant l'un après l'autre (dans le seul ordre possible). Cela a un sens d'appliquer d'abord A puis u en formant $u(\mathrm{A}x)$. Si on considère A et u comme fixés, on obtient ainsi une fonction de x, qui est linéaire puisque A et u le sont. Autrement dit, l'application v de V dans le corps de base définie par

$$v(x) = u(\mathrm{A}x)$$

est une forme linéaire, donc un élément de V′.

Un petit miracle s'est produit : une transformation linéaire sur V et une forme linéaire de V′ se sont unies pour produire un nouvel élément de V′. On peut voir ce nouvel élément v comme l'effet de l'application d'une transformation A′ à u, soit

$$v = \mathrm{A}'u.$$

La transformation A′ est dite **transposée** de A : elle envoie des vecteurs de V′ sur des vecteurs de V′.

Il n'est pas surprenant que A′ opère linéairement sur V′, c'est-à-dire que si

$$u = \alpha_1 u_1 + \alpha_2 u_2$$

alors

$$\mathrm{A}'u = \alpha_1 \mathrm{A}'u_1 + \alpha_2 \mathrm{A}'u_2\,;$$

la vérification de cette relation n'est, au stade où nous en sommes, que simple routine. Cela répond à la question de comment A′u dépend de u. Une question plus intéressante et moins banale est la suivante : comment A′u dépend-elle de A ? Réponse : très simplement et très joliment, avec seulement une petite surprise inoffensive.

C'est par exemple un jeu d'enfant de vérifier que si A = 0 (sur V) alors A′ = 0 (sur V′) et que si A = 1 (sur V) alors A′ = 1 (sur V′). On peut donc écrire $0' = 0$ et $1' = 1$. C'est tout aussi facile de démontrer que si A et B sont des transformations linéaires sur V alors

$$(\mathrm{A}+\mathrm{B})' = \mathrm{A}' + \mathrm{B}'.$$

Puisque, de plus, si A est une transformation linéaire sur V et α un scalaire, on a

$$(\alpha\mathrm{A})' = \alpha\mathrm{A}',$$

on peut affirmer que A′ dépend linéairement de A.

Que peut-on dire des produits ? Si A et B sont des transformations linéaires sur V et si C = AB, que peut-on dire de C′ (sur V′) en termes de A′ et B′ ? C'est là qu'intervient la petite surprise inoffensive :

$$\begin{aligned}(\mathrm{C}'u)(x) &= u(\mathrm{C}x) = u\big((\mathrm{AB})x\big) = u\big(\mathrm{A}(\mathrm{B}x)\big)\\ &= (\mathrm{A}'u)(\mathrm{B}x) \qquad \text{(par définition de A}'\text{)}\\ &= \mathrm{B}'\big((\mathrm{A}'u)x)\big) \qquad \text{(par définition de B}'\text{)}\\ &= \big((\mathrm{B}'\mathrm{A}')u\big)(x).\end{aligned}$$

On a donc $(\mathrm{AB})' = \mathrm{B}'\mathrm{A}'$ – l'ordre des produits est inversé.

La dernière question concerne les inverses : si A est inversible, que peut-on dire de $(\mathrm{A}^{-1})'$? On peut répondre que si A est inversible (sur V) alors A′ est inversible (sur V′) et que

$$(\mathrm{A}^{-1})' = (\mathrm{A}')^{-1}.$$

La démonstration utilise de façon évidente la relation sur les produits et la relation $1' = 1$.

On a maintenant une autre occasion d'appliquer le principe de répéter une action possible. Si à partir d'une transformation linéaire A sur un espace vectoriel V on a pu obtenir une transformation linéaire A′ sur V′, alors on peut obtenir à partir de A′ une transformation linéaire $(\mathrm{A}')'$ sur V″. Quelle relation y a-t-il entre A et A″ ? Première remarque : pour avoir des notations saines, il est conseillé d'écrire A″ pour $(\mathrm{A}')'$. Seconde remarque : afin que A″ et A soient comparables, il serait bon qu'elles vivent dans le même espace et, afin d'obtenir cela, ce serait une bonne idée de supposer V de dimension finie et donc réflexif. Une fois posée cette condition, la réponse à la question devient très simple :

$$\mathrm{A}'' = \mathrm{A}.$$

Démonstration : pour x dans V et u dans V′ on a

$$u(\mathrm{A}x) = (\mathrm{A}'u)(x) \qquad \text{(par définition de A}'\text{)}$$

et

$$(A'u)(x) = u(A''x) \qquad \text{(par définition de } A''\text{)}.$$

Cela suffit pour les propriétés générales des transposées ; il est temps de comprendre les transposées plus en profondeur en étudiant certaines de leurs propriétés particulières, c'est-à-dire leurs relations avec d'autres notions. Par exemple, des sous-espaces sont associés à chaque transformation linéaire, à savoir le noyau et l'image. Comment sont-ils transformés par le passage à la transposée ?

Problème 81. *Soit* A *une transformation linéaire sur un espace vectoriel de dimension finie* V, *et soit* A' *sa transposée. Quelles relations y a-t-il entre les noyaux et les images de* A *et de* A' *?*

Commentaire. La question peut se poser dans tous les cas, mais c'est une sage précaution de se limiter au cas de la dimension finie.

82. Transposées des projecteurs

Peut-on expliciter la transposée d'une transformation linéaire donnée ? D'un projecteur, par exemple ?

Problème 82. *Soient* M *et* N *des sous-espaces d'un espace vectoriel de dimension finie* V. *Déterminer la transposée du projecteur sur* M *parallèlement à* N.

83. Matrices transposées

Les transformations linéaires ont des transposées. Et les matrices ?

Problème 83. *Quelle relation y a-t-il entre la matrice, par rapport à une certaine base, d'une transformation linéaire sur un espace vectoriel de dimension finie et la matrice, par rapport à la base duale, de sa transposée ?*

6

Similitude

84. Changement de base : les coordonnées ne changent pas

Si V est un espace vectoriel de dimension n, muni d'une base ordonnée $(x_1, \ldots, x_n)$, chaque vecteur x détermine un n-uplet de scalaires. C'est un fait bien connu maintenant : soit

$$x = \alpha_1 x_1 + \cdots + \alpha_n x_n$$

l'écriture de x dans la base donnée, alors le n-uplet déterminé par x est

$$(\alpha_1, \ldots, \alpha_n).$$

Cela fonctionne aussi dans l'autre sens : une fois qu'une base a été choisie, chaque n-uplet de scalaires détermine un vecteur, à savoir le vecteur dont c'est la suite des coefficients.

Maintenant, changeons les règles du jeu ou, plutôt, jouons avec les mêmes règles, mais en changeant le point de vue. Étant donnés un espace vectoriel V de dimension n et un n-uplet $(\alpha_1, \ldots, \alpha_n)$ de scalaires, chaque base $(x_1, \ldots, x_n)$ de V détermine un vecteur de V, à savoir le vecteur décrit par la première relation ci-dessus. Ce vecteur dépend de façon évidente de la base. Il serait tout à fait surprenant que, si $(y_1, \ldots, y_n)$ était une autre base de V, le vecteur

$$y = \alpha_1 y_1 + \cdots + \alpha_n y_n$$

soit le même que x ; quand la base change, le vecteur change. De quelle façon ?

> **Problème 84.** *Soient $(x_1, \ldots, x_n)$ et $(y_1, \ldots, y_n)$ des bases d'un espace vectoriel et soient*
>
> $$x = \alpha_1 x_1 + \cdots + \alpha_n x_n$$
>
> *et*
>
> $$y = \alpha_1 y_1 + \cdots + \alpha_n y_n.$$
>
> *Quelle est la relation entre les vecteurs x et y ?*

Point important. Ce sont les mêmes coefficients $(\alpha_1, \ldots, \alpha_n)$ qui apparaissent dans les deux relations.

85. Changement de base : le vecteur ne change pas

On peut envisager le problème du passage d'une base $(x_1, \ldots, x_n)$ à une autre base $(y_1, \ldots, y_n)$ de deux façons.

(1) Étant donné un n-uplet $(\alpha_1, \ldots, \alpha_n)$ de scalaires, quelle est la relation entre

$$x = \alpha_1 x_1 + \cdots + \alpha_n x_n$$

et

$$y = \alpha_1 y_1 + \cdots + \alpha_n y_n\ ?$$

(2) Étant donné un vecteur z, quelle est la relation entre ses coordonnées dans les deux bases ? Dans le problème précédent (84), nous avons envisagé le premier point de vue. Comment comparer la réponse obtenue à celle demandée par le second point de vue ?

Problème 85. *Soient* $(x_1, \ldots, x_n)$ *et* $(y_1, \ldots, y_n)$ *des bases d'un espace vectoriel. Si*

$$\xi_1 x_1 + \cdots + \xi_n x_n = \eta_1 y_1 + \cdots + \eta_n y_n,$$

quelle relation y a-t-il entre les ξ *et les* η *?*

86. Transformations semblables

Les vecteurs sont la partie la plus facile de l'algèbre linéaire et les transformations linéaires constituent la partie la plus utile et la plus stimulante de ce domaine. Un seul et même « vecteur coordonnées » $(\alpha_1, \ldots, \alpha_n)$ peut correspondre à deux éléments différents d'un espace vectoriel au moyen de deux bases différentes – c'était le sujet du problème 84. Un énoncé analogue au niveau le plus élevé serait qu'une seule et même matrice peut correspondre à deux transformations linéaires différentes sur un espace vectoriel – c'est le sujet de ce problème.

Problème 86. *Soient* $(x_1, \ldots, x_n)$ *et* $(y_1, \ldots, y_n)$ *des bases d'un espace vectoriel. On pose*

$$\mathrm{B}x_j = \sum_i \alpha_{ij} x_i$$

et

$$\mathrm{C}y_j = \sum_i \alpha_{ij} y_i.$$

Quelle est la relation entre les transformations linéaires B *et* C *?*

Point important. La même matrice (α_{ij}) apparaît dans les deux équations.

Commentaire. Ce problème est seulement légèrement plus difficile que le problème 84, mais nettement plus profond. Deux transformations liées de la façon décrite ci-dessus sont dites **semblables** et la similitude est le bon moyen, géométrique, de classer les transformations linéaires. Dire que deux transformations linéaires sont semblables revient à dire, en fait, qu'elles sont « essentiellement identiques ». La similitude est la relation la plus importante entre des transformations linéaires – elle est au cœur de l'algèbre linéaire.

87. Matrices semblables

On peut voir un changement de bases de deux manières : géométriquement (comment transforme-t-il les vecteurs, si on suppose qu'ils gardent les mêmes coordonnées ?), c'est l'objet du problème 84, et numériquement (comment transforme-t-il les coordonnées d'un vecteur fixé ?), c'est l'objet du problème 85. Ces deux points de vue se retrouvent au niveau supérieur : l'effet d'un changement de bases sur les transformations linéaires (géométrique) et sur les matrices (numérique). Le premier cas a été traité au problème 86. Nous nous intéressons maintenant au second.

Problème 87. *Si on utilise une première base pour exprimer une transformation linéaire sous la forme d'une matrice, puis une autre base pour exprimer la même transformation linéaire sous la forme d'une autre matrice, quelle relation y a-t-il entre les deux matrices obtenues ?*

88. Similitude héritée

La similitude peut se transmettre d'un couple de transformations linéaires à un autre. Par exemple, si B et C sont semblables, alors il en est de même de B^2 et C^2. En effet, si $TBT^{-1} = C$ (voir la solution 86), alors

$$TB^2T^{-1} = TB(T^{-1}T)BT^{-1} = (TBT^{-1})(TBT^{-1}) = CC = C^2.$$

Naturellement, on montre de la même manière que, si B et C sont semblables, il en va de même de B^n et C^n pour tout entier $n > 0$, et aussi de $p(B)$ et $p(C)$ pour tout polynôme p. (Remarque sans importance : si B est semblable à une matrice scalaire γ, alors B est égale à γ. En effet, $T\gamma T^{-1} = \gamma TT^{-1}$.)

On peut aller un peu plus loin avec ce type de raisonnement. Par exemple, si B et C sont semblables, alors les transposées B' et C' le sont aussi. (On passe aux transposées dans la relation $TBT^{-1} = C$, et on utilise les résultats du problème 81.) De même, si B et C sont semblables et inversibles, alors B^{-1} et C^{-1} le sont aussi. (On passe aux inverses dans la relation $TBT^{-1} = C$.) Que peut-on dire pour les produits ? Dans la ligne de ce qui précède, la question naturelle est : si B est semblable à C et B_1 à C_1, est-il vrai que BB_1 est semblable à CC_1 ? Mais posons-nous un autre problème :

> **Problème 88.** *Si* B *et* C *sont des transformations linéaires (sur le même espace vectoriel), les transformations* BC *et* CB *sont-elles toujours semblables ?*

Question. Est-ce que cela change quelque chose si B ou C est inversible ?

89. Similitude réelle et similitude complexe

Pour parler d'un espace vectoriel, il faut avoir choisi un corps des scalaires ; pour parler d'une matrice, il faut penser à ses coefficients, qui appartiennent à un corps donné. Qu'arrive-t-il aux vecteurs, aux transformations linéaires et aux matrices quand le corps change ? En particulier, si on a deux corps K et L avec $K \subset L$, alors tout espace vectoriel sur L est automatiquement un espace vectoriel sur K aussi (ou, plus précisément, induit naturellement un espace vectoriel sur K en restreignant la multiplication scalaire à K) ; la question générale est de savoir comment une information sur un L-espace vectoriel se transmet au K-espace vectoriel associé. La question suivante est un exemple bien connu, important et typique de cette situation.

Problème 89. *Si* A *et* B *sont deux matrices réelles semblables sur* $\mathbb{C}$, *sont-elles semblables sur* $\mathbb{R}$ *?*

90. Rang et dimension du noyau

Laquelle de ces transformations linéaires est « la plus grande »,

$$B = \begin{pmatrix} 1 & 1 & 1 \\ 1 & 1 & 1 \\ 1 & 1 & 1 \end{pmatrix} \quad \text{ou } C = \begin{pmatrix} 0 & 0 & 1 \\ 0 & 1 & 0 \\ 1 & 0 & 0 \end{pmatrix} ?$$

La question n'a pas de sens – à part la taille des matrices (si on considère que des matrices 3×3 sont de taille 3) on n'a rencontré jusqu'à présent aucune façon de mesurer les transformations linéaires.

La transformation C est inversible, mais B ne l'est pas : l'image de B est un sous-espace de dimension 1. Autrement dit, la transformation B écrase tout l'espace sur un de ses sous-espaces stricts – ce serait une bonne raison de dire que B est plus petite que C. Une autre raison est que B « rétrécit » certains vecteurs (les envoie sur 0) et que C ne le fait pas. La dimension de l'image d'une transformation linéaire, appelée le **rang**, est une mesure de la taille ; dans notre exemple, on a

$$\operatorname{rang} B = 1 \qquad \text{et} \qquad \operatorname{rang} C = 3.$$

En gros, les transformations sont grandes si leur rang est grand. La dimension du noyau, quelquefois appelée la **nullité**, est une autre sorte de mesure de la taille ; dans notre exemple, on a

$$\dim \ker B = 2 \qquad \text{et} \qquad \dim \ker C = 0.$$

En gros, les transformations sont grandes si la dimension de leur noyau est petite.

Y a-t-il une relation entre ces deux mesures de la taille ? et entre la taille d'une transformation et celle de sa transposée ?

Problème 90. *Si* A *est une transformation linéaire de rang* r *sur un espace vectoriel de dimension* n, *quelles sont les valeurs possibles du rang de* A' *? Quelles sont les valeurs possibles de la dimension du noyau de* A *?*

91. Similitude et rang

Problème 91. *Deux transformations linéaires semblables sur un espace vectoriel de dimension finie ont-elles le même rang ?*

92. Similitude avec la transposée

Si deux transformations linéaires sur un espace vectoriel de dimension finie ont le même rang, sont-elles semblables ? Cette question est la réciproque de celle du problème 91, et il serait idiot de s'attendre à une réponse positive (deux matrices inversibles sont-elles toujours semblables ?). Cependant il se peut que dans certains cas particuliers on ait quand même une réponse positive. Ainsi, par exemple, toute transformation linéaire a le même rang que sa transposée. Peut-on en déduire un énoncé sur la similitude ?

Problème 92. *Toute matrice* 2×2 $\begin{pmatrix} \alpha & \beta \\ \gamma & \delta \end{pmatrix}$ *est-elle semblable à sa transposée* $\begin{pmatrix} \alpha & \gamma \\ \beta & \delta \end{pmatrix}$ *?*

93. Rang d'une somme

Problème 93. *Soient* A *et* B *des transformations linéaires sur un espace vectoriel de dimension finie. Quelle relation y a-t-il entre* $\operatorname{rang}(A+B)$, $\operatorname{rang} A$ *et* $\operatorname{rang} B$ *?*

94. Rang d'un produit

Problème 94. *Soient* A *et* B *des transformations linéaires sur un espace vectoriel de dimension finie. Quelle relation y a-t-il entre* $\operatorname{rang}(AB)$, $\operatorname{rang} A$ *et* $\operatorname{rang} B$ *?*

95. Dimension du noyau pour les sommes et les produits

Puisque la somme du rang et de la dimension du noyau d'une transformation linéaire est la dimension de l'espace (problème 90), chaque relation entre les rangs est aussi une relation entre les dimensions du noyau. En particulier, les formules de rang de sommes et de produits (problèmes 93 et 94) donnent des formules sur les dimensions du noyau, mais ces dernières ne sont pas palpitantes. Il y a cependant une formule plus amusante sur les dimensions des noyaux, et qui n'est pas une conséquence immédiate des formules sur le rang.

Problème 95. *Soient* A *et* B *des transformations linéaires sur un espace vectoriel de dimension finie. Y a-t-il une relation simple entre* $\dim\ker(AB)$, $\dim\ker A$ *et* $\dim\ker B$ *?*

96. Quelques matrices semblables

La meilleure méthode pour acquérir une intuition de la signification de la similitude est de regarder des cas particuliers – quelquefois la réponse est inattendue.

Problème 96. *Les matrices* B *et* C *sont-elles semblables ?*

$$(a)\quad B=\begin{pmatrix}1&1&1\\0&2&1\\0&0&3\end{pmatrix}\quad et\quad C=\begin{pmatrix}1&0&0\\0&2&0\\0&0&3\end{pmatrix};$$

$$(b)\quad B=\begin{pmatrix}0&1&1\\0&0&1\\0&0&0\end{pmatrix}\quad et\quad C=\begin{pmatrix}0&1&0\\0&0&1\\0&0&0\end{pmatrix};$$

$$(c)\quad B=\begin{pmatrix}2&1&1\\0&3&1\\0&0&3\end{pmatrix}\quad et\quad C=\begin{pmatrix}2&0&0\\0&3&0\\0&0&3\end{pmatrix};$$

$$(d)\quad B=\begin{pmatrix}0&1&0\\0&0&1\\0&0&0\end{pmatrix}\quad et\quad C=\begin{pmatrix}0&2&0\\0&0&2\\0&0&0\end{pmatrix};$$

$$(e)\quad B=\begin{pmatrix}1&1&1\\0&1&1\\0&0&1\end{pmatrix}\quad et\quad C=\begin{pmatrix}1&0&0\\1&1&0\\1&1&1\end{pmatrix}.$$

Commentaire. Des questions de ce type ont un sens, et il faut se les poser, pour des matrices de taille plus grande que 3×3.

97. Équivalence

La construction de la matrice associée à une transformation linéaire dépend de deux bases, pas d'une. En effet, si

$$X=(x_1,x_2,x_3)\quad \text{et}\quad \widehat{X}=(\hat{x}_1,\hat{x}_2,\hat{x}_3)$$

sont des bases de V et si A est une transformation linéaire sur V, la matrice de A par rapport à X et $\widehat{X}$, notons-la provisoirement

$$A(X,\widehat{X}),$$

est définie par

$$Ax_j = \sum_i \alpha_{ij}\hat{x}_i.$$

La définition donnée à l'origine (voir le problème 67) correspond au cas particulier X = $\widehat{X}$. Ce cas particulier mène à la notion de similitude – B et C sont semblables s'il existe des bases X et Y telles que la matrice de B par rapport à X soit égale à la matrice de C par rapport à Y, ce qui s'écrit à l'aide de la notation introduite ci-dessus

$$B(X,X) = C(Y,Y).$$

La relation analogue dans le cas général est l'équivalence : B et C sont **équivalentes** s'il existe des couples de bases $(X,\widehat{X})$ et $(Y,\widehat{Y})$ tels que

$$B(X,\widehat{X}) = C(Y,\widehat{Y}).$$

La principale question sur l'équivalence, détaillée ci-dessous, est la même en esprit que la question originale (problème 86) sur la similitude.

Problème 97. *Soient* $(x_1,\dots,x_n)$, $(\hat{x}_1,\dots,\hat{x}_n)$, $(y_1,\dots,y_n)$ *et* $(\hat{y}_1,\dots,\hat{y}_n)$ *des bases d'un espace vectoriel. On pose*

$$Bx_j = \sum_i \alpha_{ij}\hat{x}_i$$

et

$$Cy_j = \sum_i \alpha_{ij}\hat{y}_i.$$

Quelle est la relation entre les transformations linéaires B *et* C *?*

Reformulation. Qu'arrive-t-il à une transformation linéaire lorsqu'on effectue deux changements de base simultanés ?

Point important. La même matrice (α_{ij}) apparaît dans les deux équations.

Commentaire. La question est assez vague, comme dans le problème 86. La relation est qu'il existe des bases ayant les propriétés énoncées – pourquoi n'est-ce pas la réponse demandée ? La raison, non formulée au moment où le problème 86 a été posé, est l'espoir de remplacer une définition « géométrique » par une condition nécessaire et suffisante « algébrique ». Cet espoir persiste ici.

98. Rang et équivalence

Si E est un projecteur d'image M et de noyau N, alors il existe une base $(x_1, \ldots, x_r, x_{r+1}, \ldots, x_n)$ de l'espace telle que $(x_1, \ldots, x_r)$ soit une base de M et $(x_{r+1}, \ldots, x_n)$ une base de N. La matrice de E par rapport à cette base est de la forme $\begin{pmatrix} 1 & 0 \\ 0 & 0 \end{pmatrix}$, où le « 1 » en haut à gauche représente une matrice unité de format $r \times r$ et le « 0 » en bas à droite représente une matrice nulle de format $(n-r) \times (n-r)$. Par conséquent, non seulement des projecteurs semblables ont le même rang (problème 91), mais la réciproque est vraie aussi : des projecteurs de même rang sont semblables. Puisque la similitude est une condition plus forte que l'équivalence, il en résulte que deux projecteurs de même rang sont équivalents. Cet énoncé est-il généralisable ?

> **Problème 98.** *Si deux transformations linéaires sur un espace vectoriel de dimension finie ont le même rang, sont-elles équivalentes ?*

7

Formes canoniques

99. Valeurs propres

Un grand espace vectoriel (c'est-à-dire un espace de grande dimension) est un objet compliqué et les transformations linéaires sur un espace de ce genre sont encore plus compliquées. Pour étudier une transformation linéaire sur un grand espace, il est souvent utile de concentrer son attention sur la façon dont la transformation opère sur de petits sous-espaces. La phrase « une transformation linéaire opère sur un sous-espace » signifie habituellement que le sous-espace est invariant par la transformation (au sens du problème 70), et un « petit sous-espace » est un sous-espace de dimension 1 (à coup sûr la plus petite dimension possible pour un sous-espace non trivial). Ces remarques suggèrent que, dans l'étude d'une transformation linéaire, la recherche des sous-espaces invariants de dimension 1 est une approche prometteuse.

Si A est une transformation linéaire et si x est un vecteur de KerA, on a alors $Ax = 0$, et il en résulte que $A(\lambda x) = 0$ pour tout scalaire λ. Par conséquent, le sous-espace de dimension 1 constitué des multiples scalaires de x est invariant par A. C'est un exemple – un exemple extrême, en quelque sorte – de la possibilité décrite ci-dessus. L'action de A sur cet x particulier consiste à le multiplier par 0 :

$$Ax = 0x.$$

Une transformation linéaire A et un vecteur x tel que

$$Ax = 7x$$

fourniraient un exemple moins extrême.

Cela peut-il se produire ? Bien sûr, cela se produit par exemple quand $A = 7 \cdot I$ (le produit du scalaire 7 et de la transformation identité I). Cela se produit aussi dans des cas moins spectaculaires (mais plus représentatifs et plus utiles) comme

$$A_1 = \begin{pmatrix} 7 & 0 \\ 0 & 5 \end{pmatrix}, \qquad x_1 = (1,0).$$

Une légère modification fournit l'exemple moins particulier

$$A_2 = \begin{pmatrix} 7 & 8 \\ 0 & 5 \end{pmatrix}, \qquad x_2 = (1,0).$$

Un exemple d'aspect différent et peut-être surprenant est donné par

$$A_3 = \begin{pmatrix} 10 & 3 \\ -5 & 2 \end{pmatrix}, \qquad x_3 = (1,-1).$$

(Vérifications ?)

D'accord, on a $A_3 x_3 = 7x_3$; est-ce un hasard ou est-ce une mauvaise habitude que A_3 aurait ? Quels autres vecteurs x ont la propriété que $A_3 x = 7x$? Réponse non satisfaisante : tous les multiples scalaires de x ont cette propriété. (En effet, $A_3(4x_3) = 4A_3(x_3) = 4 \cdot 7x_3 = 7 \cdot 4x_3$.) Y en a-t-il d'autres ? La question revient à chercher les solutions du système

$$\begin{aligned} 10\alpha_1 + 3\alpha_2 &= 7\alpha_1 \\ -5\alpha_1 + 2\alpha_2 &= 7\alpha_2. \end{aligned}$$

C'est un exercice de routine et on trouve facilement que les solutions sont de la forme $(\tau, -\tau)$; ce sont exactement les réponses non satisfaisantes que nous avons déjà écartées.

Le scalaire 7 et le vecteur x_3 sont-ils particuliers ? Y a-t-il d'autres scalaires λ et d'autres vecteurs x tels que

$$A_3 x = \lambda x\ ?$$

Cette fois, on cherche les solutions du système

$$\begin{aligned} 10\alpha_1 + 3\alpha_2 &= \lambda\alpha_1 \\ -5\alpha_1 + 2\alpha_2 &= \lambda\alpha_2, \end{aligned}$$

et cela demande un peu plus de réflexion.

Il y a une solution banale, à savoir $\alpha_1 = \alpha_2 = 0$ – elle vaut pour tout A et n'apporte aucune information. Si on la refuse et qu'on n'accepte que les solutions non nulles, alors la question se ramène à la suivante : pour quelles valeurs de λ la matrice

$$\begin{pmatrix} 10-\lambda & 3 \\ -5 & 2-\lambda \end{pmatrix}$$

a-t-elle un noyau non trivial? De façon équivalente, pour quelles valeurs de λ a-t-on

$$\det\begin{pmatrix} 10-\lambda & 3 \\ -5 & 2-\lambda \end{pmatrix} = 0\ ?$$

Le déterminant est facile à calculer et, une fois le calcul fait, la question devient : quelles sont les racines de l'équation

$$\lambda^2 - 12\lambda + 35 = 0\ ?$$

Tous ceux qui savent résoudre une équation du second degré peuvent répondre à cette question. La réponse est qu'il n'y a que deux valeurs possibles pour λ, à savoir 7 et 5.

De plus en plus curieux. La valeur 7 est une vieille connaissance, ainsi que le vecteur correspondant $(1,-1)$. Quels vecteurs correspondent à 5 ? Autrement dit, quelles sont les solutions (non nulles) du système

$$\begin{aligned} 10\alpha_1 + 3\alpha_2 &= 5\alpha_1 \\ -5\alpha_1 + 2\alpha_2 &= 5\alpha_2\ ? \end{aligned}$$

La réponse (facile) est : tous les vecteurs de la forme $(3\tau, 5\tau)$.

La matrice étudiée ici et sa relation à certains scalaires et vecteurs particuliers sont bien représentatives de la théorie qui sous-tend tout cela. Les définitions sont les suivantes : une **valeur propre** d'une transformation linéaire A est un scalaire λ tel qu'on ait

$$\mathrm{A}x = \lambda x$$

pour un vecteur x non nul. (Avec $x = 0$, la relation n'a aucune utilité ; elle est satisfaite pour tout λ et tout A.) Tout vecteur x non nul satisfaisant cette équation est appelé **vecteur propre** de A associé à la valeur propre λ.

Un scalaire λ est valeur propre d'une transformation linéaire A sur un espace vectoriel de dimension finie si et seulement si $\mathrm{A} - \lambda\mathrm{I}$ a un noyau non trivial, et cela se produit si et seulement si λ satisfait l'**équation caractéristique**

$$\det(\mathrm{A} - \lambda\mathrm{I}) = 0.$$

L'expression $\det(\mathrm{A} - \lambda\mathrm{I})$ est un polynôme de degré n (la dimension de l'espace) en λ, appelé le **polynôme caractéristique** de A.

$$\det(A - \lambda I) = \det \begin{pmatrix} a_{11} - \lambda & a_{12} & \dots & a_{1n} \\ a_{21} & a_{22} - \lambda & \dots & a_{2n} \\ & & \ddots & \\ a_{n1} & a_{n2} & \dots & a_{nn} - \lambda \end{pmatrix}$$

On sait que la valeur du déterminant est la somme, avec des signes convenables, des $n!$ produits qui contiennent un facteur dans chaque ligne et dans chaque colonne (voir présentation du problème 63). Dans cette somme, le terme $(a_{11} - \lambda)(a_{22} - \lambda)\dots(a_{nn} - \lambda)$ est affecté du signe $+$, comme on le voit en développant le déterminant par rapport à la première colonne, puis en développant les déterminants d'ordre $n - 1$ qui interviennent dans ce développement obtenus par rapport à la première colonne, et ainsi de suite jusqu'à l'ordre 1. Les autres termes qui interviennent dans la somme contiennent au plus $(n - 2)$ facteurs pris dans la diagonale : ils contiennent un facteur pris dans la j-ième colonne ; si ce n'est pas $a_{jj} - \lambda$, mais a_{ij} $(i \neq j)$ le produit ne pourra pas non plus contenir le facteur $a_{ii} - \lambda$, puisqu'il contient déjà un terme dans la i-ième ligne. Conséquence : le polynôme caractéristique est la somme du produit $(a_{11} - \lambda)(a_{22} - \lambda)\dots(a_{nn} - \lambda)$ et d'un polynôme en λ de degré $\leqslant n - 2$. Il en résulte que son terme de plus haut degré est

$$(-1)^n \lambda^n.$$

Quant au terme constant du polynôme caractéristique, on l'obtient en faisant $\lambda = 0$, et il est égal à $\det A$.

Mais ce qui est important dans l'équation caractéristique, c'est de déterminer ses racines. Dans une grande partie de l'algèbre linéaire, le problème principal est de trouver l'équation caractéristique et ses racines, les valeurs propres. En voici un petit exemple.

> **Problème 99.** *Quelle est l'équation caractéristique d'un projecteur ?*

100. Somme et produit des valeurs propres

Les valeurs propres de « bonnes » matrices peuvent être très mauvaises. Par exemple les valeurs propres d'une matrice à coefficient entiers ne sont pas nécessairement entières, ni même rationnelles. (Considérer par exemple $\begin{pmatrix} 0 & 2 \\ 1 & 0 \end{pmatrix}$.) Jusqu'à quel point les valeurs propres d'une bonnes matrice peuvent-elles être mauvaises ?

Problème 100. *La somme et le produit des valeurs propres d'une matrice à coefficients rationnels peuvent-ils tous deux être irrationnels ?*

Commentaire. La question dit « peuvent », pas « doivent ». Dans l'exemple $\begin{pmatrix} 0 & 2 \\ 1 & 0 \end{pmatrix}$, la somme et le produit valent 0 et 2.

101. Valeurs propres de produits

Si A et B sont des transformations linéaires sur un espace vectoriel de dimension finie et si AB est inversible, alors A et B sont inversibles ($\det A \cdot \det B \neq 0$) et BA est donc inversible. La contraposée de cette affirmation (avec A et B interverties) est : si AB n'est pas inversible, alors BA n'est pas inversible. On peut énoncer ce résultat de la façon suivante : si 0 est valeur propre de AB, alors 0 est valeur propre de BA. Pour les autres valeurs propres, la situation n'est pas aussi claire : quand $\lambda \neq 0$, il semble qu'il n'y ait pas moyen qu'une information sur $\det(AB - \lambda I)$ se transmette à $\det(BA - \lambda I)$.

Problème 101. *Si* A *et* B *sont des transformations linéaires sur un espace vectoriel de dimension finie et si* λ *est une valeur propre non nulle de* AB, *alors* λ *est-elle valeur propre de* BA *?*

102. Polynômes en les valeurs propres

Problème 102. *Soit* A *une transformation linéaire sur un espace vectoriel de dimension finie et soit* p *un polynôme. Quelle information les valeurs propres de* A *donnent-elles sur* $p(A)$ *?*

103. Permutations diagonalisables

Pour des matrices assez simples, la théorie des valeurs propres marche comme un charme. Pour la matrice triviale (1) (matrice 1×1), il n'y a bien sûr rien à faire. La matrice diagonale 2×2

$$\begin{pmatrix} 2 & 0 \\ 0 & 3 \end{pmatrix}$$

a deux valeurs propres, et son étude se ramène à celle de deux matrices triviales 1×1. La matrice 3×3

$$\begin{pmatrix} 2 & 0 & 0 \\ 0 & 3 & 0 \\ 0 & 0 & 4 \end{pmatrix}$$

est plus grande, mais tout aussi belle. Elle a trois valeurs propres distinctes, et il leur correspond trois sous-espaces propres [1] supplémentaires – la méthode consistant à utiliser les valeurs propres pour fragmenter une longue étude en plus petits morceaux marche toujours parfaitement.

La matrice

$$\begin{pmatrix} 3 & 0 & 0 \\ 0 & 3 & 0 \\ 0 & 0 & 4 \end{pmatrix}$$

est du présent point de vue un peu moins belle, elle n'a que deux valeurs propres, mais ses sous-espaces propres sont de dimension totale 3 et l'étude [2] de cette matrice ne présente aucune difficulté.

De façon plus générale, quand la dimension totale des sous-espaces propres d'une transformation dont la matrice dans une certaine base est M est égale à la dimension de l'espace où agit cette transformation, on peut trouver une base de cet espace formée uniquement de vecteurs propres. Dans cette base, la matrice de la transformation donnée est donc une matrice diagonale M_0, et d'autre part, M et M_0 sont semblables. On dit dans ce cas que la transformation (ou que M)est **diagonalisable.** Pour « diagonaliser » une matrice M, il n'est pas suffisant d'exhiber une matrice diagonale M_0 semblable à M. Ce qu'on attend, c'est ou bien la détermination explicite d'une nouvelle base par rapport à laquelle la matrice de la même transformation linéaire est diagonale, ou bien la détermination explicite d'une matrice inversible T, la matrice de passage, telle que $T^{-1}MT$ soit diagonale.

1. Voir la définition au problème 105.

2. Le débutant se demande sans doute ce qu'on entend par « étudier une matrice »? C'est par exemple déterminer son rang, son image, son noyau, ses puissances, son inverse, résoudre les systèmes d'équations linéaires ou d'équations différentielles où intervient la matrice, et beaucoup d'autres choses encore à venir.

Des matrices comme

$$\begin{pmatrix} 3 & 1 & 0 \\ 0 & 3 & 0 \\ 0 & 0 & 4 \end{pmatrix},$$

ou même

$$\begin{pmatrix} 3 & 10 \\ 0 & 3 \end{pmatrix}$$

se comportent plus mal – la dimension totale de leurs sous-espaces propres n'est pas aussi grande qu'on pourrait l'espérer. Il semble que la théorie des valeurs propres ne suffise pas à donner des informations complètes sur les matrices.

Cela se complique vraiment avec une matrice comme

$$A = \begin{pmatrix} 0 & 1 \\ -1 & 0 \end{pmatrix}.$$

Son équation caractéristique est

$$\lambda^2 + 1 = 0,$$

et, puisqu'il n'y a aucun nombre réel λ satisfaisant cette équation, il semble que la théorie des valeurs propres n'apporte aucune information sur A.

La maladie que nous venons de mentionner n'est pas fatale ; une indication de remède est contenue dans le diagnostic. Bien sûr, il n'existe pas de nombre *réel* satisfaisant l'équation, mais les nombres complexes ont été fabriqués pour traiter ce genre de situations – et ils résolvent effectivement le problème.

Le corps de base a une grande influence sur les propriétés des espaces vectoriels et des transformations linéaires. Nous n'avons presque pas remarqué ce fait jusqu'à présent – une grande partie de la théorie fonctionne aussi bien sur n'importe quel corps. Notre exposé jusqu'à présent a tacitement ou explicitement supposé que le corps de base était le corps $\mathbb{R}$ des nombres réels, le corps le mieux connu des étudiants. Cependant, dans les applications, le corps $\mathbb{C}$ des nombres complexes est souvent plus utile. C'est pour cette raison qu'on supposera, à partir d'ici, que les espaces vectoriels considérés sont complexes et que les vecteurs et les transformations linéaires étudiés admettent des combinaisons linéaires complexes. L'espace numérique type est $\mathbb{C}^n$, pas $\mathbb{R}^n$.

Le problème qui suit est un premier pas pour s'habituer à l'apparition de nombres complexes.

Problème 103. *Quels sont les valeurs propres et les vecteurs propres de la transformation linéaire définie sur* $\mathbb{C}^3$ *par*

$$\mathrm{A}(x_1, x_2, x_3) = (x_2, x_3, x_1)?$$

104. Polynômes en les valeurs propres, réciproque

La réciproque de la solution 102 a-t-elle une chance d'être vraie ? D'après la solution 102, si λ est une valeur propre de A et p un polynôme, alors $p(\lambda)$ est une valeur propre de $p(\mathrm{A})$. La réciproque pourrait être de ce type : si $p(\lambda)$ est une valeur propre de $p(\mathrm{A})$, λ est-elle une valeur propre de A ? Non, c'est absurde, voici un contre-exemple : si $\mathrm{A} = 1$ (la transformation identique), $\lambda = 1$ (le nombre) et $p(\lambda) = \lambda^2$, alors $p(-1) = 1$ est une valeur propre de $p(\mathrm{A})$ mais -1 n'est pas valeur propre de A.

Une réponse négative à cette version de la réciproque ne met pas un point final à la question : on peut espérer qu'une demande moins forte obtienne une réponse positive. En voici une : toute valeur propre de $p(\mathrm{A})$ est-elle de la forme $p(\lambda)$, où λ est une valeur propre de A ? Dans ce type de questions, le corps des coefficients a une importance : on peut envisager que les réponses dans le corps des réels et dans le corps des complexes soient différentes.

Dans le corps des réels, la réponse est non : si

$$\mathrm{A} = \begin{pmatrix} 0 & 1 \\ -1 & 0 \end{pmatrix},$$

alors -1 est valeur propre de A^2 (à vérifier), mais -1 n'est pas de la forme λ^2 pour une certaine valeur propre λ de A, pour la simple raison que A n'a pas de valeurs propres – c'est-à-dire pas de valeur propre réelle. Dans cet exemple, si on remplace le corps des réels par le corps des complexes, la réponse devient oui. S'agit-il d'une coïncidence fortuite, ou la propriété est-elle toujours vraie ?

Problème 104. *Si* A *est une transformation linéaire sur un espace vectoriel complexe de dimension finie et si* p *est un polynôme, chaque valeur propre de* $p(\mathrm{A})$ *est-elle de la forme* $p(\lambda)$, *où* λ *est une valeur propre de* A ?

105. Multiplicités

La matrice

$$A = \begin{pmatrix} 3 & 0 & 0 \\ 0 & 3 & 0 \\ 0 & 0 & 4 \end{pmatrix}$$

admet-elle 3 comme valeur propre ? Oui, c'est évident : si $x_1 = (1,0,0)$, on a

$$Ax_1 = 3x_1.$$

Il est aussi évident que tous les multiples non nuls de x_1 sont aussi des vecteurs propres, mais cela n'apporte aucune nouvelle information. Par contre, le fait que si $x_2 = (0,1,0)$,

$$Ax_2 = 3x_2$$

apporte une nouvelle information. Les deux vecteurs radicalement différents x_1 et x_2 sont des vecteurs propres de A. L'ensemble de tous les vecteurs x tels que

$$Ax = 3x$$

(y compris le vecteur nul) est donc un sous-espace de dimension 2 ; il est appelé **sous-espace propre** de A associé à la valeur propre 3.

(Le vecteur 0 n'est jamais considéré comme un vecteur propre, mais on considère toujours qu'il appartient au sous-espace propre correspondant à la valeur propre λ. Il faut quelques secondes pour s'habituer à cette apparente contradiction dans les termes, mais il est plus commode de ne pas avoir à manipuler le sous-espace privé d'un point qu'on obtiendrait en ne considérant que les solutions non nulles de $Ax = \lambda x$.)

Le nombre 3 apparaît deux fois comme valeur propre de A. Si on définit la multiplicité, plus précisément la **multiplicité géométrique**, d'une valeur propre λ comme la dimension de l'espace des solutions de $Ax = \lambda x$, alors dans l'exemple ci-dessus le nombre 3 est de multiplicité géométrique 2.

Soit maintenant

$$B = \begin{pmatrix} 3 & 1 & 0 \\ 0 & 3 & 0 \\ 0 & 0 & 4 \end{pmatrix}.$$

Le nombre 3 est aussi valeur propre de B, et $Bx_1 = 3x_1$, comme pour A. Mais le vecteur x_2 n'est pas vecteur propre de B.

Quelle est la multiplicité géométrique de la valeur propre 3 ? Il s'agit de chercher les solutions (u, v, w) du système

$$\begin{aligned} 3u + v \quad &= 3u \\ 3v \quad &= 3v \\ 4w &= 3w \end{aligned}$$

Si (u, v, w) est une solution, alors la dernière équation implique que $w = 0$ et la première que $v = 0$. Le sous-espace propre correspondant à la valeur propre 3 de B est donc l'ensemble des vecteurs de la forme $(u, 0, 0)$, un espace de dimension 1.

N'est-ce pas étrange ? Les matrices A et B n'ont pas l'air très différentes : elles sont triangulaires supérieures toutes les deux, avec la même diagonale et elles ont donc le même polynôme caractéristique, à savoir

$$(\lambda - 3)^2(\lambda - 4) \quad (= \lambda^3 - 10\lambda^2 + 33\lambda - 36).$$

La multiplicité géométrique de la valeur propre 3 de A semblait être due à l'exposant 2 de $\lambda - 3$, mais cet exposant est aussi présent dans B.

Eh bien, c'est la vie : la notion de multiplicité a en fait deux significations différentes. Au sens de la définition géométrique déjà donnée, le nombre 3 a la multiplicité 2 en tant que valeur propre de A et la multiplicité 1 en tant que valeur propre de B, mais il a la même multiplicité pour A et pour B dans l'autre sens. La **multiplicité algébrique** d'un nombre λ_0 comme valeur propre d'une transformation linéaire est la multiplicité de λ_0 comme racine du polynôme caractéristique, c'est-à-dire l'exposant de $\lambda - \lambda_0$ dans l'équation caractéristique.

Il est utile d'étudier un exemple concret.

> **Problème 105.** *Quelles sont les multiplicités algébriques et géométriques des valeurs propres de la dérivation* D *sur l'espace* $\mathscr{P}_3$ *des polynômes de degré* $\leqslant 3$ *?*

Rappel. La dérivation a été mentionnée comme exemple de transformation linéaire au problème 54.

106. Valeurs propres distinctes

Qu'est ce qui a rendu la diagonalisation possible au problème 103 ? Les transformations les plus faciles à diagonaliser sont les transformations scalaires – la matrice d'une transformation scalaire est diagonale par rapport à n'importe quelle base. Si on compte les multiplicités, ce qu'on devrait toujours faire, une transformation scalaire sur un espace vectoriel de dimension n possède n valeurs propres – c'est-à-dire une valeur propre de multiplicité n. À l'autre extrême, on trouve les transformations ayant n valeurs propres distinctes ; peut-on les diagonaliser ?

> **Problème 106.** *Si une transformation linéaire sur un espace vectoriel de dimension n possède n valeurs propres distinctes, est-elle toujours diagonalisable ?*

107. Comparaison des multiplicités

Dans les exemples

$$A = \begin{pmatrix} 3 & 0 & 0 \\ 0 & 3 & 0 \\ 0 & 0 & 4 \end{pmatrix} \quad \text{et} \quad B = \begin{pmatrix} 3 & 1 & 0 \\ 0 & 3 & 0 \\ 0 & 0 & 4 \end{pmatrix},$$

du problème 103, on a vu que 3 est une valeur propre de multiplicité 2 à la fois pour A et pour B, mais que sa multiplicité géométrique est 2 pour A et 1 pour B. Peut-on trouver un exemple où la multiplicité algébrique est la plus petite des deux ?

> **Problème 107.** *Existe-t-il une transformation linéaire sur un espace vectoriel de dimension finie qui admette une valeur propre λ dont la multiplicité algébrique est strictement plus petite que la multiplicité géométrique ?*

108. Triangularisation

Est-ce que toutes les matrices sont diagonalisables ? (Voir les problèmes 103 et 106 pour une discussion sur la diagonalisation.) La réponse est non, et le contre-exemple presque universel de la matrice $\begin{pmatrix} 0 & 1 \\ 0 & 0 \end{pmatrix}$ le prouve. En effet, les sous-espaces propres d'une matrice diagonale 2×2 ont une dimension totale égale à 2, alors que la matrice du « contre-exemple universel » a seulement une valeur propre, 0, et un vecteur propre, $(1,0)$ et ses multiples scalaires. On peut généraliser cet exemple : la matrice

$$\begin{pmatrix} 0 & 1 & 0 & 0 \\ 0 & 0 & 1 & 0 \\ 0 & 0 & 0 & 1 \\ 0 & 0 & 0 & 0 \end{pmatrix}$$

n'a qu'une valeur propre, 0, et un seul vecteur propre, $(1,0,0,0)$ et ses multiples scalaires, alors que les sous-espaces propres d'une matrice diagonale 4×4 ont une dimension totale égale à 4. On a des énoncés analogues pour les généralisations évidentes de cette matrice 4×4 à des matrices $n \times n$, pour chaque entier $n > 0$.

Sachant qu'il existe des matrices non diagonalisables, quelle est alors le second meilleur choix ? La matrice

$$\begin{pmatrix} 3 & 1 & 0 \\ 0 & 3 & 0 \\ 0 & 0 & 4 \end{pmatrix}$$

n'est pas tout à fait aussi bonne pour faire des calculs que

$$\begin{pmatrix} 3 & 0 & 0 \\ 0 & 3 & 0 \\ 0 & 0 & 4 \end{pmatrix},$$

mais elle n'est pas trop mauvaise : on voit ses valeurs propres (et leurs multiplicités) au premier coup d'œil et même ses puissances sont faciles à calculer. (Par exemple

$$\begin{pmatrix} 3 & 1 \\ 0 & 3 \end{pmatrix}^n = \begin{pmatrix} 3^n & n3^{n-1} \\ 0 & 3^n \end{pmatrix}.$$

Il est tentant de conjecturer que la meilleure chose à faire après diagonaliser est de **triangulariser**. Peut-on toujours le faire ?

Ce qui caractérise une matrice triangulaire, par exemple la matrice 4×4

$$A = \begin{pmatrix} * & * & * & * \\ 0 & * & * & * \\ 0 & 0 & * & * \\ 0 & 0 & 0 & * \end{pmatrix},$$

est qu'il existe une base de vecteurs u, v, w, etc., (dans l'exemple, ce sont $(1,0,0,0)$, $(0,1,0,0)$, $(0,0,1,0)$ et $(0,0,0,1)$) tels que

(1) Au est un multiple scalaire de u (ce qui signifie que u est un vecteur propre de A) ;

(2) Av est combinaison linéaire de u et v ;

(3) Aw est combinaison linéaire de u, v et w, etc.

Considérant cette remarque, une démarche naturelle pour triangulariser une matrice A est (1) de trouver un vecteur propre u, (2) de trouver un vecteur v tel que Av est combinaison linéaire de u et v, etc. La réponse à la question est oui : toutes les matrices sont triangularisables. La démonstration proposée est par récurrence sur l'ordre n de la matrice. Le cas $n = 1$ est facile : il n'y a rien à démontrer.

Pour n quelconque, la première étape, en tout cas, est toujours possible : toute transformation linéaire sur un espace vectoriel complexe V a un vecteur propre.

Avant de procéder à l'étape générale, il faut faire la remarque suivante : si M est le sous-espace de dimension 1 constitué des multiples d'un vecteur propre, alors l'espace quotient V/M est de dimension $n-1$ (problème 52). Rappelons que selon une définition des espaces quotients les éléments de V/M sont les vecteurs de V, mais l'égalité est définie comme la congruence modulo M (problème 51). On utilise cette définition pour définir une transformation linéaire A_M sur V/M par

$$A_M x = Ax$$

pour tout x de V. Cette définition nécessite une justification : il faut vérifier qu'elle n'est pas ambiguë. Le problème est (ou pourrait être) que deux vecteurs « égaux » (c'est-à-dire congruents modulo M) pourraient avoir des images non égales. Autrement dit, pour justifier cette définition, il faut démontrer que si $x \equiv y \mod M$, alors $Ax \equiv Ay \mod M$ ou, de façon équivalente, que si $x - y$ est dans M alors $A(x-y)$ est dans M. Sous cette forme, l'implication est évidente – elle affirme exactement que M est invariant par A.

Nous avons maintenant préparé le terrain pour l'étape générale : puisque

$$\dim V/M = n-1,$$

la transformation A_M sur V/M est triangularisable. Cela signifie qu'il existe des vecteurs v, w, ... de V (considéré ici comme une photographie de V/M) tels que $A_M v$ soit un multiple scalaire de v, $A_M w$ une combinaison linéaire de v et w, etc. Pour l'exprimer autrement, Av est égal à un multiple scalaire de v plus un élément de M, Aw est égal à une combinaison linéaire de v et w plus un élément de M, etc. En conclusion, non seulement Au est un multiple scalaire de u, mais aussi Av est combinaison linéaire de u et v, Aw est combinaison linéaire de u, v et w, etc. – ce qui signifie exactement que A a été triangularisée. Toute transformation linéaire est donc triangularisable.

Pour retenir l'idée générale de cette esquisse de démonstration, c'est une bonne idée d'en reproduire les étapes sur quelques exemples concrets, c'est ce que suggère le problème suivant.

Problème 108. *Triangulariser les deux matrices*

$$\mathrm{A} = \begin{pmatrix} 1 & 1 & 0 \\ -1 & 2 & 1 \\ 3 & -6 & 6 \end{pmatrix} \quad \textit{et} \quad \mathrm{B} = \begin{pmatrix} 1 & 1 & 0 \\ -4 & 5 & 0 \\ -6 & 3 & 3 \end{pmatrix}.$$

Sont-elles semblables ?

Commentaire. Comme dans le cas de la diagonalisation, pour « triangulariser » une matrice M, il n'est pas suffisant de trouver une matrice triangulaire M_0 semblable à M. Il faut déterminer explicitement une nouvelle base par rapport à laquelle la matrice de la même transformation linéaire soit triangulaire, ou bien une matrice de passage T telle que $\mathrm{T}^{-1}\mathrm{MT}$ soit triangulaire. La recherche d'une base adaptée doit faire apparaître les valeurs propres de M, on doit donc fréquemment calculer le polynôme caractéristique de M et déterminer les vecteurs propres.

Remarque. Les théories de triangularisation par des matrices triangulaires supérieures et inférieures se ressemblent d'une façon totalement prévisible ; dans la discussion ci-dessus, on a privilégié les matrices triangulaires supérieures, sans aucune raison particulière.

109. Complexification

Une transformation linéaire sur $\mathbb{R}^n$ a-t-elle toujours un sous-espace invariant de dimension 1 ? Il revient au même de demander si une transformation linéaire sur $\mathbb{R}^n$ a toujours un vecteur propre, et la réponse est clairement non (voir le problème 103). Que se passe-t-il si on réduit un peu les exigences ?

Problème 109. *Toute transformation linéaire sur* $\mathbb{R}^n$ *(avec* $n > 1$*) admet-elle toujours un sous-espace invariant de dimension* 2 *?*

110. Transformations dont une puissance est l'identité

Problème 110. *Soit* A *une transformation linéaire sur un espace vectoriel (complexe) de dimension finie qui vérifie* $A^k = 1$ *pour un entier* $k > 0$. *La transformation* A *est-elle diagonalisable ?*

Commentaire. Les transformations dont une certaine puissance (> 0) est l'identité sont appelées **unipotentes**.

111. Nilpotence

Les transformations qui ont des valeurs propres distinctes sont diagonalisables (problème 106) ; cela implique-t-il que si une transformation a seulement un petit nombre de valeurs propres, elle est difficile à diagonaliser ? On peut trouver une indication pour répondre à cette question dans la discussion de la triangularisation de transformations ayant une seule valeur propre (problème 105).

Quand on étudie les transformations linéaires qui ont une seule valeur propre, la valeur numérique de cette valeur propre importe peu : si A a une seule valeur propre, α, alors $A - \alpha I$ a une seule valeur propre, 0, et $(A - \alpha I) + \beta I$ a une seule valeur propre, β. Comme l'addition d'un scalaire ne peut pas provoquer de changement majeur, on peut aussi bien se restreindre au cas de la valeur propre la plus simple, à savoir 0.

Trouve-t-on facilement des exemples de transformations dont la seule valeur propre est 0 ? Un exemple est fourni par la matrice omniprésente

$$\begin{pmatrix} 0 & 1 \\ 0 & 0 \end{pmatrix}.$$

Un autre est

$$A = \begin{pmatrix} 1 & 1 \\ -1 & -1 \end{pmatrix}.$$

Il suffit de quelques secondes pour vérifier que le polynôme caractéristique de A est λ^2, mais on peut généraliser l'un des aspects de cette question. En effet, puisque la relation

$$Ax = \lambda x$$

implique

$$A^2 x = \lambda^2 x,$$

il résulte de l'égalité $A^2 = 0$ que $\lambda = 0$ (sauf dans le cas dégénéré $x = 0$). Généralisation : si une transformation linéaire A vérifie $A^q = 0$ pour un entier $q > 0$, alors sa seule valeur propre est 0. La démonstration est la même que celle que nous venons juste de faire : si

$$Ax = \lambda x,$$

alors

$$A^q x = \lambda^q x,$$

et donc $\lambda = 0$ (ou $x = 0$).

Une transformation linéaire A vérifie $A^q = 0$ pour un entier $q > 0$ est dite **nilpotente** ; le plus petit entier q qui vérifie cette relation est appelé l'**indice** de nilpotence. On a remarqué au paragraphe précédent que si A est nilpotente, alors spec A est réduit à $\{0\}$. La réciproque est vraie aussi, mais un peu plus profonde : si spec A $= \{0\}$, alors une forme triangulaire de A (voir le problème 105) a des zéros non seulement sous la diagonale principale, mais aussi *sur* la diagonale, et une matrice ayant cette propriété est nilpotente. En effet, si on élève au carré la matrice

$$A = \begin{pmatrix} 0 & * & * & * & * \\ 0 & 0 & * & * & * \\ 0 & 0 & 0 & * & * \\ 0 & 0 & 0 & 0 & * \\ 0 & 0 & 0 & 0 & 0 \end{pmatrix},$$

on obtient

$$A^2 = \begin{pmatrix} 0 & 0 & * & * & * \\ 0 & 0 & 0 & * & * \\ 0 & 0 & 0 & 0 & * \\ 0 & 0 & 0 & 0 & 0 \\ 0 & 0 & 0 & 0 & 0 \end{pmatrix}.$$

On remarque que la diagonale située juste au-dessus de la diagonale principale est maintenant formée de zéros. Si on multiplie de nouveau par A, la matrice A^3 a maintenant les deux diagonales au-dessus de la diagonale principale constituées de zéros. De proche en proche, on arrive à $A^n = 0$. La matrice A est donc nilpotente (mais un calcul de ce genre ne dit rien sur son indice de nilpotence exact).

Problème 111. *Soit* A *une transformation linéaire sur un espace vectoriel de dimension finie, nilpotente* *d'indice q. Pour chaque vecteur x de l'espace, on note* $M(x)$ *le sous-espace engendré par les vecteurs*

$$x,\ Ax,\ A^2x, \ldots,\ A^{q-1}x.$$

Quelle est la plus grande dimension possible pour $M(x)$ *?*

112. Produits nilpotents

La question de savoir si le produit de deux transformations nilpotentes est nilpotent est l'un des exercices les plus courants sur la nilpotence. La réponse est oui si elles commutent et non en général ; un exemple simple est fourni par les matrices

$$\begin{pmatrix} 0 & 1 \\ 0 & 0 \end{pmatrix} \quad \text{et} \quad \begin{pmatrix} 0 & 0 \\ 1 & 0 \end{pmatrix}.$$

Cela ne résout pas tout ; il y a, dans certains contextes, des questions délicates sur la nilpotence et dont on ne peut pas prévoir la réponse sur la simple considération d'exemples de ce genre.

Problème 112. *Si* A *et* B *sont des transformations linéaires sur le même espace vectoriel telles que* $ABAB = 0$, *a-t-on* $BABA = 0$ *?*

113. Sommes directes nilpotentes

Si A, B et C sont des matrices nilpotentes de format 6×6, 4×4 et 2×2 respectivement, et si leurs indices de nilpotence sont aussi 6, 4 et 2, la matrice

$$M = \begin{pmatrix} A & 0 & 0 \\ 0 & B & 0 \\ 0 & 0 & C \end{pmatrix}$$

est aussi nilpotente : il est évident que la matrice M de format 14×14 est nilpotente d'indice 6.

Y a-t-il une autre façon d'obtenir une matrice nilpotente d'ordre 14 et d'indice 6 ? Oui, on en obtient facilement une en jouant avec les nombres : on remplace par exemple les ordres et les indices de B et C par 5 et 3, ou les ordres et les indices de B et C par 6 et 2, etc. Ces exemples sont des sommes directes ; on les obtient en collant ensemble des exemples de tailles plus petites. Y a-t-il une autre façon de fabriquer des matrices nilpotentes ?

On a vu au problème 111 que si M est une matrice nilpotente, d'indice 3 par exemple, alors il existe un vecteur x tel que les vecteurs

$$x,\ \mathrm{M}x,\ \mathrm{M}^2x$$

soient linéairement indépendants. On complète cet ensemble libre en une base et on écrit la matrice de M par rapport à cette base. La matrice obtenue a l'allure

$$\begin{pmatrix} \mathrm{A} & \mathrm{X} \\ 0 & \mathrm{B} \end{pmatrix},$$

où

$$\mathrm{A} = \begin{pmatrix} 0 & 1 & 0 \\ 0 & 0 & 1 \\ 0 & 0 & 0 \end{pmatrix},$$

et où B est une matrice qui doit être nilpotente d'indice $\leqslant 3$. Question : peut-on se débarrasser de X ? Plus précisément, la matrice

$$\begin{pmatrix} \mathrm{A} & \mathrm{X} \\ 0 & \mathrm{B} \end{pmatrix},$$

est-elle semblable à

$$\begin{pmatrix} \mathrm{A} & 0 \\ 0 & \mathrm{B} \end{pmatrix}?$$

Cette question sous sa forme la plus générale est une des plus importantes de l'algèbre linéaire et la réponse est de difficulté en rapport. Elle n'est pas difficile à ce point-là – les méthodes utilisées jusqu'ici suffisent à démontrer que la réponse est oui – mais la démonstration est plutôt longue et compliquée. On peut acquérir une idée de l'esprit de la réponse en travaillant sur un cas très particulier ; en voici un.

Problème 113. *Trouver une base dans laquelle la transformation définie par la matrice*

$$\mathrm{M} = \begin{pmatrix} 0 & 1 & 0 & 1 & 0 \\ 0 & 0 & 1 & 0 & -1 \\ 0 & 0 & 0 & 0 & 0 \\ 0 & 0 & 0 & 0 & 1 \\ 0 & 0 & 0 & 0 & 0 \end{pmatrix}$$

a pour matrice

$$M_0 = \begin{pmatrix} 0 & 1 & 0 & 0 & 0 \\ 0 & 0 & 1 & 0 & 0 \\ 0 & 0 & 0 & 0 & 0 \\ 0 & 0 & 0 & 0 & 1 \\ 0 & 0 & 0 & 0 & 0 \end{pmatrix}.$$

114. Forme de Jordan

Qu'arrive-t-il quand on applique plusieurs fois de suite le théorème qui décompose une matrice nilpotente en somme directe (voir la discussion qui précède le problème 113) ?

Ce théorème affirme que, par rapport à une base bien choisie, toute matrice nilpotente d'indice q a la forme

$$M = \begin{pmatrix} A & 0 \\ 0 & B \end{pmatrix},$$

où A et B ont les propriétés suivantes :

(1) A est une matrice $q \times q$ de la même forme (forme de Jordan) que la matrice 3×3

$$\begin{pmatrix} 0 & 1 & 0 \\ 0 & 0 & 1 \\ 0 & 0 & 0 \end{pmatrix},$$

décrite au problème 113, ce qui signifie que tous les coefficients de la diagonale juste au-dessus de la diagonale principale sont égaux à 1 et que tous les autres coefficients sont nuls ;

(2) B est nilpotente d'indice $\leqslant q$.

Appliquer une deuxième fois ce résultat signifie l'appliquer à B. Il en résulte une représentation de M comme une somme directe de deux matrices nilpotentes, dont la première a la forme de Jordan et est nilpotente d'indice égal à celui de B (et donc le même ordre que son indice). Si on applique « plusieurs fois » ce théorème, c'est-à-dire autant de fois qu'il est possible de le faire, on aboutit à une représentation de M sous la forme

$$\begin{pmatrix} A_1 & 0 & 0 & \\ 0 & A_2 & 0 & \\ 0 & 0 & A_3 & \\ & & & \ddots \end{pmatrix}$$

Dans cette représentation, toutes les matrices A_j sur la diagonale sont sous forme de Jordan, d'ordres et d'indices égaux à q_j, avec $q_1 \geqslant q_2 \geqslant q_3 \geqslant \cdots$. Cette forme est appelée la **forme de Jordan** de M.

Serait-il possible d'obtenir n'importe quelle matrice en collant ensemble des matrices plus simples ? Par exemple, peut-on séparer la « partie nulle » d'une matrice et l'étudier séparément ? Qu'est-ce que cela veut dire ? On pourrait envisager que chaque matrice soit (ou soit semblable à) une somme directe, comme

$$\begin{pmatrix} 0 & 0 \\ 0 & 3 \end{pmatrix},$$

d'une matrice nulle et d'une matrice non nulle – mais cela est faux. Voici un contre-exemple :

$$\begin{pmatrix} 0 & 3 \\ 0 & 0 \end{pmatrix}.$$

On peut envisager une autre possibilité en interprétant « nulle » de la façon la plus faible et « non nulle » de la façon la plus forte : Serait-il vrai que toute matrice est (ou est semblable à) la somme directe d'une matrice nilpotente et d'une matrice inversible ? Oui, c'est vrai et ce résultat est connu sous le nom de **lemme de Fitting**.

Le terme inversible de la somme directe donnée par le lemme de Fitting n'a pas 0 dans son spectre, mais comme il a au moins une valeur propre λ, le lemme de Fitting s'applique à la matrice $M - \lambda$. Par conséquent, on peut représenter M comme une somme directe qui ressemble exactement à celle obtenue dans le cas nilpotent, mais où les facteurs directs

$$A_j = \begin{pmatrix} \lambda & 1 & 0 & \\ 0 & \lambda & 1 & \\ 0 & 0 & \lambda & \\ & & & \ddots \end{pmatrix}$$

ont des λ sur la diagonale au lieu de 0. Par une extension immédiate de la terminologie introduite précédemment, cette forme est aussi connue sous le nom de **forme de Jordan** de A.

En raisonnant de la même manière pour chaque valeur propre d'une matrice quelconque M on arrive à la conclusion finale – l'assertion que chaque matrice est semblable à la somme de matrices $M_1, M_2, M_3, \ldots$ toutes sous forme de Jordan. Cette somme directe est encore appelée la **forme de Jordan** de M (c'est la seconde et dernière extension de la définition), et la possibilité de représenter chaque matrice de cette façon est le sommet de l'algèbre linéaire. Il est difficile d'imaginer une question sur les transformations linéaires dont la réponse n'est pas une conséquence de la possibilité de représenter sous forme de Jordan ; en voici un petit et amusant échantillon.

Problème 114. *Toute matrice a-t-elle une racine carrée ?*

Commentaire. Si $A = B^2$, alors on dit que B est une **racine carrée** de A.

115. Polynôme minimal

Est-ce que toute matrice est algébrique ? Le terme est emprunté à la théorie des corps. Si $K \subset L$ sont deux corps, un élément α de L est *algébrique* sur K s'il existe un polynôme non nul p à coefficients dans K tel que $p(\alpha) = 0$. Exemples : $\frac{1+\sqrt{5}}{2}$ est algébrique sur $\mathbb{Q}$, π ne l'est pas et tout nombre complexe est algébrique sur $\mathbb{R}$. Les matrices $n \times n$ à coefficients dans un corps K ne forment pas un corps, mais la définition du terme *algébrique* garde un sens. Par exemple, si E est un projecteur et si $p(\lambda) = \lambda^2 - \lambda$, alors $p(E) = 0$. Autre exemple : si A est nilpotente d'indice q et si $p(\lambda) = \lambda^q$, alors $p(A) = 0$.

Le second exemple peut se généraliser : si une transformation linéaire A_0 sur un espace vectoriel de dimension finie a une seule valeur propre λ_0, alors $A - \lambda_0$ est nilpotente, notons q_0 son indice de nilpotence, et le polynôme

$$m_0(\lambda) = (\lambda - \lambda_0)^{q_0}$$

annule donc A_0. Remarque importante : q_0 est le plus bas degré possible pour un polynôme qui annule A_0 et $m_0(\lambda)$ est l'unique polynôme monique de ce degré qui annule A_0.

Si une transformation linéaire n'a pas une, mais deux, valeurs propres, λ_1 et λ_2, sa forme de Jordan est

$$M = \begin{pmatrix} M_1 & 0 \\ 0 & M_2 \end{pmatrix},$$

où $M_1 - \lambda_1$ et $M_2 - \lambda_2$ sont nilpotentes, d'indices notés q_1 et q_2. Il en résulte qu'il existe un et un seul polynôme monique de degré minimal qui annule M, à savoir le polynôme

$$m(\lambda) = (\lambda - \lambda_1)^{q_1} (\lambda - \lambda_2)^{q_2}.$$

Le nombre 2 ne joue aucun rôle particulier dans cette assertion ni dans sa démonstration. L'énoncé général est que pour chaque matrice A il existe un unique polynôme monique de degré minimal qui annule A. Il est appelé le **polynôme minimal** de A. Ce polynôme minimal est en fait égal au produit des termes $(\lambda - \lambda_j)^{q_j}$, où les λ_j sont toutes les valeurs propres distinctes de la matrice A ; les q_j correspondants sont les indices dans la forme de Jordan (ou la forme triangulaire).

Puisque chacun des facteurs du polynôme minimal est aussi un facteur du polynôme caractéristique, il en résulte que si l'on note p le polynôme caractéristique de A on a $p(\mathrm{A}) = 0$; ce théorème célèbre est appelé **théorème de Cayley-Hamilton**.

Si le polynôme minimal d'une transformation linéaire sur un espace vectoriel de dimension n est de degré n, en résulte-t-il que la transformation est diagonalisable ? La réponse est non – trivialement non – un contre-exemple est $\begin{pmatrix} 0 & 1 \\ 0 & 0 \end{pmatrix}$.

Comment comparer le polynôme minimal et le polynôme caractéristique d'une matrice diagonale ? Réponse : si

$$\mathrm{A} = \begin{pmatrix} \lambda_1 & 0 & 0 & \\ 0 & \lambda_2 & 0 & \\ 0 & 0 & \lambda_3 & \\ & & & \ddots \end{pmatrix},$$

alors le polynôme caractéristique est le produit de tous les $(\lambda - \lambda_j)$, alors que le polynôme minimal est le produit d'un seul représentant de chacun des facteurs possibles. Ainsi, par exemple, si la matrice diagonale est

$$\begin{pmatrix} 1 & 0 & 0 & \text{à} & 0 \\ 0 & 1 & 0 & 0 & 0 \\ 0 & 0 & 2 & 0 & 0 \\ 0 & 0 & 0 & 2 & 0 \\ 0 & 0 & 0 & 0 & 2 \end{pmatrix},$$

alors le polynôme caractéristique est $(\lambda - 1)^2(\lambda - 2)^3$ et le polynôme minimal est $(\lambda - 1)(\lambda - 2)$.

Ces exemples avaient pour but de vous familiariser avec les polynômes minimaux ; le problème suivant permet de tester le succès de cette tentative.

Problème 115. *Quels sont les polynômes caractéristique et minimal de la dérivation* D *et de la translation* T *sur l'espace* $\mathscr{P}_3$ *des polynômes de degré* $\leqslant 3$ *? (Rappel :* $\mathrm{D}x(t) = \dfrac{dx}{dt}$ *et* $\mathrm{T}x(t) = x(t+1)$*.)*

116. Interpolation de Lagrange non commutative

Existe-t-il un polynôme p tel que $p(n) = 10^n$ pour tout entier n entre 1 et 100 compris? Oui : en fait il y a un polynôme p de degré 99 qui réalise ces conditions. Il suffit pour le voir d'écrire le système de 100 équations linéaires à 100 inconnues et de remarquer que son déterminant (un déterminant de Vandermonde) est non nul. Il est facile de formuler un théorème général dont ce résultat est un cas particulier : si $x_1, \ldots, x_n$ sont n nombres *distincts* (il est essentiel d'éviter les répétitions) et si $y_1, \ldots, y_n$ sont n nombres quelconques, alors il existe un (unique) polynôme p de degré $n-1$ tel que

$$p(x_j) = y_j$$

pour $j = 1, \ldots, n$. La célèbre **formule d'interpolation de Lagrange** donne une expression explicite de ce polynôme. Les « nombres » dans le théorème général peuvent être remplacés par des éléments d'un corps quelconque et on obtient alors un polynôme à coefficients dans ce corps.

Une fois ceci acquis, on peut énoncer une généralisation facile : si $\mathrm{X}_1, \ldots, \mathrm{X}_n$ sont des ensembles finis deux à deux disjoints (ou des éléments d'un corps quelconque) et si $p_1, \ldots, p_n$ sont des polynômes quelconques (à coefficients dans le même corps), alors il existe un polynôme p tel que

$$p(x) = p_j(x)$$

pour $x \in \mathrm{X}_j$, $j = 1, \ldots, n$. Démonstration : on applique le théorème d'interpolation de Lagrange à l'ensemble des éléments (distincts) x de $\mathrm{X}_1 \cup \cdots \cup \mathrm{X}_n$, les valeurs correspondantes y étant choisies égales à $p_j(x)$ si $x \in \mathrm{X}_j$. (On peut exprimer facilement le plus petit degré possible pour p en fonction du nombre n et des nombres d'éléments des ensembles $\mathrm{X}_1, \ldots, \mathrm{X}_n$.) Cette généralisation s'énonce aussi en termes de matrices : si $\mathrm{M}_1, \ldots, \mathrm{M}_n$ sont des matrices diagonales à spectres disjoints (c'est-à-dire des ensembles deux à deux disjoints de valeurs propres ou, ce qui revient au même, des ensembles deux à deux disjoints de coefficients diagonaux), et si $p_1, \ldots, p_n$ sont des polynômes, alors il existe un polynôme p tel que

$$p(M_j) = p_j(M_j)$$

pour $j = 1, \ldots, n$.

La propriété la plus apparente des matrices diagonales, c'est qu'elles commutent deux à deux ; le théorème d'interpolation de Lagrange que nous venons de formuler est un théorème d'algèbre commutative. Sa généralisation non commutative la plus directe a-t-elle une chance d'être vraie, ou la conclusion en elle-même implique-t-elle une sorte de commutativité partielle ? Pour éviter des problèmes liés à la non-existence de valeurs propres (qui n'ont rien à voir avec la question), nous supposerons que le corps de base est le corps $\mathbb{C}$ des nombres complexes.

Problème 116. *Soient* $A_1, \ldots, A_n$ *des transformations linéaires à spectres deux à deux disjoints sur un espace vectoriel* V *de dimension finie sur* $\mathbb{C}$ *et soient* $p_1, \ldots, p_n$ *des polynômes à coefficients dans* $\mathbb{C}$*. Existe-t-il un polynôme p tel que*

$$p(A_j) = p_j(A_j)$$

pour $j = 1, \ldots, n$ *?*

8

Espaces hermitiens

117. Produit scalaire

Lequel de ces vecteurs de $\mathbb{R}^3$ est le plus grand : $(2,3,5)$ ou $(3,4,4)$? La question a-t-elle même un sens ? Les seules tailles que nous avons considérées jusqu'à présent étaient les dimensions. Puisque $(2,3,5)$ appartient à $\mathbb{R}^3$ et que $(1,1,1,1)$ appartient à $\mathbb{R}^4$, le second est plus grand, mais dans un sens faible et peu utile. Mais voyons plutôt les façons classiques et utiles de « mesurer » les vecteurs.

La notion centrale est celle de **produit scalaire** sur un espace vectoriel réel ou complexe. Par définition, c'est une forme

(1) **à symétrie hermitienne**,

(2) **bilinéaire conjuguée**,

(3) **définie positive**

ce qui signifie que c'est une fonction à valeurs complexes des couples ordonnés de vecteurs x et y telle que

$$(x,y) = \overline{(y,x)} \tag{1}$$

$$(a_1x_1 + a_2x_2, y) = a_1(x_1,y) + a_2(x_2,y) \tag{2}$$

$$(x,x) \geqslant 0\ ;\ (x,x) = 0 \text{ si et seulement si } x = 0 \tag{3}$$

Exemples types : pour $x = (x_1,x_2)$ et $y = (y_1,y_2)$ dans $\mathbb{R}^2$, on pose

$$(x,y) = x_1y_1 + x_2y_2$$

(formule rappelant celle du cosinus de l'angle entre deux segments), pour $x = (x_1,x_2)$ et $y = (y_1,y_2)$ dans $\mathbb{C}^2$, on pose

$$(x,y) = x_1\overline{y_1} + x_2\overline{y_2}$$

et, pour x et y dans $\mathscr{P}$, on pose

$$(x,y) = \int_0^1 x(t)\overline{y(t)}\,dt$$

(un analogue formel « continu » du produit scalaire dans $\mathbb{C}^2$ et de sa généralisation naturelle à $\mathbb{C}^n$).

Les barres de surlignement désignent la conjugaison complexe ; elles sont nécessaires à cause de la notion de longueur associée au produit scalaire. Il faut que la longueur (ou norme) d'un vecteur x soit définie comme

$$\|x\| = \sqrt{(x,x)}.$$

Si on avait utilisé la forme $x_1y_1 + x_2y_2$ (au lieu de $x_1\overline{y_1} + x_2\overline{y_2}$), alors pour un vecteur x de $\mathbb{C}^2$, la considération de son multiple scalaire ix (où $i = \sqrt{-1}$) conduirait à une surprise désagréable. Le carré d'une longueur ne devrait pas être négatif – la longueur serait alors imaginaire et ce n'est pas ce qu'on imagine comme une mesure convenable de la taille.

Un espace hermitien est un espace vectoriel muni d'un produit scalaire. Dans le cas réel, l'interprétation intuitive du produit scalaire est le produit des normes de x et de y multiplié par le cosinus de l'angle entre x et y. Par analogie, si $(x,y) = 0$ – le cosinus est nul – on dit que les vecteurs x et y sont **orthogonaux** (= perpendiculaires). Dans quelle mesure cette notion métrique s'accorde-t-elle avec les définitions linéaires vues jusqu'ici ?

> **Problème 117.** *À partir de quel nombre d'éléments un ensemble orthogonal fini de vecteurs non nuls est-il obligatoirement lié ?*

Commentaire. Un ensemble de vecteurs est dit orthogonal si deux quelconques de ses éléments sont orthogonaux. Rappelons que si on agrandit un ensemble de vecteurs, une relation de dépendance linéaire entre les vecteurs du nouvel ensemble devient plus vraisemblable qu'avant.

118. Polarisation

La norme d'un espace hermitien est définie à l'aide du produit scalaire. Peut-on définir le produit scalaire à partir de la norme ?

> **Problème 118.** *Deux produits scalaires différents peuvent-ils produire la même norme ?*

119. Le théorème de Pythagore

Le théorème de Pythagore affirme que la somme des carrés des deux côtés de l'angle droit d'un triangle rectangle est égale au carré de l'hypoténuse. Y a-t-il une relation de ce genre dans les espaces vectoriels généraux ?

Problème 119. *À quelle condition sur deux vecteurs x et y a-t-on*

$$\|x+y\|^2 = \|x\|^2 + \|y\|^2 \ ?$$

120. La règle du parallélogramme

Problème 120. *À quelle condition sur deux vecteurs x et y a-t-on*

$$\|x+y\|^2 + \|x-y\|^2 = 2\|x\|^2 + 2\|y\|^2 \ ?$$

Commentaire. La relation n'est pas aussi bizarre qu'elle en a l'air. Imaginer une figure : si x et y sont deux côtés consécutifs d'un parallélogramme, alors $x+y$ et $x-y$ peuvent être vus comme les deux diagonales. La « relation du parallélogramme » de la géométrie élémentaire est exactement la relation considérée.

121. Systèmes orthonormés complets

Une famille de vecteurs orthogonaux peut-elle être aussi grande qu'on veut ? On peut interpréter cette question de la façon suivante : pour quelles valeurs de n existe-t-il une famille orthogonale $\{x_1, \ldots, x_n\}$ dans un espace hermitien ? Ce n'est pas une interprétation raisonnable : puisque certains des x_j (ou tous) peuvent être choisis égaux à 0, n peut être arbitrairement grand. Une façon efficace d'éliminer cette interprétation est de « normaliser » les vecteurs qui interviennent. On dit qu'un vecteur x est **unitaire**, ou **normalisé**, si $\|x\| = 1$ et qu'une famille de vecteurs $(x_1, x_2, \ldots)$ est **orthonormée** si $(x_i, x_j) = \delta_{ij}$ pour tout i et tout j.

On dit qu'une famille orthonormée est **complet** si elle est maximale, c'est-à-dire si on ne peut pas l'agrandir, ou encore si elle n'est pas contenue dans une famille orthonormée plus grande. Puisque les familles orthonormées sont libres (problème 117), un espace hermitien de dimension n ne peut pas contenir de familles orthonormées de plus de n éléments. Mais peut-on en avoir de n éléments exactement ?

> **Problème 121.** *Un espace hermitien de dimension n contient-il des familles orthonormées de n éléments ?*

122. L'inégalité de Schwarz

Pourquoi les bases orthonormées sont-elles préférables aux simples bases ? En partie parce que, lorsqu'on développe un vecteur x dans une base orthonormée, les coefficients du développement donnent une information précise sur la norme du vecteur. En fait, si $(x_1, \dots, x_r)$ est une famille orthonormée (pas nécessairement une base) et si x est un vecteur quelconque, on a

$$\begin{aligned}
0 &\leqslant \left\| x - \sum_1^r (x, x_j) x_j \right\|^2 \\
&= \left(x - \sum_1^r (x, x_i) x_i, x - \sum_1^r (x, x_j) x_j \right) \\
&= (x, x) - \sum_i (x, x_i)(x_i, x) - \sum_j (x_j, x)(x, x_j) + \sum_i \sum_j (x, x_i)(x, x_j)(x_i, x_j) \\
&= \|x\|^2 - \sum_i |(x, x_i)|^2 - \sum_i |(x, x_i)|^2 + \sum_i |(x, x_i)|^2.
\end{aligned}$$

Par conséquent :

$$\sum_i |(x, x_i)|^2 \leqslant \|x\|^2.$$

Ce résultat est connu sous le nom d'**inégalité de Bessel**. Il a deux conséquences importantes.

(1) Si x et y sont des vecteurs d'un espace hermitien, on a

$$|(x, y)| \leqslant \|x\| \, \|y\|.$$

Ce résultat est connu sous le nom d'**inégalité de Schwarz**. Il s'obtient à partir de l'inégalité de Bessel de la façon suivante : si $y = 0$, les deux membres sont nuls ; si $y \neq 0$, l'ensemble constitué du seul vecteur $\frac{y}{\|y\|}$ est orthonormé et, en lui appliquant l'inégalité de Bessel, on obtient

$$\left| \left(x, \frac{y}{\|y\|} \right) \right|^2 \leqslant \|x\|^2.$$

(2) Si x est un vecteur et $\{x_1, \ldots, x_n\}$ une base orthonormée d'un espace hermitien, on a

$$\|x\|^2 = \sum_i |(x, x_i)|^2.$$

Pour démontrer cette égalité, on remarque que si on développe x dans la base des x_j,

$$x = \sum_j \alpha_j x_j,$$

alors en formant le produit scalaire de chacun des deux membres avec lui même on obtient

$$\|x\|^2 = \Big(\sum_i \alpha_i x_i, \sum_j \alpha_j x_j\Big) = \sum_i \sum_j \alpha_i \overline{\alpha_j}(x_i, x_j) = \sum_k |\alpha_k|^2$$

et en formant le produit scalaire de chacun des deux membres avec x_k on obtient

$$(x, x_k) = \alpha_k.$$

L'égalité

$$\|x\|^2 = \sum_i |(x, x_i)|^2$$

est connue sous le nom d'**identité de Parseval**. Remarque : en modifiant très légèrement cette démonstration, on arrive à un résultat plus général : si $x = \sum_j \alpha_j x_j$ et $y = \sum_j \beta_j x_j$, alors

$$(x, y) = \sum_j \alpha_j \overline{\beta_j}.$$

Bessel, Schwarz et Parseval font partie des connaissances standard sur le sujet. La réponse à la question suivante est également bien connue des experts mais elle est un peu plus ardue et peut-être un peu plus amusante.

> **Problème 122.** *Pour quels couples de vecteurs l'inégalité de Schwarz devient-elle une égalité ?*

123. Supplémentaires orthogonaux

Jusqu'à quel point l'orthogonalité s'accorde-t-elle avec la linéarité ? On sait déjà que des vecteurs différents au sens métrique sont aussi différents au sens linéaire (les ensembles orthogonaux sont linéairement indépendants, voir le problème 117). Si des vecteurs ont un ennemi (orthogonal) commun, en résulte-t-il qu'ils sont des amis linéaires ? Pour formuler précisément cette question, il faut parler de supplémentaires orthogonaux.

Si E est un ensemble de vecteurs d'un espace hermitien V, le sous-espace **orthogonal** $\mathrm{E}^{\perp}$ (se lit « E orthogonal ») de E est l'ensemble des vecteurs de V qui sont orthogonaux à tous les vecteurs de E. C'est un exercice facile de vérifier que $\mathrm{E}^{\perp}$ est un sous-espace vectoriel de V (que E soit lui-même un sous-espace ou non n'a pas d'importance) et, en se rappelant de la définition des symboles, tout le monde devrait se convaincre que $\mathrm{E} \subset \mathrm{E}^{\perp\perp}$. (Est-ce que le sens de $\mathrm{E}^{\perp\perp}$ est clair ? Il s'agit de $(\mathrm{E}^{\perp})^{\perp}$.) Par conséquent

$$\mathrm{Vect}\,\mathrm{E} \subset \mathrm{E}^{\perp\perp}.$$

Problème 123. *Si* M *est un sous-espace vectoriel de dimension finie d'un espace hermitien* V, *quelles relations y a-t-il entre* M, $\mathrm{M}^{\perp}$ *et* $\mathrm{M}^{\perp\perp}$ *?*

124. Encore des formes linéaires

La ressemblance entre les exposants dans M^0 (annulateurs d'un sous-espace) et dans $\mathrm{M}^{\perp}$ (supplémentaire orthogonal d'un sous-espace) est-elle structurelle ou simplement notationnelle ? En fait il s'agit d'une question sur les formes linéaires.

Il est facile de construire des formes linéaires sur un espace hermitien V : on fixe un élément y de V puis on définit une fonction ξ sur V par

$$\xi(x) = (x, y)$$

pour tout x. La linéarité de ξ est une conséquence immédiate des propriétés des produits scalaires. Les formes linéaires obtenues de cette manière sont-elles représentatives ?

Problème 124. *Soit* ξ *une forme linéaire sur un espace hermitien de dimension finie* V. *Existe-t-il un vecteur* y *de* V *tel que*

$$\xi(x) = (x, y)$$

pour tout x *?*

125. Adjoints

Un vecteur d'un espace hermitien est-il une forme linéaire ? Cette question peut sembler stupide, mais (*a*) les algébristes considèrent habituellement les formes linéaires comme des vecteurs (éléments de l'espace dual) et (*b*) dans un espace hermitien chaque vecteur induit (est) une forme linéaire, la forme linéaire définie par le produit scalaire avec ce vecteur. En fait la correspondance qui à chaque vecteur y d'un espace hermitien V associe la forme linéaire ξ définie par

$$\xi(x) = (x, y)$$

est une bijection de V sur son espace dual V$'$. En effet, si y_1 et y_2 correspondent à la même forme linéaire, on a

$$(x, y_1) = (x, y_2)$$

pour tout x, de sorte que

$$(x, y_1 - y_2) = 0$$

et $y_1 - y_2$ est donc orthogonal à chaque vecteur x, ce qui entraîne que $y_1 - y_2 = 0$. De plus, cette correspondance est surjective, c'est ce qui a été démontré au problème 124.

La correspondance $y \mapsto \xi$ est bien compatible avec la structure linéaire de V. En effet, il est facile de vérifier que si $y_1 \mapsto \xi_1$ et $y_2 \mapsto \xi_2$, alors $y_1 + y_2 \mapsto \xi_1 + \xi_2$ et que, si y induit ξ, alors un multiple scalaire αy induit non pas $\alpha\xi$ mais presque : en fait il induit $\overline{\alpha}\xi$. Voyez-vous pourquoi ? Si $(x, y) = \xi(x)$ pour tout x, alors $(x, \alpha y) = \overline{\alpha}(x, y) = \overline{\alpha}\xi(x)$ pour tout x. La correspondance $y \mapsto \xi$ ne mérite pas tout à fait le nom d'isomorphisme : c'est un **anti-isomorphisme**.

Le dual d'un espace hermitien est-il un espace hermitien ? Eh bien, ça dépend : comment définir le produit scalaire de deux formes linéaires ξ_1 et ξ_2 ? Si $\xi_1(x) = (x, y_1)$ et $\xi_2(x) = (x, y_2)$, la définition la plus naturelle est probablement celle-ci :

$$(\xi_1, \xi_2) = (y_1, y_2).$$

Mais cette définition ne marche pas. Ce produit scalaire est-il linéaire par rapport à ξ_1 ? L'additivité marche bien, mais a-t-on

$$(\alpha\xi_1, \xi_2) = \alpha(\xi_1, \xi_2)\ ?$$

Non : puisque αy_1 induit $\overline{\alpha}\xi_1$, si bien que $\alpha\xi_1$ est induit par $\overline{\alpha} y_1$, on a

$$(\alpha\xi_1, \xi_2) = (\overline{\alpha} y_1, y_2) = \overline{\alpha}(y_1, y_2) = \overline{\alpha}(\xi_1, \xi_2),$$

et, une fois de plus, une conjugaison non désirée apparaît.

Il y a un remède brutal mais à première vue il n'est pas évident qu'il marchera. Pourquoi ne pas définir (ξ_1, ξ_2) comme étant égal à

(y_2, y_1) ? Effectivement, ça marche car, avec cette définition, on a

$$(\alpha\xi_1, \xi_2) = (y_2, \overline{\alpha} y_1) = \alpha(y_2, y_1) = \alpha(\xi_1, \xi_2).$$

Avec ce produit scalaire, l'espace des formes linéaires sur un espace hermitien V est donc lui-même un espace hermitien et, en tant que tel, il est noté V^*. La propriété d'anti-isomorphisme entre les espaces vectoriels « purs » V et V' s'étend aux espaces hermitiens V et V^* : l'application $y \mapsto \xi$ remplace le produit scalaire par son conjugué, on dit encore que V et V^* sont anti-isomorphes.

Si on identifie les espaces V et V^* à l'aide de cet anti-isomorphisme, alors beaucoup des énoncés précédents sur la relation entre V et V' deviennent plus intéressants et plus utilisables. Ainsi par exemple, l'assertion qu'à toute base de V correspond une base de V', la base duale, devient l'assertion qu'à chaque base $\{x_1, \ldots, x_n\}$ de V correspond une autre base $\{\xi_1, \ldots, \xi_n\}$ de V, la base duale, telle que $(x_i, \xi_j) = \delta_{ij}$. La correspondance entre les sous-espaces de V et leurs annulateurs dans V' devient la correspondance entre les sous-espaces M de V et leurs supplémentaires orthogonaux $M^\perp$ dans V. Enfin, et c'est le plus important, la correspondance entre les transformations linéaires sur V et leurs transposées sur V' devient une correspondance entre les transformations linéaires A sur V et leurs transposées sur V^*, notées dans ce contexte A^*, et *qu'on peut considérer comme des transformations linéaires sur* V. On dit que A^* est **l'adjointe** de A.

La transposée au sens linéaire et l'adjointe au sens hermitien diffèrent seulement par des détail mineurs, qui ont tous quelque chose à voir avec la conjugaison qui est introduite dans la théorie complexe. Les différences sont que

$$(\alpha A)^* = \overline{\alpha} A^* \quad (\text{pas } \alpha A^*), \tag{1}$$

que la matrice de A^* (par rapport à une base orthonormée) est la **transconjuguée** (la conjuguée de la transposée) de la matrice de A,

$$(\alpha_{ij}) \text{ devient } (\overline{\alpha}_{ji}) \quad (\text{pas } (\alpha_{ji})) \tag{2}$$

et que

$$\det A^* = \overline{\det A} \quad (\text{pas } \det A). \tag{3}$$

Voilà pour les mauvaises nouvelles (mais pas trop mauvaises). Les bonnes nouvelles sont que si A est une transformation linéaire, non seulement A et A^{**} sont comparables, mais aussi A et A^*. Pour A et A^{**} « comparables » signifie « égales ». Pour A et A^*, cela *peut* se produire, mais de toute façon on peut se poser de nouvelles questions intéressantes au sujet de ces transformations. Quand a-t-on $A^* = A$? Quand a-t-on $A^* = -A$? Que peut-on dire de la somme de A et A^* ? Que peut-on dire de leur produit ? Quand A et A^* commutent-elles ? Ces questions sont à la base d'une partie très importante de l'algèbre linéaire. Avant de nous lancer dans leur étude proprement dite, nous allons nous familiariser avec les propriétés élémentaires de la correspondance $A \mapsto A^*$ en résolvant quelques problèmes.

Problème 125. *La somme directe* $V \oplus W$ *de deux espaces hermitiens est définie comme la somme directe des deux espaces vectoriels* V *et* W, *munie du produit scalaire défini par*

$$\big(\langle x_1, y_1\rangle, \langle x_2, y_2\rangle\big) = (x_1, x_2) + (y_1, y_2).$$

(Vérifier qu'il s'agit bien d'un produit scalaire.)

(*a*) *Si on définit une transformation* U *sur* $V \oplus V$ *par*

$$U\langle x, y\rangle = \langle y, -x\rangle,$$

que vaut U^* *? Que valent* U^*U *et* UU^* *?*

(*b*) *Le graphe d'une transformation linéaire* A *sur un espace vectoriel* V *est l'ensemble des couples ordonnés* $\langle x, y\rangle$ *de* $V \oplus V$ *tels que* $y = Ax$. *Le graphe est-il toujours un sous-espace de* $V \oplus V$ *?*

(*c*) *Si* G *est le graphe d'une transformation linéaire* A *sur* V, *quel est le graphe de* A^* *? Comment ces deux graphes sont-ils liés ?*

126. Formes quadratiques

Les adjoints interviennent en algèbre linéaire d'une autre façon, par l'intermédiaire des formes quadratiques (dont le nom n'a pas l'air très linéaire). Une forme quadratique est un produit dérivé d'une forme bilinéaire qui, à son tour, est une généralisation d'une forme linéaire.

Une façon évidente de généraliser les formes linéaires est sous la forme de fonctions de plusieurs variables appelées formes multilinéaires. Les formes multilinéaires les plus simples mais cependant typiques sont les formes bilinéaires ; par définition, ce sont des fonctions de deux variables qui sont linéaires séparément par rapport à chaque variable quand l'autre est fixée. Plus explicitement : si V est un espace vectoriel, une fonction à valeurs scalaires φ sur $V \times V$ est une **forme bilinéaire** si

$$\varphi(\alpha_1 x_1 + \alpha_2 x_2, y) = \alpha_1 \varphi(x_1, y) + \alpha_2 \varphi(x_2, y)$$

pour tout y de V et si de plus

$$\varphi(x, \beta_1 y_1 + \beta_2 y_2) = \beta_1 \varphi(x, y_1) + \beta_2 \varphi(x, y_2)$$

pour tout x de V. Par exemple, si $V = \mathbb{R}^1$ et

$$\varphi(x, y) = xy,$$

alors φ est bilinéaire. Une **forme quadratique** s'obtient à partir d'une forme bilinéaire par restriction à des valeurs égales des deux variables. Autrement dit, la forme quadratique induite par la forme bilinéaire φ est la fonction $\widehat{\varphi}$ définie par

$$\widehat{\varphi}(x) = \varphi(x, x).$$

L'exemple le plus important de forme bilinéaire est une forme qui n'est pas du tout un exemple. Si V est un espace hermitien et si φ est définie par

$$\varphi(x, y) = (x, y),$$

alors φ est bien linéaire par rapport à x mais la conjugaison complexe s'oppose à la linéarité par rapport à y. On a adopté un curieux vocabulaire en rapport avec cette intervention de la conjugaison complexe. Une fonction à valeurs complexes ξ qui est additive

$$\xi(x + y) = \xi(x) + \xi(y)$$

mais dont la linéarité est mise en défaut par la conjugaison complexe

$$\xi(\alpha x) = \overline{\alpha}\, \xi(x)$$

est appelée **semilinéaire**. (Certains auront du mal à accepter ce vocabulaire – il n'est pas évident qu'une telle fonction satisfasse *la moitié* des conditions pour la linéarité – mais ce vocabulaire est bien établi et il est trop tard pour en changer.) Conformément à cet usage, une fonction φ de deux variables qui se comporte comme un produit scalaire (linéaire par rapport à la première variable et semilinéaire par rapport à la seconde) pourrait être appelée linéaire et demie – et c'est presque le cas. En fait, on utilise le mot latin pour « une fois et demie » et ainsi le terme technique est **sesquilinéaire**. (Les fonctions semilinéaires sont quelquefois appelées antilinéaires ou bien linéaires conjuguées.)

Les transformations linéaires, alliées au produit scalaire, peuvent servir à construire de nombreux exemples de formes sesquilinéaires. Voici comment : si A est une transformation linéaire sur un espace hermitien V et si x et y sont dans V, posons

$$\varphi(x, y) = (\mathrm{A}x, y).$$

Tous ces exemples sont sesquilinéaires et se comportent donc en partie comme des produits scalaires – mais en partie seulement. Il n'y a aucune raison pour qu'ils aient la symétrie hermitienne, cela dépend des propriétés de A. Il n'y a aucune raison qu'ils soient définis positifs – cela dépend encore de A. Il est utile de savoir comment ces propriétés dépendent de A, et nous en discuterons bientôt. Pour l'instant, revenons à la théorie générale des formes sesquilinéaires.

Si φ est une forme sesquilinéaire, comment faudrait-il appeler $\hat{\varphi}$? (Comme précédemment, il s'agit de $\varphi(x, x)$.) Aucun terme juste n'existe (on pourrait penser à semiquadratique ou sesquiquadratique, mais le monde n'a adopté aucun de ceux-là) et donc on emploie couramment un terme impropre. Si φ est sesquilinéaire et si $\hat{\varphi}(x) = \varphi(x, x)$ alors, comme dans le cas bilinéaire, $\hat{\varphi}$ est appelée **forme quadratique** associée à (ou induite par) φ.

Il y a une méthode pour fabriquer de nouvelles formes sesquilinéaires à partir d'anciennes. Si φ est sesquilinéaire et si P et Q sont des transformations linéaires, alors l'expression

$$\varphi(\mathrm{P}x, \mathrm{Q}y)$$

définit une autre forme sesquilinéaire –en ce sens, les transformations linéaires (ou plutôt les couples de transformations linéaires *opèrent* sur les formes sesquilinéaires. En particulier, si

$$\varphi(x, y) = (\mathrm{A}x, y)$$

alors

$$\varphi(\mathrm{P}x, \mathrm{Q}y) = (\mathrm{AP}x, \mathrm{Q}y) = (\mathrm{Q}^*\mathrm{AP}x, y).$$

L'action de P et Q sur φ remplace donc la transformation linéaire A par une transformation équivalente (au sens strict de ce terme, discuté au problème 97). Si $\hat{\varphi}$ est la forme quadratique associée à

φ, la façon naturelle d'y introduire une transformation linéaire est de considérer $\hat{\varphi}(\mathrm{P}x)$. Puisque

$$\hat{\varphi}(\mathrm{P}x) = (\mathrm{AP}x, \mathrm{P}x) = (\mathrm{P}^*\mathrm{AP}x, x),$$

l'action de P sur $\hat{\varphi}$ remplace A par l'expression non familière $\mathrm{P}^*\mathrm{AP}$. Le concept défini ici est celui de congruence. Deux transformations linéaires A et B sont dites **congruentes** s'il existe une transformation linéaire inversible P telle que

$$\mathrm{B} = \mathrm{P}^*\mathrm{AP}.$$

L'inversibilité est fondamentale ici ; sans elle la relation est trop faible pour avoir un intérêt. La congruence est un cas particulier d'équivalence. Quelles sont ses propriétés ?

Problème 126. (*a*) *La congruence est-elle une relation d'équivalence ?*

(*b*) *Si* A *et* B *sont congruentes, en est-il de même de* A^* *et* B^* *?*

(*c*) *Existe-t-il une transformation linéaire* A *telle que* A *soit congruente à un scalaire* α *mais* $\mathrm{A} \neq \alpha$ *?*

(*d*) *Existe-t-il deux transformations linéaires* A *et* B *telles que* A *et* B *soient congruentes mais que* A^2 *et* B^2 *ne le soient pas ?*

(*e*) *Existe-t-il deux transformations linéaires* A *et* B *telles que* A *et* B *soient congruentes mais que* A^{-1} *et* B^{-1} *ne le soient pas ?*

127. Formes quadratiques alternées

Dans quelle mesure une forme quadratique $(\mathrm{A}x, x)$ détermine-t-elle la transformation A ? Peut-on avoir $(\mathrm{A}x, x) = (\mathrm{B}x, x)$ pour tout x pour deux transformations linéaires A et B différentes ?

Problème 127. *Existe-t-il une transformation linéaire* A *sur un espace hermitien telle que* $(\mathrm{A}x, x) = 0$ *pour tout* x *?*

Commentaire. Il est clair que cette question est la même que celle sur l'unicité : $(\mathrm{A}x, x) = (\mathrm{B}x, x)$ pour tout x est équivalent à $\big((\mathrm{A}-\mathrm{B})x, x\big) = 0$ pour tout x.

128. Transformations hermitiennes

À quel point les transformations linéaires sur un espace vectoriel ressemblent-elles aux nombres complexes ? On peut ajouter et multiplier les transformations linéaires – c'est de l'histoire ancienne et ne signifie rien de plus que le fait qu'elles forment un anneau. Il y a une autre opération (l'adjointe) sur les transformations linéaires sur un espace hermitien qui ressemble à la conjugaison complexe, c'est un autre aspect de la ressemblance.

On peut utiliser la conjugaison complexe pour définir différents sous-ensembles importants de l'ensemble des nombres complexes. Le plus évident d'entre eux est l'ensemble des nombres réels (certains nombres complexes sont réels) qui est défini comme l'ensemble des nombres complexes z tels que $z = \bar{z}$. L'analogue pour les transformations est l'ensemble des transformations qui vérifient $A = A^*$. Elles sont appelées **hermitiennes** et font partie de celles qui apparaissent le plus fréquemment dans les applications de l'algèbre linéaire.

Si la matrice d'une transformation linéaire A par rapport à une base orthonormée est (α_{ij}) alors la matrice de A^* est la transposée de la conjuguée $(\overline{\alpha}_{ji})$ (voir le problème 125). Il est crucial ici d'utiliser des bases orthonormées. Ainsi par exemple, si A a la matrice

$$\begin{pmatrix} 0 & 1 \\ 1 & 0 \end{pmatrix}$$

par rapport à la base orthonormée $\{(1,0),(0,1)\}$, alors A est hermitienne. Mais si on utilise la base non orthonormée $\{u_1, u_2\}$, où

$$u_1 = (1,0) \quad \text{et} \quad u_2 = (1,1),$$

alors

$$Au_1 = (0,1) = (1,1) - (1,0) = u_2 - u_1$$

et

$$Au_2 = u_2$$

de sorte que la matrice de A par rapport à $\{u_1, u_2\}$ est

$$\begin{pmatrix} -1 & 0 \\ 1 & 1 \end{pmatrix}.$$

Puisqu'il est facile d'écrire autant de matrices égales à leur transconjuguée qu'on peut le désirer, il est facile de produire des exemples de transformations hermitiennes. Cas très particulier : une transformation scalaire est hermitienne si et seulement si le scalaire est réel.

Suit une série de problèmes (puzzles) destinés à donner à celui qui les résout l'occasion de s'habituer aux propriétés des transformations hermitiennes.

Problème 128. *Quand le produit de deux transformations hermitiennes est-il hermitien ?*

129. Transformations antihermitiennes

Les nombres les moins réels sont ceux qu'on appelle imaginaires purs, les multiples réels de i. Le complexe conjugué d'un tel nombre n'est pas égal à lui-même mais à son opposé : $\bar{i} = -i$. Les analogues transformations de ces nombres sont appelées **antihermitiennes** : ce sont les transformations qui vérifient $A^* = -A$. Des combinaisons diverses de transformations hermitiennes ou antihermitiennes peuvent quelquefois être hermitiennes ou antihermitiennes ; voici quelques échantillons.

Problème 129. (*a*) *Si* A *et* B *sont congruentes et si* A *est antihermitienne,* B *l'est-elle aussi ?*

(*b*) *Si* A *est antihermitienne,* A^2 *l'est-elle aussi ? Et* A^3 *?*

(*c*) *Si* A *est soit hermitienne soit antihermitienne et si* B *est soit hermitienne soit antihermitienne, que peut-on dire de* $AB + BA$ *? Et de* $AB - BA$ *?*

Commentaire. « Congruentes » se réfère à la notion introduite au problème 126.

130. Formes réelles hermitiennes

Jusqu'à quel point les transformations hermitiennes ressemblent-elles aux nombres réels ? La motivation pour les introduire a été la relation $A = A^*$, mais ce n'est qu'une analogie formelle. Si A est la matrice

$$\begin{pmatrix} 0 & 1 \\ 0 & 0 \end{pmatrix}.$$

– aussi non hermitienne qu'on puisse l'être – et si $x = (x_1, x_2)$, alors

$$(Ax, x) = \overline{x}_1 x_2$$

– la forme quadratique associée à A est non réelle. Mais si A est la matrice

$$\begin{pmatrix} 0 & 1 \\ 1 & 0 \end{pmatrix}.$$

alors

$$(\mathrm{A}x, x) = \overline{x}_1 x_2 + x_1 \overline{x}_2 = 2\,\mathrm{Re}\,\overline{x}_1 x_2$$

– aussi réel qu'on puisse l'être. Ces phénomènes sont-ils représentatifs ?

Problème 130. *Quelle est la relation entre les transformations hermitiennes et les transformations dont la forme quadratique associée est réelle ?*

131. Transformations positives

Existe-t-il dans l'ensemble des transformations linéaires un sous-ensemble aussi pratique que l'ensemble des réels positifs par rapport à l'ensemble de tous les nombres réels ? Il est naturel pour définir la positivité d'une transformation de copier la définition de la réalité au moyen des formes quadratiques, et c'est ce qu'on fait effectivement. Une transformation linéaire A est dite **positive** si $(\mathrm{A}x, x) \geqslant 0$ pour tout vecteur x ; elle est dite **définie positive** si $(\mathrm{A}x, x) > 0$ pour tout vecteur x non nul. On écrit

$$\mathrm{A} \geqslant 0$$

pour exprimer que A est positive et la propriété $\mathrm{A} \geqslant \mathrm{B}$ peut aussi s'écrire

$$\mathrm{A} - \mathrm{B} \geqslant 0.$$

Le signe d'inégalité large ($\geqslant$) peut être remplacé par le signe strict ($>$) quand les circonstances l'autorisent et

$$\mathrm{B} \leqslant \mathrm{A}$$

signifie bien sûr la même chose que $\mathrm{A} \geqslant \mathrm{B}$.

Par exemple, si A est une transformation quelconque, alors $\mathrm{A}^*\mathrm{A} \geqslant 0$ (puisque $(\mathrm{A}^*\mathrm{A}x, x) = \|\mathrm{A}x\|^2$) et donc, si B est hermitienne, on a $\mathrm{B}^2 \geqslant 0$ (puisque $\mathrm{B}^2 = \mathrm{B}^*\mathrm{B}$). Ces propriétés sont les analogues du point de vue des transformations des propriétés numériques $\bar{z}z \geqslant 0$ (pour tout nombre complexe z) et $u^2 \geqslant 0$ (pour tout nombre réel u).

Dire qu'une matrice est *positive* signifie que la transformation linéaire qu'elle définit (dans $\mathbb{C}^n$, ou bien dans un espace hermitien

V en utilisant une base orthonormée) est positive ; en notation matricielle, cela s'exprime par

$$\sum_i \sum_j \alpha_{ij} \bar{\xi}_i \xi_j \geqslant 0$$

pour tout vecteur $(\xi_1, \ldots, \xi_n)$. Exemples concrets :

$$\begin{pmatrix} 2 & 1 \\ 1 & 1 \end{pmatrix} \geqslant 0$$

car

$$2|\xi_1|^2 + \bar{\xi}_1 \xi_2 + \xi_1 \bar{\xi}_2 + |\xi_2|^2 = |\xi_1 + \xi_2|^2 + |\xi_1|^2$$

et (plus simple)

$$\begin{pmatrix} 1 & 0 \\ 0 & 2 \end{pmatrix} \geqslant 0,$$

mais

$$\begin{pmatrix} 2 & 2 \\ 2 & 1 \end{pmatrix} \quad \text{et} \quad \begin{pmatrix} 0 & 1 \\ 1 & 0 \end{pmatrix}$$

ne sont pas positives parce que les formes quadratiques associées prennent des valeurs négatives sur le vecteur $(-1, 1)$.

Il est nécessaire de prendre des précautions en parlant de relation d'ordre quand il s'agit de nombres complexes. Tout le monde accepte que $3 > 2$ et presque tout le monde admet tôt ou tard que $-2 > -3$. Mais est-ce que

$$3 + 4i > 2 + 4i \ ?$$

Il est vrai qu'en soustrayant le membre de droite du membre de gauche on obtient un nombre positif, mais néanmoins la plupart des gens sont mal à l'aise devant cette inégalité. Le bon sens suggère qu'il vaut mieux éviter ce genre d'inégalités et l'expérience montre qu'on ne perd rien à les éviter et à n'utiliser des inégalités que pour les nombres réels (et les transformations hermitiennes). Remarquons que si $A \geqslant 0$, alors $(Ax, x) \geqslant 0$ pour tout x et en particulier (Ax, x) est réel pour tout x et A est donc hermitienne (problème 130).

Problème 131. (*a*) *Est-il possible de donner un exemple d'une matrice positive dont certains coefficients sont* $<$ 0 *?*

(*b*) *Est-il possible de donner un exemple d'une matrice qui n'est pas positive mais qui a tous ses coefficients* > 0 *?*

(*c*) *La matrice* $\begin{pmatrix} 1 & 1 & 1 \\ 1 & 1 & 1 \\ 1 & 1 & 1 \end{pmatrix}$ *est-elle positive ?*

(*d*) *La matrice* $\begin{pmatrix} 1 & 0 & 1 \\ 0 & 1 & 0 \\ 1 & 0 & 1 \end{pmatrix}$ *est-elle positive ?*

(*e*) *Pour quelles valeurs de* α *la matrice* $\begin{pmatrix} \alpha & 1 & 1 \\ 1 & 0 & 0 \\ 1 & 0 & 0 \end{pmatrix}$ *est-elle positive ?*

132. Inverses positifs

Problème 132. *Si une transformation positive est inversible, son inverse est-il nécessairement positif ?*

133. Projections orthogonales

L'addition à un espace vectoriel d'une structure d'espace hermitien rend la théorie plus particulière (et donc plus profonde) ; quel effet cela a-t-il sur les projecteurs ? La réponse est que cela affecte beaucoup les questions au sujet des projecteurs. Pour une raison essentielle qui est que la structure associée au produit scalaire permet de sélectionner parmi les nombreux supplémentaires d'un sous-espace un supplémentaire particulier, le supplémentaire orthogonal. Rappelons que si M et N sont des sous-espaces supplémentaires d'un espace vectoriel de dimension finie V, c'est-à-dire si

$$\mathrm{M} \cap \mathrm{N} = \{0\} \quad \text{et} \quad \mathrm{M} + \mathrm{N} = \mathrm{V},$$

de sorte que tout x de V admet une unique décomposition

$$z = x + y$$

avec x dans M et y dans N, alors le projecteur E sur M parallèlement à N est la transformation E définie par $\mathrm{E}z = x$ (problème 72). Si V est un espace hermitien, alors le projecteur sur M parallèlement à son supplémentaire orthogonal $\mathrm{M}^{\perp}$ s'appelle **projection orthogonale** sur M. Quand il est nécessaire de prendre une précaution extraordinaire, elle est notée $\mathrm{P_M}$, mais le plus souvent, quand le contexte rend les précautions terminologiques et notationnelles superflues, on laisse tomber même le mot « orthogonal » et on parle de projection sur M tout simplement.

Ce serait dommage que les projections orthogonales se perdent dans la foule de tous les projecteurs. Y a-t-il un moyen de les reconnaître ?

Problème 133. *Quelles transformations linéaires d'un espace hermitien sont des projections orthogonales ?*

Commentaire. La question est vague – le premier problème est d'en chercher une interprétation plus précise. En langage légèrement moins vague, le problème est de trouver une caractérisation algébrique des transformations linéaires sur un espace hermitien qui sont des projections orthogonales.

134. Projections sur $\mathbb{C} \times \mathbb{C}$

Problème 134. *À quoi ressemble la matrice d'une projection sur* $\mathbb{C} \times \mathbb{C}$ *(*$= \mathbb{C}^2$*) ?*

Attention. « Matrice » signifie ici matrice par rapport à une base orthonormée.

135. Ordre des projections

Comment l'ordre géométrique sur les projections est-il lié à l'ordre algébrique découlant de la positivité (problème 131) ? L'ordre géométrique est celui qu'on devine : si E et F sont des projecteurs d'images M et N, E est inférieur ou égal à F si M est contenu dans N ($M \subset N$).

Problème 135. *Si* E *et* F *sont des projections orthogonales, y a-t-il une relation d'implication entre les propriétés*

$$E \leqslant F$$

et

$$\operatorname{Im} E \subset \operatorname{Im} F \,?$$

136. Projections orthogonales entre elles

Comment l'orthogonalité de deux sous-espaces est-elle reflétée par les projections sur ces sous-espaces ?

Problème 136. *Si* E *et* F *sont des projections orthogonales, quelle relation algébrique entre* E *et* F *caractérise la propriété géométrique de l'orthogonalité entre* Im E *et* Im F *?*

Commentaire. Quelle que soit la réponse, il semble raisonnable d'utiliser pour cette relation algébrique le même terme que pour les sous-espaces. On dira donc que E et F sont orthogonaux si les sous-espaces Im E et Im F sont orthogonaux.

137. Valeurs propres des transformations hermitiennes

Comment le spectre d'une transformation reflète-t-il sa structure ? On a déjà eu des réponses partielles à cette question vague, comme dans le texte précédant le problème 111, où l'on a vu que la nilpotence de A est équivalente à $\operatorname{spec} A = \{0\}$.

Un autre exemple de ce genre de questions est : une matrice réelle (c'est-à-dire à coefficients réels) peut-elle avoir des valeurs propres non réelles ? Oui, par exemple les valeurs propres de la matrice

$$\begin{pmatrix} 4 & 1 \\ -17 & 2 \end{pmatrix},$$

qui sont les racines de l'équation du second degré

$$\lambda^2 - 6\lambda + 25 = 0,$$

valent $3 + 4i$ et $3 - 4i$. (Voit-on ici un principe général ? Tout nombre complexe est-il valeur propre d'une matrice réelle ?)

La notion de « matrice réelle » est tout à fait artificielle, ce n'est pas une propriété des transformations, elle résulte d'une conspiration entre une transformation linéaire et une base. (Ces conspirations s'appellent généralement des matrices.) Mais il y a une autre notion de réalité qui est vraiment une propriété des transformations – se comporte-t-elle différemment ?

Problème 137. *Que peut-on dire des valeurs propres d'une transformation hermitienne ? D'une transformation positive ?*

Question. Les conditions sur les valeurs propres sont-elles nécessaires, ou suffisantes, ou les deux ?

138. Valeurs propres distinctes

Voici une question utile dans la théorie qui ne viendrait pas immédiatement à l'esprit de tout le monde : y a-t-il une relation entre les vecteurs propres correspondant à des valeurs propres *différentes* ? Par exemple, si

$$A = \begin{pmatrix} 1 & 2 \\ 0 & 3 \end{pmatrix},$$

alors $(1,0)$ est vecteur propre associé à la valeur propre 1 et $(1,1)$ est vecteur propre associé à 3, et il n'y a aucune relation particulière entre ces deux vecteurs. Pourquoi ?

Problème 138. *Y a-t-il une relation entre des vecteurs propres associés à des valeurs propres distinctes d'une transformation hermitienne ?*

9

Normalité

139. Transformations unitaires

Les trois relations les plus agréables qu'une transformation linéaire sur un espace hermitien puisse avoir avec son adjoint sont de lui être égale (hermitienne), de lui être opposée (antihermitienne) ou d'être son inverse (pas encore discuté). Le terme qui décrit la troisième de ces possibilités est « unitaire ». Une transformation U est **unitaire** si elle est inversible et si $U^{-1} = U^*$. On peut exprimer cette définition d'une façon moins engagée par $U^*U = 1$, moins engagée dans le sens où elle suppose moins, mais il n'est pas clair qu'elle fournisse autant que l'autre définition.

Problème 139. *Si* U *est une transformation linéaire telle que* $U^*U = 1$, *a-t-on nécessairement* $UU^* = 1$ *?*

140. Matrices unitaires

Cela semble naturel d'appliquer le terme « unitaire » à une matrice dans le cas où la transformation qu'elle définit est unitaire. (Attention : quand on applique à des matrices des termes qui n'ont un sens que dans des espaces hermitiens, il vaut mieux que la base qui établit la correspondance soit orthonormée.) On voit au premier coup d'œil si une matrice est hermitienne ou pas ; y a-t-il un moyen de savoir, en regardant une matrice, si elle est unitaire ou pas ? Les cas particuliers suivants sont un bon entraînement pour répondre à la question générale.

Problème 140. (*a*) *Pour quelles valeurs de* α *la matrice* $\begin{pmatrix} \alpha & 0 \\ 0 & 1 \end{pmatrix}$ *est-elle unitaire ?*

(*b*) *Pour quelles valeurs de* α *la matrice* $\begin{pmatrix} \alpha & \frac{1}{2} \\ -\frac{1}{2} & \alpha \end{pmatrix}$ *est-elle unitaire ?*

(*c*) *Existe-t-il une matrice unitaire* 3×3 *dont la première ligne est un multiple de* $(1, 1, 1)$ *?*

141. Involutions unitaires

Les deux propriétés les plus simples que puisse posséder une transformation sur un espace hermitien sont d'être hermitienne ou d'être unitaire. Une propriété agréable et qui a un lien avec les précédentes est d'être involutive. (Une transformation linéaire U est dite **involutive**, ou appelée **involution**, si $U^2 = 1$.) Quelles sont les relations entre ces propriétés ?

Problème 141. *Quelles sont les relations d'implication entre les conditions* $U^* = U$, $U^*U = 1$ *et* $U^2 = 1$ *?*

142. Triangles unitaires

Problème 142. *Quelles matrices unitaires sont triangulaires ?*

143. Diagonalisation des hermitiens

Il est agréable de travailler avec des matrices diagonales (ou diagonalisables) ; c'est toujours bien de découvrir que les matrices d'une classe qu'on étudie peuvent être diagonalisées. (Se souvenir, par exemple, de la diagonalisation des permutations, problème 103, et de la diagonalisation des transformations ayant des valeurs propres distinctes, problème 106.)

Les transformations hermitiennes sont-elles diagonalisables ? Voici une démonstration fausse de cette propriété. Étant donnée une transformation hermitienne A, on construit une base

$$\{e_1, e_2, \ldots\}$$

telle que la matrice de A par rapport à cette base soit triangulaire supérieure (problème 108). Si, pour être précis,

$$Ae_j = \sum_i \alpha_{ij} e_i,$$

avec $\alpha_{ij} = 0$ pour $i > j$, alors

$$(\mathrm{A}e_j, e_k) = \sum_i \alpha_{ij}(e_i, e_k) = \sum_i \alpha_{ij}\delta_{ik} = \alpha_{kj}.$$

Puisque A est hermitienne, on a

$$\alpha_{jk} = (\mathrm{A}e_k, e_j) = (e_k, \mathrm{A}e_j) = \overline{(\mathrm{A}e_j, e_k)} = \overline{\alpha_{kj}}$$

et on a donc $\alpha_{jk} = 0$ pour $k > j$. Par conséquent

$$\alpha_{jk} = 0$$

pour $j \neq k$ et la matrice (α_{ij}) est donc diagonale.

Où est l'erreur dans cette démonstration ? Réponse : elle utilise l'orthonormalité de la base $\{e_1, e_2, \ldots\}$, ce qui est complètement injustifié. Ce que dit le théorème de triangulation, c'est qu'il existe *une* base qui fait le travail, mais la question reste ouverte de savoir si on peut la choisir orthonormée.

Il est facile de fabriquer une base par rapport à laquelle la matrice d'une certaine transformation hermitienne est triangulaire mais pas diagonale. Comme exemple concret, considérons la transformation linéaire sur $\mathbb{C}^2$ dont la matrice est

$$\mathrm{A} = \begin{pmatrix} 2 & -1 \\ -1 & 2 \end{pmatrix},$$

une matrice hermitienne comme on le constate au premier coup d'œil. Considérons maintenant la base (non orthonormée)

$$\{(1,1),(0,1)\}$$

de $\mathbb{C}^2$. Puisque

$$\mathrm{A}(1,1) = (1,1) = 1 \cdot (1,1) + 0 \cdot (0,1)$$

et

$$\mathrm{A}(0,1) = (-1,2) = -1 \cdot (1,1) + 3 \cdot (0,1),$$

la matrice de A par rapport à cette base est

$$\begin{pmatrix} 1 & -1 \\ 0 & 3 \end{pmatrix},$$

une matrice triangulaire mais pas diagonale.

Quelles matrices hermitiennes sont triangulaires ? La réponse est « seulement celles qui sont diagonales » – c'est ce que la démonstration fausse ci-dessus a prouvé en réalité. Mais la question originale reste.

Problème 143. *Si* A *est une transformation hermitienne sur un espace hermitien complexe de dimension finie, existe-t-il toujours une base orthonormée par rapport à laquelle la matrice de* A *soit diagonale ?*

Commentaire. Dire qu'une transformation linéaire est diagonalisable signifie que sa matrice A (par rapport à une base quelconque) est semblable à une matrice diagonale, ce qu'on peut aussi exprimer en disant qu'il existe une matrice inversible T telle que $T^{-1}AT$ soit diagonale (problème 86). De la même façon, l'assertion que A est diagonalisable dans une base orthonormée s'exprime par l'existence d'une matrice unitaire U telle que U^*AU soit diagonale. Cette assertion est une conséquence immédiate de la précédente – il suffit de se rappeler qu'une transformation linéaire qui transforme une base orthonormée en une autre est nécessairement unitaire. On aurait donc pu poser la question du problème sous la forme suivante : si A est une matrice hermitienne, existe-t-il toujours une matrice unitaire U telle que U^*AU soit diagonale ?

144. Racines carrées

Si A est une transformation linéaire, est-ce que e^A a un sens ? Ou $\cos A$? ou $\sqrt{A}$? La question générale est si cela a un sens de former des fonctions d'une transformation, et s'il est utile de faire cela.

Oui, les fonctions de transformations ont quelquefois un sens et sont quelquefois très utiles. Le cas particulier le plus représentatif et le plus important de cette assertion est que toute transformation linéaire inversible (sur un espace vectoriel complexe de dimension finie) a une racine carrée (problème 114). C'est une généralisation aux matrices de la propriété que tout nombre complexe a une racine carrée – un énoncé vrai qui n'est cependant pas particulièrement utile. Ce qui est utile, c'est que tout nombre réel $\geqslant 0$ a une racine carrée. Y a-t-il une bonne généralisation aux matrices de cette propriété ?

Problème 144. *Combien de racines carrées positives possède une transformation linéaire positive sur un espace hermitien de dimension finie ?*

145. Décomposition polaire

Peut-on parler de la valeur absolue (ou du module) d'une transformation linéaire ? La représentation polaire (c'est-à-dire sous forme module et argument) des nombres complexes

$$\alpha = \rho e^{i\theta}$$

suggère une réponse. L'argument θ est compris entre 0 et 2π, et le module ρ est $\geqslant 0$. (Cela vaut la peine de signaler que si $\alpha \neq 0$ la représentation polaire est unique.) Y a-t-il un analogue de cette représentation pour les transformations linéaires ?

Un bon analogue des nombres $\geqslant 0$ est fourni par les transformations hermitiennes positives. La relation

$$\overline{e^{i\theta}} \cdot e^{i\theta} = 1$$

suggère qu'un analogue possible de la partie angulaire de la représentation polaire est fourni par les transformations hermitiennes dont le produit avec leur adjoint est l'identité, c'est-à-dire les transformations unitaires.

> **Problème 145.** *Quelles transformations* A *sur un espace hermitien de dimension finie sont égales à un produit* UP *avec* U *unitaire et* P *positive ?*

146. Transformations normales

Peut-on diagonaliser toutes les matrices ? Après tout, toute matrice A s'écrit B + iC avec B et C hermitiennes ; pourquoi alors n'est-il pas vrai que la diagonalisation de B et de C séparément fournisse une diagonalisation de A ? La réponse est, bien sûr, que la diagonalisation fait intervenir une base orthonormée et qu'il n'y a aucune raison de s'attendre à ce qu'une base qui diagonalise B ait le même effet sur C.

Mais alors les matrices hermitiennes sont-elles les seules qui soient diagonalisables ? C'est complètement faux, comme exemple il suffit de considérer une matrice diagonale comme

$$\begin{pmatrix} i & 0 \\ 0 & 1 \end{pmatrix}$$

qui a un coefficient non réel. Attention, la diagonalisation dans ces questions signifie la diagonalisation en base orthonormée ou, d'un point de vue différent mais équivalent, la similitude unitaire à une matrice diagonale ; lire le commentaire à la fin du problème 143.

Pour trouver le juste milieu entre la classe outrancièrement grande de toutes les transformations et celle trop restreinte des hermitiennes, la chose intelligente à faire est d'examiner les matrices diagonalisables et de chercher à découvrir ce qui leur donne cette propriété. Si D est une matrice diagonale, D^* l'est aussi et on en déduit que D et D^* commutent. C'est une propriété des matrices diagonales ; est-ce qu'elle survit à un changement de base orthonormée ? Autrement dit, si U est unitaire et si $A = U^*DU$, est-il vrai que A et A^* commutent ? Oui, c'est vrai :

$$\begin{aligned} AA^* &= U^*DUU^*D^*U \\ &= U^*DD^*U \qquad \text{(puisque U est unitaire)} \\ &= U^*D^*DU \\ &= U^*D^*UU^*DU \quad \text{(puisque U est unitaire)} \\ &= A^*A. \end{aligned}$$

Les transformations linéaires qui ont cette propriété de commutation ($A^*A = AA^*$) sont appelées **normales** et, bien qu'à ce stade la relation entre la normalité et la diagonalisabilité soit très ténue, elles méritent un examen. La chose la plus intéressante à considérer est la propriété des transformations hermitiennes d'être diagonalisables (voir la solution 143) – les transformations normales ont-elles aussi cette propriété ?

Problème 146. *Des vecteurs propres associés à des valeurs propres distinctes d'une transformation normale (sur un espace hermitien de dimension finie) sont-ils toujours orthogonaux ?*

147. Diagonalisation normale

Les transformations normales sont-elles de bonnes imitations des transformations hermitiennes ? Le lemme utile qui a servi a montré que les transformations hermitiennes sont diagonalisables s'étend au cas normal (c'est ce qui a été vu au problème 146) ; sa conséquence a-t-elle aussi une extension au cas normal ?

Problème 147. *Si* A *est une transformation normale sur un espace hermitien complexe de dimension finie,*

> *existe-t-il toujours une base orthonormée par rapport à laquelle la matrice de* A *soit diagonale ?*

Commentaire. On demande simplement si les transformations normales sont diagonalisables.

148. Commutativité normale

Les questions les plus importantes auxquelles répond l'algèbre linéaire concernent les relations entre l'algèbre et la géométrie des transformations.

Voici un exemple : si deux transformations linéaires A et B commutent et si λ est une valeur propre de A et x un vecteur propre associé (de sorte que $\mathrm{A}x = \lambda x$), alors $\mathrm{AB}x = \mathrm{BA}x = \lambda \mathrm{B}x$. L'hypothèse algébrique de la commutation conduit donc à la conclusion géométrique que chaque sous-espace propre de l'une des transformations est invariant par l'autre. La réciproque est-elle vraie : la propriété géométrique entraîne-t-elle la propriété algébrique ?

La réponse est non. Si par exemple A et B sont définies sur $\mathbb{C}^2$ par

$$\mathrm{A} = \begin{pmatrix} 0 & 1 \\ 0 & 0 \end{pmatrix} \quad \text{et} \quad \mathrm{B} = \begin{pmatrix} ,1 & 1 \\ 0 & 0 \end{pmatrix}$$

alors le seul sous-espace propre de A est l'ensemble des vecteurs de la forme $(\alpha, 0)$ et cet ensemble est invariant par B, mais A et B ne commutent pas.

Ces mauvaises nouvelles deviennent-elles bonnes quand la normalité entre en jeu ?

> **Problème 148.** *Si les transformations linéaires* A *et* B *sur un espace hermitien sont telles que chaque sous-espace propre de* A *est invariant par* B *et si* B *est normale, en résulte-t-il que* AB = BA *? Que se passe-t-il si* B *n'est plus supposé normale mais que* A *l'est ?*

149. Commutation avec l'adjoint

Si A, B et C sont des transformations linéaires telles que A commute avec B et B commute avec C, alors A commute-t-elle avec C ? Autrement dit, la relation de commutation est-elle transitive ? Cette proposition est visiblement absurde dès qu'elle est énoncée :

si $B = 0$, les hypothèses sont satisfaites, mais il n'y a aucune raison pour que la conclusion soit vérifiée.

Cette réponse fortement négative rend plus intéressante l'étude de cas particuliers. De plus, certains de ces cas particuliers sont utiles à connaître, particulièrement ceux qui traitent des adjoints.

> **Problème 149.** *Si* A, B *et* C *sont des transformations linéaires sur un espace hermitien* V *telles que* A *commute avec* B *et* B *commute avec* C, *et si deux de ces trois transformations sont adjointes l'une de l'autre, alors la transformation* A *commute-t-elle avec* C *?*

150. Entrelacement des adjoints

La façon standard de décrire le fait que $AS = SA$ est bien sûr de dire que S commute avec A. Il y a aussi un terme associé à une généralisation importante de la commutativité, un mot moins connu : si $AS = SB$, on dit que S **entrelace** A et B. La commutativité est rare ; l'entrelacement est beaucoup plus fréquent. Quand on peut étendre des théorèmes de commutativité en des théorèmes d'entrelacement, il en résulte souvent de bonnes applications.

Un bon théorème de commutativité est celui de la commutation avec l'adjoint (solution 149) : si A est normale et si $AS = SA$, alors $A^*S = SA^*$. (Attention : l'hypothèse de normalité est essentielle ici. En effet, quel que soit A, on peut toujours choisir S égal à A et l'hypothèse de commutation est alors satisfaite ; mais S, c'est-à-dire A, ne commutera avec A^* que si A est normale.)

Le théorème de commutation avec l'adjoint a-t-il une version entrelacement ? C'est-à-dire : peut-on partir de $AS = SB$ et en déduire $A^*S = SB^*$? L'exemple ci-dessus (A non normale et $S = A^*$) montre que cette implication n'est pas toujours vraie, mais il y a des contre-exemples pires que celui-ci. En effet, si

$$A = \begin{pmatrix} 1 & 0 \\ 0 & 0 \end{pmatrix}, \quad B = \begin{pmatrix} 0 & 0 \\ 1 & 0 \end{pmatrix}, \quad \text{et } S = B,$$

alors on a $AS = SB = 0$, alors que $A^*S = AS = 0$ et

$$SB^* = \begin{pmatrix} 0 & 0 \\ 0 & 1 \end{pmatrix}.$$

La raison pour laquelle ce contre-exemple est pire que le précédent, c'est que l'un de ses constituants, à savoir A, est normal. En échangeant A et B et en remplaçant S par

$$\begin{pmatrix} 0 & 1 \\ 0 & 0 \end{pmatrix},$$

on obtient un exemple où B est normal. Y a-t-il des contre-exemples comme ceux-ci même quand A et B sont tous les deux normaux ?

> **Problème 150.** *Si* A *et* B *sont des transformations normales sur un espace hermitien de dimension finie et si* $AS = SB$, *a-t-on obligatoirement* $A^*S = SB^*$ *?*

151. Produits de normaux

Le produit de deux transformations hermitiennes peut ne pas être hermitien mais, si elles commutent, alors le produit est hermitien aussi. La démonstration, algébrique, est très simple : si $A = A^*$ et $B = B^*$, alors $(AB)^* = B^*A^* = BA$. Ce résultat s'étend-il aux transformations normales : si A et B sont normales et commutent, AB est-il normal ? La réponse est oui, mais elle est un peu plus subtile. Une façon de démontrer ce résultat est d'utiliser le théorème de commutation avec l'adjoint. Grâce à l'hypothèse $AB = BA$, la normalité de A entraîne que $A^*B = BA^*$. Il en résulte que nos quatre transformations A, A^*, B et B^* commutent entre elles et donc que

$$(AB)(AB)^* = ABB^*A^* = B^*A^*AB = (AB)^*(AB).$$

Pour les transformations hermitiennes, il y a une réciproque : si le produit de deux d'entre elles est hermitien, alors elles commutent. La preuve est évidente : si

$$A = A^*, \quad B = B^* \quad \text{et} \quad AB = (AB)^*,$$

alors

$$AB = B^*A^* = BA.$$

La réciproque est-elle valable aussi pour les transformations normales ? Pour la plupart des gens, il faut quelques secondes de plus pour répondre que dans le cas hermitien ; la raison en est que la réponse est différente. Non, deux transformations normales ayant un produit normal ne commutent pas nécessairement. Il suffit de considérer deux transformations unitaires ne commutant pas, leur produit est unitaire donc normal.

Il y a encore une variante de ce genre de questions. Si A et B sont normales et commutent, on a vu que AB est normal et, naturellement BA est normal puisqu'il est égal à AB. La commutativité est-elle nécessaire pour arriver à cette conclusion ?

Problème 151. *Si les transformations linéaires* A *et* B *sur un espace hermitien de dimension finie sont telles que* A, B *et* AB *sont normales, alors* BA *est-il normal ?*

152. Fonctions de transformations

Les polynômes en une transformation linéaire ont un sens et (comme le problème 144 l'indique) on peut parfois les utiliser pour définir des fonctions plus compliquées d'une transformation linéaire. Si par exemple A est une transformation normale sur un espace hermitien de dimension finie, alors tout marche bien. Pour une fonction f quelconque dont le domaine contient $\operatorname{spec} A$ (l'ensemble des valeurs propres de A), on peut définir une transformation $f(A)$ en choisissant un polynôme p qui coïncide avec f sur $\operatorname{spec} A$ et en posant $f(A) = p(A)$.

Ce procédé pour former des fonctions de transformations est un outil puissant parce que les propriétés algébriques et analytiques de ces fonctions de transformations reflètent fidèlement les propriétés des fonctions numériques correspondantes. Ainsi par exemple, si A est normale et $f(z) = \bar{z}$ (complexe conjugué), alors $f(A) = A^*$ (adjoint) ; si A est inversible et $f(z) = \frac{1}{z}$ pour $z \neq 0$, alors $f(A) = A^{-1}$; si A est hermitienne positive et $f(z) = \sqrt{z}$ pour $z \geqslant 0$, alors $f(A) = \sqrt{A}$ (l'unique racine carrée positive).

Certaines fonctions de transformations linéaires ont de l'intérêt même dans le cas de non-normalité (et quelquefois même dans le cas où l'espace vectoriel sous-jacent n'est pas hermitien) ; les plus évidentes sont $A \mapsto A^*$ et, pour les transformations inversibles, $A \mapsto A^{-1}$. Peut-on réduire l'étude de leur comportement à celle de polynômes en A ?

Problème 152. (*a*) *Si* A *est une transformation linéaire sur un espace hermitien de dimension finie, existe-t-il un polynôme p tel que* $p(A) = A^*$ *?*

(*b*) *Si* A *est une transformation linéaire inversible sur un espace vectoriel de dimension finie, existe-t-il un polynôme p tel que* $p(A) = A^{-1}$ *?*

153. Matrices de Gram

Est-ce facile de reconnaître si une matrice est positive ? (Ici, « positive » signifie positive au sens des formes quadratiques, comme au problème 131.) Ainsi par exemple, les matrices

$$\begin{pmatrix} 5 & 12 \\ 12 & 25 \end{pmatrix} \quad \text{et} \quad \begin{pmatrix} 5 & 11 \\ 11 & 25 \end{pmatrix}$$

sont-elles positives ? La réponse est non pour la première (remarquer que son déterminant est < 0) et oui pour la seconde, mais une réponse isolée comme celle-ci n'est pas intéressante. Il serait agréable de disposer d'un test de calcul pour la positivité ou, à défaut, même une caractérisation abstraite serait la bienvenue. En mathématiques, la prédiction (si vous faites ça et ça, vous obtiendrez une matrice positive) est quelquefois plus importante que la reconnaissance (je ne sais pas ce que vous avez fait, mais vous avez obtenu une matrice positive).

Il est facile d'écrire une centaine de matrices différentes, même si « différentes » signifie radicalement différentes, pas comme les multiples scalaires d'une même matrice. Il est tout aussi facile d'écrire une centaine de matrices hermitiennes différentes. Est-ce facile d'écrire une centaine de matrices positives 4×4 différentes ?

Oui, c'est facile. On considère quatre vecteurs quelconques x_1, x_2, x_3, x_4 de $\mathbb{C}^4$ et on forme la matrice $A = (a_{ij})$ dont le coefficient a_{ij} est égal à

$$(x_i, x_j).$$

La matrice A est alors positive. Pour le démontrer, il s'agit de prouver que si $v = (v_1, v_2, v_3, v_4)$ est un vecteur de $\mathbb{C}^4$, alors $(Av, v) \geqslant 0$. Le calcul est direct. Si $Au = v = (v_1, v_2, v_3, v_4)$, de sorte que

$$v_j = \sum_i (x_i, x_j) u_i,$$

alors

$$(Au, u) = (v, u) = \sum_j \sum_i (x_i, x_j) u_i \overline{u_j} = \sum_j \Big(\sum_i (x_i u_i, x_j) \Big) \overline{u_j}$$
$$= \Big(\sum_i x_i u_i, \sum_j x_j u_j \Big) = \Big\| \sum_i x_i u_i \Big\|^2 \geqslant 0.$$

Les matrices telles que A sont appelées **matrices de Gram** ou, plus précisément, matrices de Gram des vecteurs x_1, x_2, x_3, x_4. On vient de prouver que toute matrice de Gram est positive. Dans quelle mesure la réciproque est-elle vraie ?

> **Problème 153.** *Quelles matrices positives sont des matrices de Gram ?*

154. Fonctions monotones

> **Problème 154.** *Si* A *et* B *sont des transformations positives sur un espace hermitien de dimension finie telles que*
> $$\mathrm{A} \leqslant \mathrm{B},$$
> *a-t-on alors*
> $$\mathrm{A}^2 \leqslant \mathrm{B}^2 \text{ ?}$$
> *Et*
> $$\sqrt{\mathrm{A}} \leqslant \sqrt{\mathrm{B}} \text{ ?}$$

Commentaire. On aurait pu énoncer la question en demandant si les fonctions carré et racine carrée sont des fonctions monotones de transformations.

Il est conseillé de se limiter aux transformations positives. Après tout, la fonction $x \mapsto x^2$ n'est pas croissante sur la droite réelle tout entière (bien que $-3 \leqslant -2$, on n'a pas $9 \leqslant 4$), mais sa restriction à $\mathbb{R}_+$ l'est. Autrement dit, pour les nombres réels $\geqslant 0$, la réponse aux deux questions est oui, ce qui revient à dire que, pour les transformations $\geqslant 0$ sur un espace de dimension 1, la réponse aux deux questions est ; la question se pose maintenant de savoir si ces réponses restent valables pour des espaces de plus grande dimension.

155. Noyaux et images réducteurs

Il est facile de trouver des sous-espaces invariants par une transformation linéaire A sur un espace vectoriel de dimension finie V ; en général, la difficulté est de montrer qu'ils sont différents du sous-espace trivial {0} et du sous-espace impropre V. Si l'espace vectoriel est muni d'un produit scalaire, il devient naturel de chercher des sous-espaces **réducteurs** (ce sont des sous-espaces invariants à la fois par A et par A^*), mais ils sont plus difficiles à trouver. Ainsi par exemple, Im A et Ker A sont tous deux invariants par A, mais ils peuvent ne pas être réducteurs. La matrice 2×2

$$A = \begin{pmatrix} 0 & 1 \\ 0 & 0 \end{pmatrix}$$

est un contre-exemple presque universel. Si on considère A comme une transformation linéaire sur $\mathbb{C}^2$, alors Im A et Ker A sont tous deux égaux à l'ensemble des vecteurs de la forme $(x, 0)$, mais aucun de ces vecteurs (sauf 0) n'est invariant par A^*. Obtient-on un meilleur résultat si l'on autorise les intersections et sous-espaces engendrés à partir des images et des noyaux ?

Problème 155. *Si* A *est une transformation sur un espace hermitien de dimension finie, lesquels des sous-espaces obtenus à partir de* Im A, Ker A, Im A^* *et* Ker A^* *par la formation d'intersections et de sous-espaces engendrés sont nécessairement réducteurs pour* A *?*

156. Shifts tronqués

Plus le domaine d'une transformation est grand, plus elle a de chances d'avoir des sous-espaces invariants et des sous-espaces réducteurs. L'exemple le plus simple d'une transformation linéaire irréductible sur un espace vectoriel V (c'est-à-dire d'une transformation dont les seuls sous-espaces réducteurs sont {0} et V) est celui de la transformation sur $\mathbb{C}^2$ définie par la matrice

$$\begin{pmatrix} 0 & 0 \\ 1 & 0 \end{pmatrix}$$

(comparer au problème 74). Cet exemple a des généralisations naturelles en plus grande dimension, comme par exemple la transformation

$$\begin{pmatrix} 0 & 0 & 0 & 0 & 0 \\ 1 & 0 & 0 & 0 & 0 \\ 0 & 1 & 0 & 0 & 0 \\ 0 & 0 & 1 & 0 & 0 \\ 0 & 0 & 0 & 1 & 0 \end{pmatrix}$$

sur $\mathbb{C}^5$.

Une autre façon de décrire le même phénomène est de considérer une base $\{x_1, \dots, x_n\}$ d'un espace vectoriel V de dimension n et de définir le **shift tronqué** qui envoie (décale) x_j sur x_{j+1} $(1 \leqslant j < n)$ et qui envoie x_n sur 0. La matrice de A dans la base $\{x_1, \dots, x_n\}$ est celle écrite ci-dessus (où 5 joue le rôle de n). On remarque que $A^{n-1} \neq 0$ et que $A^n = 0$; la transformation A est nilpotente d'indice n.

Quand n est grand, le domaine de A est plus grand que dans le cas $n = 2$. Cet agrandissement est-il efficace pour produire des sous-espaces invariants et réducteurs ?

Problème 156. *Combien de sous-espaces invariants a le shift tronqué ? Combien de sous-espaces réducteurs a-t-il ?*

157. Racines carrées non positives

Le problème d'existence de racines carrées a aussi un sens pour d'autres transformations que les transformations hermitiennes positives. Toute transformation linéaire a un carré, ce qui montre que beaucoup de transformations ont des racines carrées, même si elles ne sont pas positives.

La matrice

$$A = \begin{pmatrix} 0 & 1 & 0 \\ 0 & 0 & 1 \\ 0 & 0 & 0 \end{pmatrix}$$

n'a pas de racine carrée. Si on avait $B^2 = A$, alors (puisque A est nilpotente d'indice 3) on aurait $B^6 = 0$ et cela impliquerait que le polynôme minimal de B est une puissance de λ. Puisque son degré ne peut pas être plus grand que 3 (le degré du polynôme caractéristique), il en découlerait que $B^3 = 0$, puis que $A^2 = B^4 = 0$, ce qui est une contradiction. On utilise souvent ce genre d'argument et il implique par exemple que le shift tronqué n'a pas de racine carrée. Il y a pourtant beaucoup de transformations pour lesquelles ce genre d'argument ne donne aucune information, bien qu'elles puissent ressembler au shift tronqué.

Problème 157. *La matrice*

$$A = \begin{pmatrix} 0 & 1 & 0 \\ 0 & 0 & 0 \\ 0 & 0 & 0 \end{pmatrix}$$

a-t-elle une racine carrée ?

158. Transformations normales semblables

La « bonne » relation d'équivalence entre des transformations linéaires sur un espace vectoriel abstrait est la similitude ; du point de vue de la structure d'espace vectoriel, des transformations semblables sont indistinguables. Les espaces hermitiens ont une structure plus riche ; une relation (comme la similitude) qui ignore cette structure ne donne pas la meilleure information. La « bonne » relation d'équivalence entre des transformations linéaires sur un espace hermitien est la similitude unitaire (souvent appelée équivalence unitaire, bien que ce soit trompeur).

La similitude unitaire fournit-elle une information que la similitude ordinaire ne donne pas ? Puisque les angles et les longueurs font partie de la riche structure des espaces hermitiens, il est naturel que la réponse ait trait à ces grandeurs. Considérons par exemple les matrices

$$A = \begin{pmatrix} 1 & 1 \\ 0 & 0 \end{pmatrix} \quad \text{et} \quad B = \begin{pmatrix} 1 & 0 \\ 0 & 0 \end{pmatrix}.$$

Une vérification par le calcul (ou un moment de réflexion sur des conditions suffisantes de similitude bien connues) établit que A et B sont semblables. Les vecteurs unitaires $(1,0)$ et $(\frac{1}{\sqrt{2}}, -\frac{1}{\sqrt{2}})$ sont vecteurs propres de A ; puisque leur produit scalaire est $\frac{1}{\sqrt{2}}$, ils font entre eux un angle égal à $\frac{\pi}{4}$. Les vecteurs unitaires $(1,0)$ et $(0,1)$ sont vecteurs propres de B ; leur angle est égal à $\frac{\pi}{2}$. Ce qui montre que A et B ne sont pas unitairement semblables.

On peut aussi se servir de la norme des transformations linéaires : par définition la norme de A est

$$\|A\| = \sup_{x \neq 0} \frac{\|Ax\|}{\|x\|} = \sup_{\|x\|=1} \|Ax\|$$

C'est aussi la norme des matrices qui représentent A dans une base orthonormée, et deux matrices unitairement semblables ont même norme. Pour calculer la norme de A, on observe que

$$\|A\|^2 = (Ax, Ax) = (A^*Ax, x).$$

Dans une base orthonormée où la transformation A^*A est diagonale, on a

$$(A^*Ax, x) = \lambda_1 \xi_1 \overline{\xi_1} + \lambda_2 \xi_n \overline{\xi_1} + \cdots + \lambda_n \xi_n \overline{\xi_n}$$

et on peut supposer $\lambda_1 \geqslant \lambda_2 \geqslant \cdots \lambda_n \geqslant 0$. Le maximum de $\|Ax\|^2 = (A^*Ax, x)$ pour $\|x\| = 1$ s'obtient pour

$$x = (\xi_1, \xi_2, \ldots, \xi_n) = (1, 0, \ldots, 0)$$

et vaut λ_1. Autrement dit, la norme de A est la racine carrée de la plus grande valeur propre de A^*A.

La norme de A est $\frac{1}{\sqrt{2}}$, celle de B est 1. Conclusion : A et B, bien que semblables, ne sont certainement pas unitairement semblables ; toutes les mesures de grandeurs indiquent une différence entre elles.

La transformation linéaire définie par A est normale, alors que B ne l'est pas. Cela montre de nouveau que A et B ne peuvent pas être unitairement semblables et cela donne l'idée de chercher un contre-exemple encore plus puissant.

> **Problème 158.** *Existe-t-il deux transformations normales qui soient semblables mais pas unitairement semblables ?*

159. Équivalence unitaire des transposées

Le problème le plus dur et le plus important à propos des structures mathématiques est de déterminer quand deux d'entre elles sont « les mêmes ». En algèbre linéaire, ce genre de problème consiste à déterminer quand deux transformations linéaires sont semblables ou, dans le cas où l'espace vectoriel est muni d'un produit scalaire, à déterminer quand deux transformations linéaires sont unitairement équivalentes. Il existe quelque chose, appelé théorie des diviseurs élémentaires, qui fournit fréquemment des réponses satisfaisantes à des questions du premier de ces deux types. Le second type de questions est beaucoup plus difficile.

Supposons par exemple que A soit une transformation linéaire sur un espace hermitien de dimension finie. Les transformations A et A^* ont beaucoup en commun, particulièrement en ce qui concerne la taille. Il est clair que les normes géométriques de A et A^* sont égales. Si λ est une valeur propre de A, alors $\overline{\lambda}$ est une valeur propre de A^* et on a donc en particulier $|\lambda| = |\overline{\lambda}|$; les modules des valeurs propres des deux transformations sont les mêmes.

Se pourrait-il que A et A^* soient unitairement équivalents ? Non, c'est absurde : la conjugaison complexe s'y oppose. Deux transformations unitairement équivalentes ont les mêmes valeurs propres, mais il peut très bien se produire qu'une transformation A admette λ comme valeur propre mais pas $\overline{\lambda}$; dans ce cas, A et A^* ne peuvent pas être unitairement équivalentes.

L'adjointe d'une matrice est la conjuguée de sa transposée. Si l'on supprime la conjugaison, la difficulté disparaît-elle ?

> **Problème 159.** *Toute matrice est-elle unitairement équivalente à sa transposée ?*

Pour interpréter la question, identifier chaque matrice $n \times n$ à la transformation linéaire sur $\mathbb{C}^n$ qu'elle définit. Remarquer que, grâce à la théorie des diviseurs élémentaires mentionnée ci-dessus, si on remplace l'équivalence unitaire par la similitude, alors la réponse est oui : une matrice et sa transposée ont les mêmes diviseurs élémentaires.

160. Équivalence unitaire et équivalence orthogonale

Si deux matrices réelles sont semblables sur $\mathbb{C}$, alors elles sont semblables sur $\mathbb{R}$ – au problème 89, une construction a été faite pour le démontrer. Que se produit-il quand (c'est un cas particulier) deux matrices réelles sont unitairement équivalentes ?

Est-il possible pour deux matrices réelles d'être unitairement équivalentes au sens complexe ? C'est-à-dire : existe-t-il deux matrices réelles A et B et une matrice unitaire complexe U telles que $U^*AU = B$? La question n'est pas assez précise ; elle admet toujours la réponse triviale $A = B = 0$ et $U = 1$. Il est clair que tout le monde appellerait cette réponse triviale, mais qu'est-ce qui mérite d'être appelé une réponse non triviale ?

Il ne suffit pas d'insister sur le fait que U doit être vraiment complexe ; il existe quand même des réponses triviales. Par exemple, on peut choisir pour U une matrice unitaire quelconque « vraiment complexe » et $A = B = 1$.

Voici un exemple d'une nature différente : prenons

$$A\begin{pmatrix} 0 & 0 \\ 0 & 1 \end{pmatrix}, \quad B = \begin{pmatrix} 1 & 0 \\ 0 & 0 \end{pmatrix}, \quad S = \begin{pmatrix} 0 & i \\ 1 & 0 \end{pmatrix};$$

on vérifie que $S^*AS (= S^{-1}AS) = B$. La méthode du problème 89 montre que si P et Q sont les parties réelles et imaginaires de S,

$$S = P + iQ,$$

alors il existe des réels λ tels que $T = P + \lambda Q$ soit inversible et que, pour chaque T de cette forme, on a $T^{-1}AT = B$. Les matrices T sont de la forme $\begin{pmatrix} 0 & \lambda \\ 1 & 0 \end{pmatrix}$ et, bien qu'il soit possible qu'une matrice de cette forme soit orthogonale, ce phénomène ne se produit que rarement.

Voici un autre exemple : prenons une matrice réelle A quelconque et une matrice réelle orthogonale V quelconque, définissons B par $B = V^*AV$ et posons $U = \alpha V$, où α est un nombre complexe de module 1. Ce dernier exemple nous conduit à d'autres exemples qu'on ne pouvait pas détecter facilement : on forme la somme directe de deux d'entre eux, puis on transforme chacune des transformations qui intervient par une transformation réelle orthogonale W à l'aspect suffisamment compliqué. (Transformer signifie remplacer X par W^*XW.) La nouvelle U (une transformée réelle compliquée d'une somme directe d'un couple de multiples scalaires complexes de deux autres U réelles) a l'air aussi authentiquement complexe que possible, mais elle réussit à transformer la nouvelle A réelle en la nouvelle B réelle.

Les exemples possibles sont-ils tous « artificiels »? Une formulation précise de cette question vague est donnée dans le problème suivant.

> **Problème 160.** *Si deux matrices réelles sont unitairement équivalentes (au sens complexe), sont-elles obligatoirement orthogonalement équivalentes (au sens réel) ?*

161. Puissances convergeant vers 0

Si un espace vectoriel (réel ou complexe) de dimension finie V n'est pas muni d'un produit scalaire, il n'y a alors plus de notion naturelle de distance pour les vecteurs ni pour les transformations linéaires, mais il y en a quand même plusieurs « non naturelles » qui sont aussi bonnes. Pour en obtenir une, on choisit une base et, en utilisant cette base, on construit un isomorphisme entre V et $\mathbb{C}^n$ pour le n approprié. L'isomorphisme transporte la structure d'espace vectoriel muni d'un produit scalaire (et donc aussi les structures analytiques et topologiques comme la distance et la convergence) de $\mathbb{C}^n$ vers V. Il est utile de savoir (et pas difficile à démontrer) que les distances obtenues de cette manière, bien que différentes l'une de l'autre, définissent la même topologie. En particulier, si (A_n) est une suite de transformations linéaires sur un espace vectoriel (réel ou complexe) de dimension finie, cela a un sens de demander si la suite converge vers une limite. Cela a un sens, mais habituellement on ne se donne pas la peine de poser de telles questions, il est plus simple et plus honnête de se restreindre aux matrices en premier lieu.

Voici un exemple de question d'analyse qu'il est souvent utile de poser à propos des matrices : si A est une matrice complexe telle que $A^n \to 0$ quand $n \to \infty$, que peut-on dire des valeurs propres de A ? Réponse : chacune des valeurs propres doit être de module < 1. En effet, si $Ax = \lambda x$, alors $A^n x = \lambda^n x$ et donc, si $x \neq 0$, on a $\lambda^n \to 0$. La réciproque est-elle vraie ?

Problème 161. *Si toutes les valeurs propres d'une matrice complexe sont strictement plus petites que* 1 *en module, peut-on en déduire que* $A^n \to 0$ *quand* $n \to \infty$ *?*

162. Puissances bornées

Les puissances d'une transformation linéaire A peuvent avoir plusieurs types de bons ou de mauvais comportements. Dans la solution 161 nous avons discuté des possibilités $\|A^n\| \to 0$ (bon) et $\|A^n\| \to \infty$ (mauvais). Un moyen terme entre ces deux extrêmes est le cas où $\|A^n\|$, en tant que fonction de n, est bornée. Ce cas est suffisamment important pour qu'on lui donne un nom avant même de l'avoir étudié et caractérisé ; une transformation linéaire ayant cette propriété est dite **à puissances bornées**. Quelles sont ces transformations ?

Si $\|A\| \leqslant 1$ (ce qu'on peut exprimer par le terme technique usuel : A est une contraction[1]), alors il est clair que $\|A^n\| \leqslant 1$ pour tout n. Les contractions sont donc à puissances bornées. Y a-t-il d'autres transformations qui le sont ? Une transformation A peut-elle vérifier à la fois $\|A\| = 2$ et $\|A^n\|$ borné ? Oui, c'est possible. Exemple :

$$A = \begin{pmatrix} 0 & 2 \\ 0 & 0 \end{pmatrix}.$$

C'est un contre-exemple pour la bonne raison que $A^n = 0$ dès que $n \geqslant 2$; la présence du coefficient 2 n'affecte pas les puissances de A après la première.

1. Dans d'autres contextes, *contraction* est défini par l'inégalité $\|A\| < 1$.

Des contre-exemples comme celui-ci pourraient ébranler la confiance qu'on a dans la possibilité d'un lien entre transformations à puissance bornées et contractions ; la remarque suivante pourrait rétablir une certaine confiance. Si une transformation linéaire A n'est pas une contraction mais est semblable à une contraction,

$$A = S^{-1}CS, \quad \|C\| \leqslant 1,$$

alors

$$\|A^n\| = \|S^{-1}C^nS\| \leqslant \|S^{-1}\| \cdot \|C^n\| \cdot \|S\| \leqslant \|S^{-1}\| \cdot \|S\|$$

et A est à puissances bornées. La réciproque est-elle vraie ?

Problème 162. *Toute transformation linéaire à puissances bornées sur un espace hermitien de dimension finie est-elle semblable à une contraction ?*

163. Réduction et indice 2

On a vu que les exemples simples de transformations irréductibles sont des transformations nilpotentes (solution 156) ; il semble presque que toutes les transformations nilpotentes soient irréductibles. C'est faux bien sûr : pour fabriquer un contre-exemple, il suffit de former la somme directe de deux transformations nilpotentes, ce qui donne une transformation qui est toujours nilpotente mais certainement pas irréductible. En considérant cet exemple, on peut se demander s'il existe des relations entre l'indice de nilpotence et la dimension de l'espace qui forcent ou empêchent l'irréductibilité. La réponse n'est pas évidente même pour l'indice le plus bas possible.

Problème 163. *Existe-t-il une transformation irréductible et nilpotente d'indice* 2 *sur un espace de dimension strictement supérieure à* 2 ?

164. Nilpotence et réduction

Si une transformation linéaire A sur un espace vectoriel de dimension n est nilpotente d'indice k, que peut-on dire de l'existence de sous-espaces réducteurs pour A ? Si $k < n$, alors A peut être réductible (c'est trivial, il suffit de former des sommes directes) ; si $k = n$, alors A ne peut pas être réductible (c'est en fait ce que montre la solution 156) ; et si $k = 2$ et $n > 2$, alors A est réductible (voir la solution 163). Que peut-on conjecturer à partir de ces indices ? Une conjecture possible serait que si $k < n$, alors A est nécessairement réductible. Cette conjecture est-elle vraie ?

Problème 164. *Une transformation linéaire* A *nilpotente d'indice* 3 *sur un espace hermitien* V *de dimension* 4 *peut-elle être irréductible ?*

Indications

Indication 1. Expliciter ce que signifie l'associativité de $\boxplus$

Indication 2. Remplacer $\boxplus$ par sa définition.

Indication 3. Cela se saurait.

Indication 4. Avez-vous remarqué le titre du problème ?

Indication 5. La transformation affine de la droite associée au couple (a, b) est l'application qui au réel x fait correspondre le réel $ax + b$.

Indication 6. Est-ce que cela vous aide si on vous dit de penser aux matrices 2×2 ? Si ce n'est pas le cas, calculez tout simplement.

Indication 7. Soit r_6 (pour « réduction modulo 6 ») l'application qui à un entier $\geqslant 0$ associe le nombre qui reste après qu'on ait retiré à cet entier le plus grand multiple de 6 possible. Exemples : $r_6(8) = 2$, $r_6(183) = 3$, $r_6(6) = 0$.

Vérifier qu'on obtient le même résultat en multipliant deux nombres, puis en réduisant modulo 6 le résultat, ou bien en réduisant d'abord modulo 6 les deux nombres, et en multipliant ensuite modulo 6 les deux restes obtenus. Exemple : le produit ordinaire de 10 et 11 est 110, qui se réduit modulo 6 à 2 ; les versions réduites de 10 et 11 sont 4 et 5, dont le produit modulo 6 est $20 - 18 = 2$.

Indication 8. Impossible de dire d'avance si la réponse est oui ou non. Mais une fois qu'on la connaît, elle n'est pas difficile à justifier. La réponse à la question est oui.

Indication 9. C'est une coïncidence et non une conséquence, mais la réponse est que les lois associatives ont un élément neutre et que les autres n'en ont pas.

Indication 10. Pour déterminer l'inverse de $\frac{1}{a+ib}$, multiplier le numérateur et le dénominateur par $a - ib$. Ce procédé s'appelle « rendre les dénominateurs réels » ou « multiplier par la quantité conjuguée ».

Indication 11. L'élément neutre est $(1,0)$. Attention à la non-commutativité.

Indication 12. L'élément neutre est $\begin{pmatrix} 1 & 0 \\ 0 & 1 \end{pmatrix}$.

Indication 13. (*a*) et (*b*). Les lois sont-elles commutatives ? Associatives ? Les réponses sont-elles différentes si on remplace $\mathbb{R}_+^*$ par $[0,1]$?

(*c*) Ajouter $(-y)$ aux deux membres de la relation.

Indication 14. Une transformation affine $x \mapsto ax + b$ avec $a = 0$ n'a pas d'inverse ; une matrice

$$\begin{pmatrix} a & b \\ c & d \end{pmatrix},$$

avec $ad - bc = 0$ n'a pas d'inverse.

Les entiers modulo 3 forment un groupe additif et il en est de même des entiers modulo n'importe quoi d'autre. La multiplication est plus subtile. Remarquer que le nombre 6 n'est pas premier, alors que 7 l'est.

Indication 15. Si l'ensemble sous-jacent n'a que deux éléments, la réponse est non.

Indication 16. Utiliser les deux propriétés de distributivité.

Indication 17. Dans la démonstration des égalités, il faut que la distributivité intervienne quelque part. Sinon, c'est qu'il y a une erreur. Pour les inégalités, c'est différent : l'une est vraie, c'est une simple question de définition, l'autre n'est pas toujours vraie.

Indication 18. Penser aux entiers modulo 5.

Indication 19. La réponse est oui, mais la démonstration n'est pas évidente. Une façon de faire consiste à employer la force : essayer toutes les façons possibles de définir + et × sur un ensemble à 4 éléments, et ne s'arrêter que quand on a obtenu un corps.

Une méthode plus intelligente et plus éclairante consiste à employer des polynômes au lieu d'entiers dans une construction que nous avons déjà effectuée. Précisément, on part de l'ensemble $\mathscr{P}$ des polynômes à coefficients dans un corps à deux éléments, et on « réduit » cet ensemble modulo un polynôme particulier, exactement de la même façon qu'on réduit l'ensemble des entiers $\mathbb{Z}$ modulo un nombre premier p pour obtenir le corps $\mathbb{Z}_p$. Si on prend comme corps des coefficients $\mathbb{Q}$ et comme module le polynôme $x^2 - 2$, on obtient par ce procédé le corps $\mathbb{Q}(\sqrt{2})$ (à la notation près). Si on prend comme corps des coefficients $\mathbb{Z}_2$ et comme module un polynôme de degré 2 bien choisi, on obtient un corps à 4 éléments. La même construction, *mutatis mutandis*, permet d'obtenir des corps à 8, 16, 32... éléments, ou à 9, 27, 81... éléments, etc.

Indication 20. Dans un groupe additif, l'élément 0 est caractérisé par le fait que $0+0=0$ (cette remarque permet de répondre aux deux questions). Inversement, quand a-t-on $\alpha x = 0$? Question connexe : quand a-t-on $\alpha x = x$?

Indication 21. (1) La propriété de distributivité scalaire ; (2) l'axiome de l'identité ; (3) la distributivité vectorielle ; (4) aucun ; (5) l'associativité ; (6) aucun.

Indication 22. Savez-vous résoudre un système de deux équations à deux inconnues ?

Indication 23. (*a*) : (1) (2) et (4) ; (*b*) : (2) et (4).

Indication 24. (*a*) Toujours. (*b*) Seulement dans les cas triviaux. Faire des dessins. Ne pas oublier les corps finis. Si on sait qu'un espace vectoriel sur un corps infini ne peut pas être la réunion de deux sous-espaces stricts, peut-on en déduire qu'il n'est pas non plus la réunion d'un nombre fini de sous-espaces stricts ? En tout cas, quand M_1 et M_2 sont des sous-espaces, essayer de trouver un vecteur x de M_1 qui n'est pas dans M_2 et un vecteur y pas dans M_1, et considérer la droite passant par y et parallèle à x.

Indication 25. (*a*) Pouvez-vous choisir les sous-ensembles de façon qu'aucun vecteur de l'un ne soit un multiple scalaire d'un vecteur de l'autre ? (*b*) Savez-vous résoudre les systèmes de trois équations à trois inconnues ?

Indication 26. Si x est une combinaison linéaire de y et d'un élément de M, est-il vrai que y est une combinaison linéaire de x et d'un élément de M ?

Indication 27. (*a*) Non ; c'est facile. (*b*) Oui ; c'est très facile. (*c*) Non ; mais il faut travailler pour le montrer, ou sinon connaître déjà le sujet. (*d*) Non ; et il suffit de connaître la définition et quelques très simples notions sur les polynômes.

Le lecteur devrait réaliser que le problème a été énoncé d'une manière incorrecte, mais communément admise. Puisque « engendrer » est une façon d'associer un sous-espace à tout sous-ensemble de V, l'énoncé correct de (*a*) serait : « existe-t-il un singleton qui engendre $\mathbb{R}^2$? » Des vecteurs (un seul ou plusieurs, comme dans (*b*) et (*c*)) n'engendrent pas des sous-espaces ; ce sont des ensembles de vecteurs qui engendrent des sous-espaces. Cet abus de langage n'est pas dangereux tant qu'on n'oublie pas son sens précis.

Indication 28. Remarquer que, puisque $L \cap (L \cap N) = L \cap N$, la formule est un cas particulier de la propriété de distributivité. L'identité est vraie. L'inclusion la plus difficile à montrer est celle du membre de gauche dans celui de droite. Penser à soustraire.

Indication 29. Faire des dessins dans $\mathbb{R}^2$.

Indication 30. Non.

Indication 31. Chercher le terme qu'il faut faire changer de membre dans la relation de liaison.

Indication 32. Utiliser le problème 31.

Indication 33. Examiner le cas où E est réduit à un seul vecteur.

Indication 34. Il est élémentaire de montrer que si M est un sous-espace à m dimensions d'un espace vectoriel de dimension n, alors tout supplémentaire de M est de dimension $n-m$. Il en découle que si plusieurs sous-espaces de V ont un supplémentaire commun, ils ont tous la même dimension. Le problème 24 a un rapport avec celui-ci.

Indication 35. (*a*) Irrationnels ? (*b*) Zéro ?

Indication 36. $\sqrt{2}$?

Indication 37. (*a*) $\alpha - \beta$? (*b*) Il n'y a pas la place. Il faut se souvenir que le corps de base naturel pour $\mathbb{C}^2$ est $\mathbb{C}$.

Indication 38. (*a*) Pourquoi pas ? Une façon de répondre à (*a*) est de considérer deux vecteurs indépendants de $\mathbb{C}^2$ tels que chacun d'eux soit indépendant de $(1,1)$. Une façon de répondre à (*b*) est d'adjoindre $(0,0,1,0)$ et $(0,0,1,1)$ aux deux premiers vecteurs et $(1,0,0,0)$ et $(1,1,0,0)$ aux deux derniers vecteurs.

Indication 39. (*a*) Trop de place. (*b*) Y a-t-il une condition ?

Indication 40. Combien de vecteurs y a-t-il dans une partie libre maximale ?

Indication 41. Quelle information sur $\mathrm{V}^{\text{réel}}$ apporte une base de V ?

Indication 42. Une base d'un sous-espace strict peut-elle engendrer tout l'espace ?

Indication 43. Utiliser les problèmes 32 et 33. Ne pas oublier de montrer l'indépendance.

Indication 44. Dans un sous-espace donné, chercher un ensemble libre qui soit aussi grand que possible.

Indication 45. Remarquer qu'on n'a pas supposé que la dimension était finie. Rappelons qu'un ensemble (fini ou infini) est dit lié quand il possède un sous-ensemble *fini* qui est lié. A contrario, un ensemble est libre si tous ses sous-ensembles finis sont libres. Quant à la réponse, elle nécessite seulement les définitions de ces deux notions.

Indication 46. Comme dans le problème précédent, la question ne concerne pas que les espaces de dimension finie.

Commencer par supposer V de dimension finie et utiliser un argument de descente. Noter qu'on ne suppose pas que l'ensemble générateur soit fini.

Dans le cas où V est de dimension infinie, l'argument de descente ne marche pas aussi bien. Ceux qui connaissent le lemme de Zorn devront s'en servir, mais une application trop directe de cette méthode ne peut pas conduire au résultat. Pour résoudre le problème, il faut aussi utiliser le problème 45.

Indication 47. Enlever un vecteur, l'exprimer comme combinaison linéaire des vecteurs restants, puis enlever un nouveau vecteur différent de tous ceux utilisés jusqu'ici.

Indication 48. Quelques secondes de contemplation géométrique révèlent un sous-ensemble relativement indépendant de $\mathbb{R}^3$ formé de 5 vecteurs ($n+2$ en l'occurrence). Mais si K est le corps $\mathbb{Z}_2$ des entiers modulo 2, quelques secondes de calcul montrent qu'aucun sous-ensemble relativement indépendant de K^3 ne peut contenir plus de 4 vecteurs. Pourquoi cela ? Quelle est la grande différence entre $\mathbb{Z}_2$ et $\mathbb{R}$ qui apparaît ici ?

Après avoir réfléchi à la question, continuez par récurrence.

Indication 49. Il est plus facile d'aborder le problème sous une forme légèrement modifiée : combien de bases ordonnées y a-t-il ? Pour répondre, se poser successivement les questions suivantes : combien y a-t-il de façons de choisir le premier vecteur d'une base ; une fois que le premier vecteur a été choisi, combien y a-t-il de façons de choisir le second ? ; etc.

Indication 50. La réponse est $n+m$.

Indication 51. Il existe de nombreux exemples non triviaux. Pour en trouver, considérer l'espace $\mathscr{P}$ des polynômes.

Indication 52. La réponse est $n-m$. Partir d'une base de M, la compléter en une base de V et utiliser le résultat pour construire une base de V/M.

Indication 53. Si M et N sont des sous-ensembles finis d'un ensemble donné, quelle relation y a-t-il entre les nombres $\operatorname{card} M$, $\operatorname{card} N$, $\operatorname{card}(M \cup N)$ et $\operatorname{card}(M \cap N)$?

Indication 54. Élever des scalaires au carré est sans danger. Essayer d'élever au carré des vecteurs ou des coordonnées de vecteurs détruit la linéarité.

Indication 55. (1) Toutes les formes linéaires sauf une ont la même image.

(2) Comparer ce changement de variable à celui du problème 54 (1(*b*)).

(3) Combien de vecteurs contient l'image ?

(4) Comparer cette application avec l'élévation au carré du problème 54 (2(*b*)).

(5) Quelle est la différence entre cet espace vectoriel bizarre et $\mathbb{R}^1$?

Indication 56. (1) Que pouvez-vous dire d'une fonction dont une primitive est identiquement nulle ?

(2) Que pouvez-vous dire d'une fonction dont la dérivée est identiquement nulle ?

(3) Résoudre deux équations homogènes à deux inconnues (« homogène » signifie que le second membre est 0).

(4) Quand un polynôme est-il nul ?

(5) Qu'arrive-t-il aux axes de coordonnées ?

(6) C'est une vieille connaissance.

Indication 57. (1) Qu'est-ce qui pourrait l'empêcher ?

(2) Aucune de ces transformations n'applique $\mathbb{R}^2$ dans $\mathbb{R}^3$.

(3) Qu'obtient-on quand on applique chacune des transformations S et T au polynôme constant 1 ? Et à x ?

(4) Les deux produits ont-ils un sens ?

(5) Qu'obtient-on quand on applique chacune des transformations S et T au polynôme constant 1 ? Et à x ? Et à x^2 ?

(6) Il n'y a rien à dire, il suffit de travailler.

Indication 58. Considérer des supplémentaires. Pour la divisibilité à gauche, considérer un supplémentaire de $\operatorname{Ker} B$ et, pour la divisibilité à droite, considérer un supplémentaire de Im B.

Indication 59. (1) Si on connaît le résultat de l'application d'une transformation linéaire à chaque vecteur v d'un ensemble générateur, on connaît entièrement la transformation linéaire.

(2) Combien de puissances différentes possède A ?

(3) Que vaut A^2x ?

Indication 60. Utiliser fortement la linéarité de T.

Indication 61. (1) Quel est le noyau ? (2) Que vaut T^2 ? (3) Quelle est l'image ?

Indication 62. Choisir les coefficients (c) et (d) en fonction des coefficients (a) et (b).

Indication 63. Sommes directes, lignes égales et similitude.

Indication 64. Le nombre que nous avons « deviné » est trop petit. On peut encore remplacer plusieurs des zéros sous la diagonale par des 1 sans perdre l'inversibilité.

Indication 65. Partir d'une base de matrices non inversibles et les rendre inversibles.

Indication 66. Dire qu'une transformation linéaire envoie un certain ensemble libre sur un ensemble lié revient à dire qu'elle envoie un vecteur non nul sur 0.

Indication 67. Si la dimension est deux, il y a une seule permutation non triviale à considérer.

Indication 68. Il est nécessaire d'appliquer la formule de multiplication des matrices. En cas de besoin, considérer d'abord le cas 2×2.

Indication 69. Considérer les matrices diagonales.

Indication 70. Oui.

Indication 71. Penser à la dérivation.

Indication 72. Que vaut E^2 ?

Indication 73. Multipliez-les.

Indication 74. Non et non. Poser une autre question naturelle dans cet ordre d'idées, et y répondre.

Indication 75. S'il existait un scalaire α répondant à la question, serait-il complètement déterminé par les formes linéaires f et g ?

Indication 76. Utiliser une base de V pour construire une base de V'.

Indication 77. Il suffit de se demander quelle information l'hypothèse apporte sur le noyau de T.

Indication 78. Est-ce plus facile en supposant V de dimension fine ?

Indication 79. Si $V = \mathbb{R}^5$ et si M est l'ensemble des vecteurs de la forme $(\xi_1, \xi_2, \xi_3, 0, 0)$, quel est l'annulateur de M ?

Indication 80. Quelles sont leurs dimensions ?

Indication 81. Penser aux annulateurs.

Indication 82. Peut-on utiliser les noyaux et les images ?

Indication 83. Il n'y a rien d'autre à faire : calculer avec des indices.

Indication 84. Comment passe-t-on de x à y ?

Indication 85. Comment passe-t-on de ξ à η ?

Indication 86. Utiliser comme précédemment la transformation qui fait passer des x aux y.

Indication 87. Utiliser une fois de plus la transformation linéaire qui envoie la première base sur la seconde, mais cette fois sous forme matricielle.

Indication 88. Si B ou C est inversible, la réponse est oui.

Indication 89. Penser aux parties réelles et imaginaires. On peut résoudre le problème de cette façon, mais si on peut se servir de la théorie des diviseurs premiers, on aura une vision moins calculatoire et plus profonde.

Indication 90. Compléter une base de $\operatorname{Ker} A$ en une base de tout l'espace.

Indication 91. Oui.

Indication 92. Considérer d'abord le cas où $\beta\gamma \neq 0$.

Indication 93. Commencer par chercher une relation entre les images.

Indication 94. Il est facile de trouver une relation entre le rang d'un produit et le rang de son premier facteur ; comment utiliser cette information pour obtenir une information sur le second facteur ?

Indication 95. La meilleure relation fait intervenir $\dim \ker A + \dim \ker B$.

Indication 96. Pour les calculs numériques, la définition géométrique de la similitude est plus simple à utiliser que la définition algébrique.

Indication 97. Il y a deux couples de bases et il est donc raisonnable de s'attendre à voir apparaître deux transformations linéaires, une pour chaque couple.

Indication 98. Même si le problème porte sur les dimensions des images, il pourrait être sage de commencer par considérer les dimensions des noyaux.

Indication 99. Si A est une transformation linéaire, quelle relation y a-t-il entre les valeurs propres de A et celles de A^2 ?

Indication 100. La réponse est non. En considérant une équation polynomiale, peut-on dire quelle est la valeur de la somme des racines et de leur produit ?

Indication 101. Ce n'est pas facile. Se ramener au cas où $\lambda = 1$, puis se demander si le classique développement en série de $\frac{1}{1-x}$ peut donner une indication.

Indication 102. Et les monômes ?

Indication 104. Si μ est une valeur propre de A, considérer le polynôme $p(\lambda) - \mu$.

Indication 105. Quelles sont les valeurs propres ?

Indication 106. Qu'est-ce que l'hypothèse implique pour les vecteurs propres ?

Indication 107. Non.

Indication 108. Chercher des formes triangulaires les plus proches possible de matrices diagonales, c'est-à-dire pour lesquelles le plus de coefficients possible au-dessus de la diagonale sont nuls.

Indication 109. Penser aux nombres complexes.

Indication 110. Commencer par le cas $A^2 = 1$. Quelles peuvent-être les valeurs propres ?

Indication 111. La réponse dépend de la dimension de l'espace et de l'indice de nilpotence. Lequel des deux a le rôle le plus important ?

Indication 112. La réponse dépend de l'ordre. Considérer des matrices d'ordre 2 et des matrices d'ordre 3.

Indication 113. Examiner comment M transforme un vecteur (a, b, c, d, e), puis imposer le résultat souhaité.

Indication 114. Il ne faut pas se laisser décourager par des inconvénients mineurs. Une approche possible est de se concentrer sur le cas $\lambda = 1$, et d'utiliser le développement en série entière de $\sqrt{1+x}$.

Indication 115. Utiliser les valeurs propres – elles sont plus intéressantes. Cependant on va plus vite ici en se servant des matrices.

Indication 116. Le théorème des restes chinois a un rapport avec cette question. En théorie élémentaire des nombres, ce théorème affirme que si $x_1, \ldots, x_n$ sont des entiers premiers deux à deux et si $y_1, \ldots, y_n$ sont des nombres quelconques, il existe un entier z tel que

$$x_j \equiv y_j \mod z$$

pour $j = 1, \ldots, n$. Il y a une version algébrique plus sophistiquée de ce théorème au sujet des idéaux relativement premiers deux à deux d'un anneau quelconque. Le problème posé est un cas particulier de ce théorème algébrique, mais peut être démontré directement. Les idéaux qui interviennent sont les annulateurs (dans l'anneau des polynômes complexes) des transformations linéaires données.

Indication 117. Former le produit scalaire d'une relation de dépendance linéaire avec n'importe lequel de ses éléments.

Indication 118. Peut-on exprimer (x, y) uniquement à l'aide de x, de y et des normes, mais sans faire intervenir des produits scalaires comme (u, v) avec $u \neq v$?

Indication 119. Étudier le cas des espaces vectoriels réels et des espaces vectoriels complexes.

Indication 120. Toujours.

Indication 121. Agrandissez !

Indication 122. Calculer les normes de combinaisons linéaires de x et y.

Indication 123. Quelle est la distance d'un vecteur quelconque de V à une combinaison linéaire de vecteurs d'une base orthonormée de M ?

Indication 124. Considérer $\mathrm{Ker}^{\perp}\,\xi$.

Indication 125. (*a*) Par définition, $(U^* v, w) = (v, Uw)$; il n'y a rien d'autre à faire que de calculer à partir de cette définition ? (*b*) Oui. (*c*) Considérer l'image par U du graphe de A.

Indication 126. Certaines des réponses sont oui, d'autres non, mais il n'y en a qu'une (à savoir (*d*) qui peut poser des problèmes.

Indication 127. Pourrait-on appliquer l'identité de polarisation ?

Indication 128. Toujours ?

Indication 129. Seul (*c*) nécessite un instant de réflexion ; il y a plusieurs cas à considérer.

Indication 130. Penser à appliquer le résultat du problème 127.

Indication 131. Les questions faciles sont (*a*) et (*b*) ; (*c*) et (*d*) sont un peu moins facile mais leur démonstration est directe. La seule question qui demande réflexion est (*e*) ; n'oubliez pas que α doit être réel pour que la question ait un sens.

Indication 132. La solution est courte, mais utilise une astuce.

Indication 133. Quel est l'adjoint d'une projection orthogonale ?

Indication 134. Un petit calcul ne fait pas de mal.

Indication 135. Si $E \leqslant F$ et si $x \in \mathrm{Im}\,E$, calculer $\|x - Fx\|$. Si $\mathrm{Im}\,E \subset \mathrm{Im}\,F$, alors $EF = E$.

Indication 136. Le produit de deux projections orthogonales entre elles est-il une projection orthogonale ?

Indication 137. Ne pas oublier les formes quadratiques !

Indication 138. Si $Ax_1 = \lambda_1 x_1$ et $Ax_2 = \lambda_2 x_2$, examiner (x_1, x_2).

Indication 139. La dimension de l'espace vectoriel sous-jacent est-elle finie ou infinie ? U est-elle nécessairement surjective ou injective ?

Indication 140. Comment se traduit « unitaire » en langage matriciel ?

Indication 141. L'une de ces conditions implique-t-elle une autre, ou bien deux de ces conditions impliquent-elles la troisième ?

Indication 142. Doivent-elles être diagonales ?

Indication 143. Considérer les sous-espaces propres correspondant aux différentes valeurs propres.

Indication 144. Diagonaliser.

Indication 145. Partir de la réponse et raisonner à l'envers. Le cas inversible est plus simple.

Indication 146. S'inspirer de la démonstration pour les hermitiens.

Indication 147. S'inspirer de la démonstration pour les hermitiens.

Indication 148. Penser à utiliser le théorème spectral.

Indication 149. Utiliser la solution 148.

Indication 150. En supposant que AS = SB avec A et B normales, utiliser les transformations linéaires A, B et S comme coefficients d'une matrice 2×2, pour pouvoir appliquer le théorème de commutation avec l'adjoint.

Indication 151. Poser $C = B(A^*A) - (A^*A)B$ et chercher la trace de C^*C.

Indication 152. (*a*) Considérer des matrices triangulaires. (*b*) Utiliser le théorème de Hamilton-Cayley.

Indication 153. Utiliser les racines carrées.

Indication 154. Les deux réponses sont différentes.

Indication 155. Certains le sont et d'autres pas ; le point important est *nécessairement*. Pour certains de ceux qui ne le sont pas, la dimension 2 n'est pas assez grande pour des contre-exemple.

Indication 156. Combien de vecteurs propres y a-t-il ? Plus généralement, combien y a-t-il de sous-espaces invariants de dimension k, $0 \leqslant k \leqslant n$?

Indication 157. Quelle relation y a-t-il entre A et la matrice

$$\begin{pmatrix} 0 & 0 & 1 \\ 0 & 0 & 0 \\ 0 & 0 & 0 \end{pmatrix} ?$$

Indication 158. Considérer la décomposition polaire de la transformation qui effectue la similitude ; un candidat naturel pour la transformation qui réalise la similitude unitaire est alors sa partie unitaire. Ne pas s'étonner du fait que l'argument s'appuie sur les sur l'entrelacement des adjoints obtenu à la solution 150.

Indication 159. Il est difficile de deviner la réponse à cette question quand on la rencontre pour la première fois. Il se trouve que la réponse est non, mais le savoir ne rend pas la tâche de trouver un contre-exemple plus facile et, si on en a trouvé un, il est difficile de prouver qu'il en est bien un. Un contre-exemple est donné par une matrice 3×3 nilpotente et, pour prouver qu'il marche, on doit calculer.

Indication 160. La solution 89 décrit une manière de passer de la similitude complexe à la similitude réelle, et la solution 158 montre comment passer de la similitude (réelle ou complexe) à l'équivalence unitaire (réelle ou complexe). Le problème est que la solution 158 utilise le théorème d'entrelacement des adjoints (solution 150) qui suppose que les transformations données sont normales. L'hypothèse d'équivalence unitaire est-elle suffisamment plus forte que la similitude pour impliquer un cas particulier du théorème d'entrelacement des adjoints qu'on pourrait utiliser ici ?

Indication 161. Considérer la forme de Jordan de A.

Indication 162. Peut-on adapter l'argument de la solution 161 ?

Indication 163. Pour A nilpotente d'indice 2, considérer le sous-espace de V engendré par n et $\mathrm{A}n$, où n est un vecteur bien choisi de $\operatorname{Ker}\mathrm{A}^*$.

Indication 164. La transformation nilpotente la plus évidente sur $\mathbb{C}^4$ est le shift tronqué (voir le problème 156), mais son indice est 4. On pourrait penser à utiliser son carré, mais il est d'indice 2. Comment produire une transformation nilpotente d'indice 3 en s'inspirant de ces exemples ?

Solutions

1

Scalaires

Solution 1 (Double addition)

En termes d'addition ordinaire $+$, l'associativité de $\boxplus$ s'exprime par la relation

$$2(2a+2b)+2c=2a+2(2b+2c),$$

soit

$$4a+4b+2c=2a+4b+4c \qquad (*).$$

Il peut arriver que cette condition soit remplie, mais ce n'est pas forcément le cas : on a égalité si $a=c$, et seulement dans ce cas. Pour $a=b=0$ et $c=1$, par exemple, la condition $(*)$ revient à

$$0+0+2=0+0+4, \qquad (**)$$

relation fausse comme chacun sait.

Conclusion : la loi $\boxplus$ n'est pas associative.

Commentaire. Un contre-exemple littéral comme $(*)$ n'est pas aussi convaincant qu'un contre-exemple numérique comme $(**)$ – du point de vue psychologique comme du point de vue logique – tout le monde est bien d'accord ?

Solution 2 (Demi-double addition)

La loi $\boxplus$ n'est pas associative. Dire que

$$a \boxplus (b \boxplus c) = (a \boxplus b) \boxplus c,$$

c'est dire que

$$2a+(2b+c)=2(2a+b)+ ,$$

ce qui n'est vrai que si $a=0$. Pour $a=1$ et $b=c=0$, par exemple, la relation voulue devient la relation (fausse)

$$2+(0+0)=2(2+0)+0.$$

Solution 3 (Exponentiation)

Aussi bien pour la commutativité que pour l'associativité, il est plus difficile de trouver des valeurs des entiers a, b, c pour lesquelles la propriété a lieu que des valeurs pour lesquelles elle n'a pas lieu. Par exemple, on n'a

$$\left(a^b\right)^c = a^{\left(b^c\right)}$$

que si $a = 1$, ou si $c = 1$, ou si $b = c = 2$. En particulier, pour $a = c = 2$ et $b = 1$, l'égalité n'a pas lieu. L'exponentiation n'est ni commutative, ni associative.

Solution 4 (Nombres complexes)

La réponse est oui aux deux questions, et on peut le montrer par le calcul. Puisque

$$(c,d) \boxdot (a,b) = (ca - db, cb + da),$$

la commutativité de $\boxdot$ résulte de la commutativité de la multiplication ordinaire des réels.

La démonstration de l'associativité demande un peu plus de travail : on a

$$\begin{aligned}&\big((a,b) \boxdot (c,d)\big) \boxdot (e,f)\\ &\qquad = \big((ac-bd)e - (ad+bc)f, (ac-bd)f + (ad+bc)e\big)\end{aligned}$$

et

$$\begin{aligned}&(a,b) \boxdot \big((c,d) \boxdot (e,f)\big)\\ &\qquad = \big((a(ce-df) - b(cf+de), a(cf+de) + b(ce-df)\big).\end{aligned}$$

En vertu de l'associativité de la multiplication ordinaire des réels [1] on retrouve dans les deux expressions obtenues les mêmes triples produits, avec les mêmes signes.

Ceux qui connaissent les nombres complexes et qui savent que l'addition et la multiplication des complexes sont toutes deux associatives et commutatives n'auront aucun mal à résoudre le problème 4. Si on identifie par la pensée (a,b) à $a + ib$, alors $\boxplus$ et $\boxdot$ deviennent l'addition et le multiplication « ordinaires » des nombres complexes. Il n'y a rien d'autre à dire.

1. Et de quelques autres propriétés des réels que nous n'avons pas mentionnées, comme la distributivité $a(b \pm c) = ab \pm ac$... (N.d.T.)

Solution 5 (Transformations affines)

La relation obtenue en explicitant

$$(a,b)\boxdot(c,d) = (c,d)\boxdot(a,b).$$

paraît assez difficile à satisfaire. Les relations

$$(1,1)\boxdot(2,1) = (2,2)$$

et

$$(2,1)\boxdot(1,1) = (2,3)$$

fournissent un contre-exemple explicite.

L'associativité est une tout autre histoire. Ici, le calcul explicite montre qu'elle est toujours vérifiée. Cette façon de multiplier les couples de réels peut paraître farfelue, mais il n'en est rien : elle se rencontre dans un contexte tout à fait naturel. Une **transformation affine** de la droite est une application de la droite dans elle-même définie par une formule du type $\mathrm{S}(x) = ax + b$, où a et b sont des nombres réels fixés. Si T est une autre transformation affine, $\mathrm{T}(x) = cx + d$, alors la composée ST ($\mathrm{S}\circ\mathrm{T}$ pour les puristes) est donnée par la relation

$$(\mathrm{ST})(x) = \mathrm{S}(cx+d) = a(cx+d) + b = (ac)x + (ad+b).$$

Autrement dit, le produit ST des transformations correspondant aux couples

$$(a,b) \quad \text{et} \quad (c,d)$$

est exactement la transformation qui correspond au couple

$$(a,b)\boxdot(c,d).$$

Puisque l'opération de composition des applications est toujours associative, l'associativité de l'opération $\boxdot$ s'ensuit sans calcul supplémentaire.

Tout le monde suit ? Tout le monde accepte l'associativité de la composition des applications ? Sinon, on peut la démontrer de la façon suivante. Soient R, S et T des applications d'un ensemble donné dans lui-même, et posons $\mathrm{P} = \mathrm{RS}$, $\mathrm{Q} = \mathrm{ST}$. Alors, pour tout élément x de l'ensemble, on a

$$\begin{aligned}\big((\mathrm{RS})\mathrm{T}\big)(x) &= (\mathrm{PT})(x) = \mathrm{P}\big(\mathrm{T}(x)\big) && \text{(par définition de PT)}\\ &= \mathrm{RS}\big(\mathrm{T}(x)\big) = \mathrm{R}\big(\mathrm{S}\big(\mathrm{T}(x)\big)\big) && \text{(par définition de RS)}\end{aligned}$$

tandis que

$$\begin{aligned}\big(\mathrm{R}(\mathrm{ST})\big)(x) &= (\mathrm{RQ})(x) = \mathrm{R}\big(\mathrm{Q}(x)\big) && \text{(par définition de RQ)}\\ &= \mathrm{R}\big(\mathrm{ST}(x)\big) = \mathrm{R}\big(\mathrm{S}\big(\mathrm{T}(x)\big)\big) && \text{(par définition de ST).}\end{aligned}$$

Puisque dans ces deux suites d'égalités les derniers termes sont égaux, les premiers termes le sont aussi.

Solution 6 (Produits de matrices)

De l'observation que le problème 5 en représente un cas particulier, il résulte immédiatement que le produit $\boxdot$ discuté ici n'est pas commutatif. Pour construire un contre-exemple, prenez deux couples qui ne commutent pas pour le produit $\boxdot$ du problème 5, et faites-en des quadruplets en les faisant suivre d'un 0 et d'un 1. Plus concrètement, on a

$$(1,1,0,1) \boxdot (2,1,0,1) = (2,2,0,1)$$

et

$$(2,1,0,1) \boxdot (1,1,0,1) = (2,3,0,1).$$

L'associativité est une question moins commode. On avait l'associativité dans le problème 5, mais cette propriété peut cesser d'être vérifiée lorsque le domaine d'application s'agrandit, comme c'est le cas ici. Le seul moyen d'en décider est de faire le calcul ; on trouve que la propriété d'associativité est encore vérifiée.

Pour ceux qui ont entendu parler de l'associativité du produit des matrices, le calcul est inutile. Il n'y a qu'à remarquer que si le quadruplet (a, b, c, d) est écrit sous la forme

$$\begin{pmatrix} a & b \\ c & d \end{pmatrix}$$

alors le produit $\boxdot$ coïncide avec le produit des matrices.

Solution 7 (Multiplication modulaire)

La pire façon de résoudre le problème est de dire qu'il n'y a que 36 (six fois six) couples possibles et que 216 (six fois six fois six) triplets possibles qu'on peut former à partir des nombres 0, 1, 2, 3, 4, 5, et qu'en principe on peut décider si la commutativité et l'associativité sont vérifiées en examinant tous ces cas.

Pour la commutativité, une meilleure méthode est de remarquer que si a et b sont des entiers entre 0 et 5 et si le plus grand multiple de 6 qui ne dépasse pas leur produit ab est, mettons, 18, alors on a $ab = c + 18$, où c est l'un des entiers 0, 1, 2, 3, 4, 5. La même conclusion est alors vraie pour ba puisque la multiplication ordinaire est commutative. Par conséquent :

$$a \boxdot b = c$$

et

$$b \boxdot a = c.$$

On raisonne de façon similaire pour démontrer l'associativité – il faut être soigneux dans le choix du vocabulaire et des notations, mais il n'y a aucun piège ni difficulté.

La méthode intellectuellement la plus satisfaisante est d'utiliser l'indication. Si m et n sont des entiers naturels, alors chacun d'eux est nécessairement égal à l'un des entiers 0, 1, 2, 3, 4, 5 plus un multiple de 6 (éventuellement le multiple par zéro). Introduisons une notation : posons $r(m) = a$, où $0 \leqslant a \leqslant 5$, si m est égal à a plus un multiple de 6 et $r(n) = b$ (la lettre r rappelle le mot « résidu »). Si on effectue la réduction de mn et de ab modulo 6, on obtient le même résultat. (Réfléchissez à cette assertion quelques instants.) Conclusion :

$$r(mn) = r(m) \boxdot r(n),$$

comme annoncé dans l'indication.

C'est du travail, mais l'investissement est rentable : on a introduit une notion courante en algèbre, la notion d'**homomorphisme**, qui sera étudiée de façon systématique plus loin. Voici comment cette notion facilite la démonstration de l'associativité. Supposons par exemple que a, b et c soient des entiers entre 0 et 5, de sorte que $r(a) = a$, $r(b) = b$ et $r(c) = c$. La démonstration de l'associativité est la suivante :

$$\begin{aligned}
(a \boxdot b) \boxdot c &= \big(r(a) \boxdot r(b)\big) \boxdot r(c) \\
&= r(ab) \boxdot r(c) \quad \text{(d'après le paragraphe précédent)} \\
&= r((ab)c) \quad \text{(idem)} \\
&= r(a(bc)) \quad \text{(puisque la multiplication est associative)} \\
&= r(a) \boxdot r(bc) = r(a) \boxdot \big(r(b) \boxdot r(c)\big) \\
&= a \boxdot (b \boxdot c),
\end{aligned}$$

les trois dernières égalités ne faisant que remonter ce que les trois premières ont démonté.

On verra plus loin une différence importante entre l'arithmétique modulo 6 et l'arithmétique modulo 7, mais dans la plus grande partie de la théorie on calcule de la même manière et cela est vrai en particulier en ce qui concerne la commutativité et l'associativité.

Solution 8 (Opérations dans des petits ensembles)

Impossible de dire d'avance si la réponse est oui ou non. Mais une fois qu'on connaît la réponse, elle n'est pas difficile à justifier. La réponse à la question est oui, et n'importe qui qui s'attelle à la tâche de construire un exemple est forcé de réussir.

Appelons a, b et c les trois éléments dont il faut définir le produit. Le problème est de construire la table d'un produit commutatif et non associatif.

Question : comment se traduit la commutativité, en termes de table ? Réponse : la table est symétrique par rapport à la diagonale principale (du coin en haut à gauche au coin en bas à droite). Par exemple, si l'élément à l'intersection de la ligne a et de la colonne b est c, alors l'élément à l'intersection de la ligne b et de la colonne a doit aussi être c.

Comment éviter que le produit ne soit associatif ? Comment, par exemple, peut-on s'assurer que

$$(a \times b) \times c \neq a \times (b \times c)\ ?$$

Voici une approche possible : poser $a \times b = c$ et $b \times c = a$; alors l'associativité sera nécessairement en défaut si les éléments $a \times a$ et $c \times c$ sont différents. C'est assez facile à réaliser, et la table suivante montre une façon de faire :

$\times$	a	b	c
a	a	c	b
b	c	b	a
c	b	a	c

Voici, pour ce que ça vaut, une description verbale de cette multiplication : le produit de deux éléments distincts est le troisième élément de l'ensemble, le produit d'un élément par lui-même est égal à cet élément.

Ce n'est pas la seule solution de ce problème, mais c'en est une qui présente une curieuse parenté avec la double addition du problème 1. Si on convient que $a = 0$, $b = 1$ et $c = 2$, alors notre produit × satisfait la relation

$$a \times b = 2a + 2b,$$

à condition de convenir aussi que le + au second membre représente l'addition modulo 3.

Solution 9 (Éléments neutres)

(1) Que signifie le fait qu'un élément e est élément neutre pour la double addition ? Cela signifie que

$$2a + 2e = a$$

pour tout a, ce qui est clairement impossible : l'égalité n'a lieu que quand $a = -2e$ alors qu'il faudrait qu'elle soit vraie pour tout a.

(2) La réponse est légèrement différente pour la demi-double addition. Il est encore vrai qu'il n'existe aucun e tel que

$$2a + e = a$$

pour tout a mais, comme la loi n'est pas commutative, il est indiqué de considérer l'autre sens. Se pourrait-il que, pour un certain e, on ait

$$2e + a = a$$

pour tout a ? Mais oui, il suffit de prendre $e = 0$. Autrement dit, la demi-double addition n'a pas d'**élément neutre à droite** mais elle admet un **élément neutre à gauche**.

(3) L'exponentiation fonctionne de la même manière, mais à l'envers. Il y a un élément neutre à droite, à savoir 1 (puisque $a^1 = a$ pour tout a, mais pas d'élément neutre à gauche (il est impossible d'avoir $e^a = a$ pour tout a, et ceci quelle que soit la façon dont on choisit e).

(4) Le couple $(1,0)$ (ou, si l'on préfère, le nombre complexe $1 + 0 \cdot i$) est un élément neutre pour la multiplication complexe (à gauche et à droite, puisqu'elle est commutative).

(5) Le couple $(1,0)$ fait encore l'affaire, mais cette fois, puisque la multiplication n'est pas commutative, il faut vérifier les égalités des deux côtés :

$$(a,b) \times (1,0) = (a,b)$$

et

$$(1,0)\times(a,b)=(a,b).$$

Cela revient à dire que l'application identité I, définie par $\mathrm{I}(x) = x$, est une transformation affine qui est à la fois élément neutre à gauche et à droite pour la composition des applications. Autrement dit, pour toute transformation affine S, on a

$$\mathrm{I}\circ\mathrm{S}=\mathrm{S}\circ\mathrm{I}=\mathrm{S}.$$

(6) Le quadruplet $(1,0,0,1)$ est élément neutre (à gauche et à droite) pour la multiplication matricielle ou, si l'on préfère, la matrice

$$\begin{pmatrix}1 & 0\\ 0 & 1\end{pmatrix}$$

est élément neutre.

Puisqu'on a vu que la multiplication complexe et la multiplication affine sont des cas particuliers de la multiplication matricielle (voir le problème 6), il n'est pas surprenant que les éléments neutres décrits aux questions (4) et (5) soient des cas particuliers de celui décrit en (6).

(7) L'addition et la multiplication modulaire sont les opérations qui posent le moins de problèmes : 0 fait l'affaire pour + et 1 fait l'affaire pour ×.

Solution 10 (Inverses complexes)

Étant donnés a et b, peut-on trouver c et d tels que le produit de (a,b) par (c,d) soit égal à $(1,0)$? On est ramené à résoudre un système de deux équations à deux inconnues c et d :

$$ac-bd=1$$
$$ad+bc=0.$$

Les méthodes élémentaires bien connues fournissent une solution, à condition que

$$a^2+b^2\neq 0,$$

ou, autrement dit, que a et b ne soient pas tous deux nuls.

Autre méthode : puisque dans la notation complexe habituelle on a

$$\frac{1}{a+bi}=\frac{a-bi}{(a+bi)(a-bi)}=\frac{a}{a^2+b^2}-\frac{bi}{a^2+b^2},$$

on voit que (a,b) est inversible si et seulement si $a^2+b^2 \neq 0$, et que, si cette condition est satisfaite, on a

$$(a,b)^{-1} = \left(\frac{a}{a^2+b^2}, \frac{-b}{a^2+b^2}\right).$$

Solution 11 (Inverses affines)

Dans ce cas, les équations à résoudre sont presque triviales. Le problème, étant donnés a et b, est de trouver c et d tels que

$$ac = 1 \quad \text{et} \quad ad + b = 0.$$

La première équation a une solution si et seulement si $a \neq 0$ et, dans ce cas, la deuxième équation a aussi une solution. Conclusion : (a,b) est inversible si et seulement si $a \neq 0$, et dans ce cas on a

$$(a,b)^{-1} = \left(\frac{1}{a}, \frac{-b}{a}\right).$$

Attention : cette multiplication n'est pas commutative et le calcul précédent ne garantit que l'existence d'un **inverse à droite**. L'élément trouvé est-il aussi inverse à gauche ? Vérifiez-le :

$$\left(\frac{1}{a}, \frac{-b}{a}\right) \times (a,b) = \left(\frac{1}{a}a, \frac{1}{a}b - \frac{b}{a}\right).$$

Solution 12 (Inverses matriciels)

Il est temps d'abandonner la notation sous forme de quadruplet et le signe $\times$; à partir d'ici on écrit

$$\begin{pmatrix} a & b \\ c & d \end{pmatrix}$$

au lieu de (a,b,c,d) et on indique la multiplication par la juxtaposition (en plaçant les deux matrices l'une à côté de l'autre) au lieu d'utiliser $\times$. Le problème est, une matrice

$$\begin{pmatrix} a & b \\ c & d \end{pmatrix}$$

étant donnée, de déterminer si oui ou non il existe une matrice

$$\begin{pmatrix} a' & b' \\ c' & d' \end{pmatrix}$$

telle que

$$\begin{pmatrix} a & b \\ c & d \end{pmatrix}\begin{pmatrix} a' & b' \\ c' & d' \end{pmatrix} = \begin{pmatrix} 1 & 0 \\ 0 & 1 \end{pmatrix}.$$

On cherche une solution d'un système de quatre équations à quatre inconnues. Les méthodes habituelles s'appliquent sans problème, mais le calcul est long et peu éclairant. Pour l'instant, il n'y a pas de remède à cela ; nous verrons un cadre plus élégant, dans lequel tout s'insérera agréablement, après avoir étudié un peu d'algèbre linéaire. La réponse est que $\begin{pmatrix} a & b \\ c & d \end{pmatrix}$ est inversible si et seulement si $ad - bc \neq 0$ et que, dans ce cas,

$$\begin{pmatrix} a' & b' \\ c' & d' \end{pmatrix} = \begin{pmatrix} a & b \\ c & d \end{pmatrix}^{-1} = \begin{pmatrix} \dfrac{d}{ad-bc} & \dfrac{-b}{ad-bc} \\ \dfrac{-c}{ad-bc} & \dfrac{a}{ad-bc} \end{pmatrix}.$$

Les lecteurs réticents à démontrer ces formules ont intérêt à au moins les vérifier, c'est-à-dire à effectuer les deux multiplications

$$\begin{pmatrix} a & b \\ c & d \end{pmatrix}\begin{pmatrix} a' & b' \\ c' & d' \end{pmatrix}$$

et

$$\begin{pmatrix} a' & b' \\ c' & d' \end{pmatrix}\begin{pmatrix} a & b \\ c & d \end{pmatrix}$$

et à vérifier qu'elles donnent le même résultat

$$\begin{pmatrix} 1 & 0 \\ 0 & 1 \end{pmatrix}.$$

Commentaire. Le résultat obtenu ici s'applique en particulier aux matrices de la forme $\begin{pmatrix} a & b \\ -b & a \end{pmatrix}$ qui sont, à la notation près, les mêmes que les nombres complexes discutés au problème 4. Il en découle que ces matrices particulières sont inversibles si et seulement si $aa - b(-b) \neq 0$, ce qui est évidemment la même condition que $a^2 + b^2 \neq 0$. Si cette condition est satisfaite, l'inverse est

$$\begin{pmatrix} \dfrac{a}{a^2+b^2} & \dfrac{-b}{a^2+b^2} \\ \dfrac{b}{a^2+b^2} & \dfrac{a}{a^2+b^2} \end{pmatrix},$$

et cette matrice correspond au nombre complexe

$$\left(\frac{a}{a^2+b^2}, \frac{-b}{a^2+b^2}\right),$$

en concordance parfaite avec la solution 10.

De même, les matrices particulières $\begin{pmatrix} a & b \\ 0 & 1 \end{pmatrix}$ s'identifient aux transformations affines discutées au problème 5. Selon le résultat qu'on vient d'obtenir, une matrice donnée de ce type est inversible si et seulement si $a \cdot 1 - b \cdot 0 \neq 0$, et dans ce cas l'inverse est $\left(\frac{1}{a}, \frac{-b}{a}\right)$, en parfait accord avec la solution 11.

Ces remarques montrent que, non seulement le problème 6 est une généralisation des problèmes 4 et 5, mais aussi que, de façon correspondante, la solution 12 admet les solutions 10 et 11 comme cas particuliers.

Solution 13 (Groupes abéliens)

(*a*) La vérification de l'associativité et de la commutativité de min est directe. Si quelque chose va de travers, ça doit être l'existence d'un élément neutre qui joue le rôle de 0. La question est celle-ci : existe-t-il un réel $z > 0$ tel que

$$\min(x, z) = x$$

pour tout réel $x > 0$? Cela voudrait dire que z serait supérieur ou égal à tout $x > 0$, autrement dit z serait le plus grand nombre réel. C'est absurde, un tel z n'existe pas. Nous n'avons pas affaire à un groupe.

(*b*) Ici aussi, la commutativité et l'associativité sont faciles à vérifier. La recherche de 0 se ramène cette fois à la recherche d'un nombre z de l'ensemble $\{1, 2, 3, 4, 5\}$ tel que

$$\max(x, z) = x$$

pour tout x de cet ensemble. Cette relation implique que z doit être inférieur ou égal à tout entier entre 1 et 5 et, c'est simple, il suffit de prendre $z = 1$. Reste à trouver les inverses. Étant donné x, peut-on trouver y tel que $\max(x, y) = 1$? Non, c'est impossible, cette relation n'est jamais satisfaite sauf dans le cas où $x = y = 1$.

(*c*) On ajoute $(-y)$ aux deux membres de la relation $x + y = y$. Le second membre devient 0 et le premier membre devient

$$(x + y) + (-y) = x + \big(y + (-y)\big) = x + 0 = x$$

et par conséquent on a $x = 0$.

Commentaire. Dans (*a*), l'obstacle était la non-existence d'un plus grand réel > 0. Que se passe-t-il si on remplace $\mathbb{R}_+^*$ par un ensemble *borné* de réels, comme par exemple l'intervalle fermé $[0,1]$? La loi min est-elle alors une loi de groupe ? On a encore la commutativité, l'associativité et l'existence d'un élément neutre (le rôle de 0 est joué par 1) ; reste la question des inverses. Pour tout réel x de $[0,1]$, existe-t-il un réel y de $[0,1]$ tel que $\min(x,y) = 1$? Certainement pas ; cela ne peut se produire que quand $x = 1$.

La démonstration de (*c*) utilise-t-elle la commutativité de $+$? L'associativité ? Les deux axiomes de définition de 0 ?

Solution 14 (Groupes)

L'ensemble des transformations affines

$$x \mapsto ax + b$$

(introduites au problème 5) telles que $a \neq 0$ ne possède pas la première propriété des groupes abéliens (la commutativité), mais il a toutes les autres (l'associativité, l'existence d'un élément neutre et de l'inverse) – voir le problème 11 ; c'est un groupe.

L'ensemble des matrices 2×2 inversibles n'est pas commutatif mais a toutes les autres propriétés des groupes abéliens (voir le problème 12) ; c'est un groupe.

Le produit 2×3 est égal à 0 modulo 6. La multiplication modulo 6 n'est donc pas définie dans le domaine en question ou, autrement dit, l'ensemble $\{1,2,3,4,5\}$ n'est pas stable par cette loi. Conclusion : les entiers non nuls modulo 6 ne forment pas un groupe multiplicatif.

Si a est l'un des nombres $1,2,3,4,5,6$, que peut-on dire des nombres

$$a \times 1, \quad a \times 2, \quad a \times 3, \quad a \times 4, \quad a \times 5, \quad a \times 6$$

(multiplication modulo 7) ? Première réponse : aucun d'entre eux n'est nul (modulo 7). (C'est important d'y réfléchir un peu.) Seconde réponse (conséquence de la première) : ils sont tous différents. (Pourquoi ?) Troisième réponse (conséquence de la seconde) : mis à part l'ordre dans lequel ils apparaissent, ce sont les mêmes que les nombres $1,2,3,4,5,6$ et donc, en particulier, l'un d'entre eux est égal à 1. Autrement dit, pour chaque nombre a, il existe un nombre b tel que $a \times b = 1$. Conclusion : l'ensemble des entiers non nuls modulo 7 est un groupe multiplicatif.

Solution 15 (Indépendance des axiomes de groupe)

S'il n'y a que deux éléments distincts, un élément neutre 1 et un autre, disons a, alors la « table de multiplication » de notre opération a l'allure ci-dessous :

$\times$	1	a
1	1	a
a	a	?

Si à la place du point d'interrogation on met 1, l'opération est associative ; si on met a, l'élément a n'a pas d'inverse. Conclusion : il n'y a pas assez d'éléments pour obtenir un contre-exemple.

Avec trois éléments, un élément neutre 1, et deux autres, a et b, nous avons les coudées plus franches. Une possibilité est par exemple

	1	a	b
1	1	a	b
a	a	x	1
b	b	1	y

Quelles que soient les valeurs de x et y (choisies parmi 1, a et b) l'opération définie par cette table possède un élément neutre et tout élément a un inverse. Si $x = b$ et $y = a$, l'opération est associative, ce n'est pas le genre d'exemple que nous recherchons. Si par contre $x = a$, alors

$$(aa)b = ab = 1,$$

tandis que

$$a(ab) = a1 = a.$$

ce qui fait que l'opération n'est pas associative, comme nous le souhaitions. Même chose si $y = b$.

Solution 16 (Corps)

La seule chose à montrer est que $0 \cdot x = x \cdot 0$ pour tout x. C'est bien le cas, et nous allons le démontrer ci-dessous. Mais auparavant, cela vaut la peine d'examiner ce qui se passe si on ne suppose vérifiée qu'une seule des deux propriétés de distributivité. Question : si K est un groupe abélien pour $+$, si K^* est un groupe abélien pour $\times$, et si la relation

$$a(x + y) = ax + ay$$

est vérifiée quels que soient a, x et y (distributivité à droite), s'ensuit-il nécessairement que la multiplication dans K est commutative ? Réponse : non. Voici un exemple artificiel, mais éclairant.

Soit K l'ensemble des deux entiers 0 et 1 muni de l'addition modulo 2, et de la multiplication définie par $x \cdot 0 = 0$ pour tout x (c'est-à-dire pour $x = 0$ et pour $x = 1$) et $x \cdot 1 = 1$ pour tout x. (Rappelons que dans l'addition modulo 12 on efface les multiples de 12 ; dans l'addition modulo 2 on efface les multiples de 2. La seule particularité de l'addition modulo 2 est que $1 + 1 = 0$.) Il est clair que K muni de + est un groupe abélien, et il est encore plus clair que K^* (qui est constitué du seul élément 1) est un groupe abélien. La propriété de distributivité à droite se vérifie sans peine, en examinant tous les cas possibles. Par contre, la propriété de distributivité à gauche

$$(a+b)x = ax + bx$$

n'est pas vérifiée ; on a en effet

$$(0+1)\cdot 1 = 1,$$

alors que

$$0\cdot 1 + 1\cdot 1 = 1 + 1 = 0.$$

Remarque hors sujet : la multiplication est associative : $a(bc) = (ab)c$. La multiplication n'est pas commutative, par hypothèse : $0 \cdot 1 = 1$ et $1 \cdot 0 = 0$.

Mais si on suppose qu'on a la distributivité à droite et à gauche, autrement dit si on a affaire à un corps authentique, alors tout va bien. Puisqu'on a

$$(0+1)x = 0\cdot x + 1\cdot x$$

pour tout x, que le premier membre de cette relation est égal à x, tandis que le second membre est égal à

$$0\cdot x + x,$$

on en déduit (voir problème 1) que

$$0\cdot x = 0$$

pour tout x. En utilisant de façon analogue la distributivité à droite :

$$x(0+1) = x\cdot 0 + x\cdot 1,$$

on obtient

$$x\cdot 0 = 0$$

pour tout x. En d'autres termes, tout produit contenant 0 comme facteur est égal à 0, et ceci entraîne tout ce qu'on désire, en particulier le fait que la multiplication dans K est associative et commutative.

Solution 17 (Addition et multiplication dans les corps)

(*a*) Il faut prouver que $0 \times a$ se comporte dans l'addition comme 0, c'est-à-dire que $0 \times a$ ajouté à n'importe quel élément b donne b. Il suffit en fait, grâce à la règle de simplification dans l'addition, de montrer que $0 \times a$ ajouté à a donne $a = 0 + a$. La démonstration se fait en quelques étapes :

$$\begin{aligned}(0 \times a) + a &= (0 \times a) + (1 \times a) && \text{(1 est élément neutre de la multiplication)}\\ &= (0+1) \times a && \text{(distributivité)}\\ &= 1 \times a && \text{(0 est élément neutre de l'addition)}\\ &= a.\end{aligned}$$

(*b*) L'idée est de montrer que $(-1)a$ se comporte comme $-a$, autrement dit que $a + (-1)a = 0$. On conclura en faisant appel à l'unicité de l'opposé, ou en ajoutant $-a$ aux deux membres. Preuve de la relation $a + (-1)a = 0$:

$$a + (-1)a = (1 \times a) + \big((-1) \times a\big) = \big(1 + (-1)\big) \times a = 0 \times a = 0.$$

(*c*) Il vaut mieux commencer par ne prouver qu'une seule « moitié » de l'assertion en vue, à savoir

$$(-a)b = -(ab).$$

Cette relation est vérifiée quels que soient a et b, puisque

$$\begin{aligned}ab + (-a)b &= \big(a + (-a)\big)b && \text{(distributivité)}\\ &= 0 \times b = 0,\end{aligned}$$

ce qui montre que $(-a)b$ est l'opposé de ab. La seconde moitié de l'assertion, à savoir

$$a(-b) = -(ab)$$

se démontre de la même façon. On conclut en deux étapes :

$$(-a)(-b) = -\big(a(-b)\big) = -\big(-(ab)\big) = ab.$$

(*d*) Ce n'est pas toujours vrai. Contre-exemple : les entiers modulo 2 (voir problème 19).

(*e*) Par définition, les éléments non nuls de K constituent un groupe multiplicatif, ce qui veut dire entre autres choses que le produit de deux éléments non nuls de K est encore un élément non nul de K.

Solution 18 (Échec à la distributivité)

La réponse est oui. La solution fait appel à un contre-exemple à la distributivité, et souligne le rôle de cet axiome.

Soit $K = \{0,1,2,3,4\}$, l'addition étant l'addition modulo 5 et le produit $\times_1$ étant le produit modulo 5. Dans ce cas, tout va bien : $(K,+,\times_1)$ est un corps.

Une façon commode de définir le $\times_2$ que nous cherchons est par le moyen d'une table de multiplication :

$\times_2$	0	1	2	3	4
0	0	0	0	0	0
1	0	1	2	3	4
2	0	2	1	4	3
3	0	3	4	1	2
4	0	4	3	2	1

Voici une description verbale du produit des éléments 2, 3, 4 : le produit de deux éléments distincts parmi ceux-ci est le troisième élément, le produit de l'un d'entre eux par lui-même est 1. (Comparer à la solution du problème 8.) La distributivité est bien en échec : on a

$$2 \times_2 (3+4) = 2 \times_2 2 = 1,$$

tandis que

$$(2 \times_2 3) + (2 \times_2 4) = 4 + 3 = 2.$$

Commentaire. La solution précédente est loin d'être la seule. On peut par exemple prendre $K = \{0,1\}$, la loi $+$ étant l'addition modulo 2 et le produit $\times_1$ étant le produit modulo 2 (dans ce cas, $(K,+,\times_1)$ est un corps), le produit $\times_2$ étant donné d'autre part par la ridicule relation

$$a \times_2 b = 1$$

pour tout a et tout b. On a alors

$$1 \times_2 (1+1) = 1,$$

mais

$$(1 \times_2 1) + (1 \times_2 1) = 1 + 1 = 0.$$

Solution 19 (Corps finis)

La réponse est oui, il existe bien un corps à quatre éléments, mais la démonstration n'est pas évidente. Une approche intelligente et éclairante consiste à considérer l'ensemble $\mathscr{P}$ des polynômes à coefficients dans un corps et à « réduire » cet ensemble modulo un polynôme particulier, exactement de la même façon qu'on a réduit l'ensemble des entiers $\mathbb{Z}$ modulo un nombre premier p pour obtenir le corps $\mathbb{Z}_p$.

Logiquement, nous devrions, pour le problème qui nous occupe, employer le corps $\mathbb{Z}_2$ comme corps des coefficients, mais pour nous habituer au procédé, il est préférable d'employer un corps plus familier.

Soit donc $\mathscr{P}$ l'ensemble des polynômes à coefficients dans le corps $\mathbb{Q}$ des nombres rationnels, et soit p le polynôme défini par

$$p(x) = x^2 - 2.$$

Observation importante : ce polynôme est **irréductible**. Cela signifie qu'on ne peut pas le factoriser, et, plus précisément, que si p est le produit de deux polynômes à coefficients dans $\mathbb{Q}$, l'un des deux doit être une constante.

Soit K le résultat de la « réduction de $\mathscr{P}$ modulo p ». Pour expliquer ce dont il s'agit, on peut dire que les éléments de K sont les mêmes que ceux de $\mathscr{P}$ (les polynômes à coefficients rationnels), mais que l'égalité doit être redéfinie : comme éléments de K, deux polynômes f et g sont considérés comme identiques (le même) s'ils diffèrent d'un multiple de p. Le symbole habituel pour l'« égalité à un multiple de p près » est $\equiv$, et la relation représentée par ce symbole est appelée **congruence**. De façon plus détaillée, dire que f est congru à g modulo p, symboliquement

$$f \equiv g \quad \text{modulo } p,$$

revient à dire qu'il existe un polynôme q (à coefficients rationnels) tel que

$$f - g = pq.$$

Que devient l'« arithmétique » des polynômes quand l'égalité est interprétée modulo p ? En d'autres termes : que peut-on dire sur les sommes et les produits modulo p ?

Tant qu'on se limite à l'addition des polynômes de degré 0 et 1, on n'observe rien de particulier :

$$(ax+b)+(cx+d)=(a+b)x+(c+d),$$

comme on s'y attend. Les choses changent quand interviennent des polynômes de degré 2 ou plus. Par exemple, si

$$f(x)=x^2 \qquad \text{et} \qquad g(x)=-2,$$

alors

$$f(x)+g(x)\equiv 0 \text{ modulo } p.$$

La raison est que $f+g$ est un multiple de p (à savoir $p\cdot 1$) et que donc $(f+g)-0$ en est un aussi.

Une fois qu'on s'est fait à cette idée, même la multiplication n'offre pas de nouvelle surprise. Si par exemple

$$f(x)=g(x)=x,$$

alors

$$f\cdot g=2 \text{ (modulo } p\text{)}\,;$$

en effet, $f\cdot g-2=p$.

À quoi ressemble donc un polynôme modulo p ? Puisque x^2 peut toujours être remplacé par 2 (est « égal » à 2), et que, par suite, $x^3 (= x^2\cdot x)$ peut être remplacé par $2x$, $x^4 (= x^2\cdot x^2)$ peut être remplacé par 4, etc., on voit que tout polynôme est « égal » à un polynôme de degré 0 ou 1. Ceci une fois admis, on montre que K est un corps. La vérification du fait que K (muni de l'addition modulo p) est un groupe abélien ne demande que quelques modiques secondes d'attention accordées aux définitions. La vérification de l'énoncé correspondant pour la multiplication demande un peu plus de réflexion : d'où peuvent bien venir les inverses ? La clé de la réponse se trouve dans ce calcul :

$$\frac{1}{a+bx}=\frac{a-bx}{a^2-2b^2}$$

Une impression de déjà vu ? Évidemment, c'est le même calcul qu'on a fait pour « rationaliser le dénominateur » quand on a démontré que $\mathbb{Q}(\sqrt{2})$ est un corps. Tout le travail est maintenant fait. La distributivité ne pose aucun problème, et l'heureuse conclusion est que K est un corps. En fait, à la notation près, c'est le même corps que $\mathbb{Q}(\sqrt{2})$.

La même construction peut servir avec d'autres corps de base et d'autres modules. Considérons, pour fixer les idées, le corps $\mathbb{Z}_2$, et soit cette fois $\mathscr{P}$ l'ensemble de tous les polynômes

$$a_0 + a_1 x + a_2 x^2 + \cdots + a_n x^n,$$

de tous les degrés possibles, à coefficients dans $\mathbb{Z}_2$. (Attention : $5x+3$ signifie

$$(x+x+x+x+x)+(1+1+1);$$

c'est un polynôme, et il est égal à $x+1$ modulo 2. Il ne faut pas en tirer trop vite la conclusion que x^5+x^3, qui signifie $xxxxx+xxx$, peut se réduire de façon analogue.) L'ensemble $\mathscr{P}$ de tous ces polynômes est un groupe abélien vis-à-vis de l'addition (modulo 2, évidemment) ; par exemple la somme de

$$x^5+x^3+x+1$$

et de

$$x^3+x^2+x$$

est

$$x^5+x^2+1.$$

Les polynômes possèdent aussi une multiplication naturelle (par exemple :

$$(x^2+1)(x^3+x) = x^5+x),$$

qui est commutative, qui possède un élément unité (le polynôme constant 1), et la multiplication est distributive par rapport à l'addition. Il n'y a qu'une chose qui cloche : l'inverse pour la multiplication. Exemple : il n'y a pas de polynôme f tel que $xf(x)=1$; le polynôme x (différent de 0) n'a pas d'inverse. De ce point de vue, les polynômes se comportent comme les entiers : l'inverse d'un entier n n'est pas un entier (à moins que $n=1$ ou -1). Exactement comme dans le cas des entiers, la réduction par un module convenable remédie à ce problème. Dans notre cas, c'est le polynôme x^2+x+1 qui convient.

Pourquoi convient-il ? Parce que la réduction par un polynôme de degré k (disons) convertit chaque polynôme en un polynôme de degré $< k$, et que, modulo 2, il y a exactement 2^k polynômes de degré $< k$. C'est clair, j'espère ? Pour déterminer un polynôme de degré $\leqslant k-1$, il faut spécifier k coefficients, et il y a deux choix possibles, 0 ou 1, pour chaque coefficient. Si nous voulons aboutir à un corps à quatre éléments, la valeur de k doit donc être 2. Modulo 2, les quatre polynômes de degré < 2 sont 0, 1, x et $x+1$. De la même façon que le module par lequel on doit réduire les entiers pour obtenir un corps doit être un nombre premier – un nombre irréductible, impossible à factoriser –, de la même façon, le module par lequel on doit réduire les polynômes pour obtenir un corps doit être un polynôme irréductible, un polynôme impossible à factoriser. Modulo 2, il y exactement quatre polynômes de degré 2, qui s'obtiennent en ajoutant 0, 1, x ou $x+1$ à x^2. Trois d'entre eux,

$$x^2 = x \cdot x,$$

$$x^2 + 1 = (x+1)(x+1),$$

et

$$x^2 + x = x(x+1)$$

sont réductibles ; le seul polynôme irréductible de degré 2 est $x^2 + x + 1$.

Les objets réduits, les quatre polynômes

$$0, 1, x, x+1$$

s'additionnent (modulo 2) de la façon évidente ; le module n'intervient pas. Mais il intervient dans la multiplication. Pour multiplier modulo $x^2 + x + 1$, on multiplie de la façon habituelle, puis on se débarrasse des multiples de $x^2 + x + 1$. Exemple : $x^3 = 1$ (modulo $x^2 + x + 1$). Démonstration :

$$\begin{aligned} x^3 = x(x^2) &= x\big((x^2 + x + 1) + (x+1)\big) = x(x+1) \\ &= x^2 + x = (x^2 + x + 1) + 1 = 1. \end{aligned}$$

Voici la table de multiplication :

$\times$	0	1	x	$x+1$
0	0	0	0	0
1	0	1	x	$x+1$
x	0	x	$x+1$	1
$x+1$	0	$x+1$	1	x

La phase « inductive » de la résolution du problème (nous n'avons pas vraiment démontré grand chose) est maintenant achevée. Mais pour conclure, il n'y a plus à faire que des vérifications mécaniques. On vérifie effectivement qu'avec l'addition et la multiplication décrites ci-dessus, les quatre polynômes 0, 1, x, $x+1$ forment un corps.

Pour construire un corps à 9 éléments, on procède de façon analogue : on considère les polynômes à coefficients dans le corps des entiers modulo 3, et on les réduit modulo le polynôme x^3+2x+2.

Existe-t-il un corps à 6 éléments ? La réponse est non. La démonstration dépend d'une partie de la théorie des espaces vectoriels qui sera traitée plus loin, mais le résultat lui-même est sans rapport avec le sujet de ce livre. Il y a un théorème général qui dit que le nombre d'éléments d'un corps fini est toujours une puissance d'un nombre premier, et que pour tout nombre de la forme p^k, où p est premier, il y a un corps ayant p^k éléments (et un seul, à un changement de notation près).

2

Vecteurs

Solution 20 (Espaces vectoriels)

La formule de multiplication par le scalaire zéro est une conséquence des autres axiomes ; la preuve est très simple. Si $x \in \mathrm{V}$, alors

$$\begin{aligned} 0x + 0x &= (0+0)x \quad \text{(distributivité vectorielle)} \\ &= 0x, \end{aligned}$$

et, par simplification dans le groupe additif V, on en déduit que $0x = 0$.

En ce qui concerne la formule de multiplication par le vecteur nul, la distributivité scalaire implique que $\alpha 0$ vaut toujours 0. En effet

$$\alpha 0 + \alpha 0 = \alpha(0+0) = \alpha 0,$$

et, par simplification dans le groupe additif V, on en déduit que $\alpha 0 = 0$.

Il est agréable de savoir que ces deux résultats au sujet de 0 sont en un sens les meilleurs possibles. En effet, si $\alpha x = 0$, alors ou $\alpha = 0$ ou $x = 0$. Démonstration : si $\alpha x = 0$ et $\alpha \neq 0$, alors

$$x = 1x = \left(\frac{1}{\alpha}\alpha\right)x = \left(\frac{1}{\alpha}\right)(\alpha x) \quad \text{(propriété d'associativité)}$$

ce qui implique que

$$x = \left(\frac{1}{\alpha}\right)0 = 0.$$

Commentaire. Si une multiplication scalaire vérifie tous les axiomes de la définition d'un espace vectoriel, quand peut-on avoir $\alpha x = x$? Cela se produit quand $x = 0$, ou quand $\alpha = 1$. Y a-t-il d'autres cas ? La réponse est non et, à ce stade, la démonstration est simple : si $\alpha x = x$, alors $(\alpha - 1)x = 0$ et on a ou bien $\alpha - 1 = 0$ ou bien $x = 0$.

Il n'est pas sans intérêt d'observer que tout corps est un espace vectoriel sur lui-même. C'est évident : cela revient à dire que, étant donné un corps K, si on définit V comme égal à K, avec l'addition dans V coïncidant avec l'addition dans K et la multiplication scalaire étant la multiplication ordinaire dans K, alors les axiomes d'espace vectoriel sont satisfaits. Conséquence : si K est un corps, l'équation $0\alpha = 0$ dans K est un exemple de la formule de multiplication par le scalaire zéro. Autrement dit, la solution du problème 17 (*a*) est un cas particulier de la présente solution.

Solution 21 (Exemples)

(1) La distributivité scalaire n'est pas vérifiée. En effet

$$2 * 1 = 2^2 \cdot 1 = 4$$

alors que

$$1 * 1 + 1 * 1 = 1 \cdot 1 + 1 \cdot 1 = 2.$$

La vérification des autres axiomes d'espace vectoriel n'est que simple routine.

(2) L'axiome de l'identité n'est pas vérifié ; tous les autres axiomes sont vérifiés.

(3) Puisque l'application $\alpha \mapsto \alpha^2$ est multiplicative ($(\alpha\beta)^2 = \alpha^2\beta^2$), la nouvelle multiplication scalaire est associative (vérification indispensable et amusante). L'axiome de l'identité découle de $1^2 = 1$. La vérification de la distributivité vectorielle repose sur le fait que si α et β sont des scalaires (des scalaires très spéciaux en l'occurrence), on a

$$(\alpha + \beta)^2 = \alpha^2 + \beta^2.$$

(Cette formule est valable si le corps est de « caractéristique 2 », ce qui signifie que $\alpha + \alpha = 0$ pour tout $\alpha \in K$. Une façon équivalente d'exprimer cette condition est $2 = 0$, où « 2 » signifie $1 + 1$, naturellement.)

Mais la distributivité scalaire est fausse. Pour le montrer, il faut revenir à la définition de K (solution 19). On peut la résumer en deux mots en disant que K peut s'écrire $K = \mathbb{Z}_2(x)$ où x est un élément tel que $x^2 + x + 1 = 0$ (la notation est analogue à celle employée pour $\mathbb{Q}(\sqrt{2})$). Les quatre éléments de K sont 0, 1, x, $1 + x$, où 0 et 1 sont aussi considérés comme éléments de $\mathbb{Z}_2$.

La distributivité scalaire dit en particulier qu'on doit avoir

$$\alpha\big((1,0) + (0,1)\big) = \alpha(1,0) + \alpha(0,1).$$

Si $\alpha = 0$ ou 1, il n'y a pas de problème puisque dans ce cas $\alpha^2 = \alpha$. Mais prenons $\alpha = x$. Le premier membre vaut alors

$$x(1,1) = (x,x),$$

tandis que le second membre vaut

$$(x^2,0) + (0,x)) = (x^2,x) = (-1-x,x) = (1+x,x).$$

(4) Rien ne manque : les définitions de $\boxplus$ et $\boxdot$ font de $\mathbb{R}_+$ un espace vectoriel réel.

(5) Dans cette exemple, l'associativité n'est pas vérifiée. En effet, si $\alpha = \beta = i$, alors

$$(\alpha\beta) \cdot 1 = (-1)1 = -1,$$

alors que

$$\alpha \cdot (\beta \cdot 1) = 0(0) = 0.$$

Les vérifications de la distributivité (scalaire et vectorielle) et de l'axiome de l'identité sont directes. Elles ne reposent (en sus des propriétés élémentaires de l'addition des nombres complexes) que sur le fait que l'application Re conserve 0, 1, et + (ce qui veut dire que $\operatorname{Re} 0 = 0$, $\operatorname{Re} 1 = 1$ et $\operatorname{Re}(\alpha + \beta) = \operatorname{Re}\alpha + \operatorname{Re}\beta$).

(6) Ici encore, tous les axiomes sont vérifiés. L'observation générale est que si K est un corps et H un sous-corps de K, alors K est un espace vectoriel sur H.

Question. Les formules de multiplication par le scalaire 0 et par le vecteur 0 sont-elles valables dans ces exemples ? On a vu au problème 20 qu'elles étaient des conséquences des axiomes d'espace vectoriel ; si certains de ces axiomes sont en défaut, restent-elles vraies ?

Commentaire. Les exemples (1), (2), (3) et (5) montrent que dans la définition des espaces vectoriels par quatre axiomes, aucun n'est redondant. A priori on pourrait envisager qu'un sous-ensemble astucieusement choisi de ces axiomes (formé de trois, deux ou même un de ces axiomes) soit suffisant pour impliquer les autres. Il y a 15 sous-ensembles non vides, et une étude détaillée de toutes les possibilités risque d'être longue et ennuyeuse. Il est cependant utile d'examiner certaines de ces possibilités pour comprendre quelques-unes des subtilités de l'algèbre des scalaires et des vecteurs, comme l'ont montré les exemples (1), (2), (3) et (5). Chacun de ces exemples montre qu'un des quatre axiomes est indépendant des trois autres :

ils fournissent des contre-exemples dans lesquels trois axiomes sont vérifiés et pas le quatrième.

En fait, malgré l'exemple (5), l'associativité est *presque* une conséquence des autres axiomes. Par exemple, si le corps de base est $\mathbb{Q}$ et si V est un ensemble candidat au titre d'espace vectoriel sur $\mathbb{Q}$, satisfaisant les deux axiomes de distributivité et l'axiome de l'identité, alors V vérifie tous les axiomes d'espace vectoriel et, en particulier, l'associativité. La démonstration n'est pas particulièrement difficile et pas non plus d'une grande utilité en algèbre linéaire ; voici quelques indications.

La première étape pourrait être de prouver que $2x$ est nécessairement égal à $x + x$ et que, plus généralement, pour chaque entier $m > 0$, mx est égal à la somme de m termes tous égaux à x. Ceci garantit que $(\alpha\beta)x = \alpha(\beta x)$ quand α et β sont des entiers > 0. Il faut encore deux étapes pour arriver à l'associativité. Premièrement, puisque $0x = 0$ et $(-1)x = -x$ (cf. les remarques sur les conséquences des autres axiomes), on a l'associativité pour tous les entiers. Deuxièmement : $\frac{1}{2}x + \frac{1}{2}x = x$ et, plus généralement, la somme de n termes tous égaux à $\frac{1}{n}x$ est égale à x – ceci donne l'associativité pour les inverses d'entiers. Comme tout rationnel est de la forme $m \cdot \frac{1}{n}$, où m et n sont des entiers, on en déduit l'associativité pour tous les éléments de $\mathbb{Q}$. Attention : le lecteur qui souhaiterait enrichir ce squelette de démonstration devrait s'assurer que les lemmes nécessaires (par exemple $(-1)x = -x$) peuvent être démontrés sans l'associativité.

De façon similaire, on peut montrer que, quand le corps de base est le corps des entiers modulo un entier premier p, alors l'associativité est encore conséquence des autres axiomes. Cela montre que pour prouver l'indépendance de l'axiome d'associativité, il faut utiliser un corps plus compliqué que $\mathbb{Q}$ ou $\mathbb{Z}_p$. (Rappel : les corps $\mathbb{Z}_p$ apparaissent dans la discussion qui précède le problème 19.) Un corps suffisamment compliqué pour cet usage est le corps $\mathbb{C}$ des nombres complexes, c'est ce que montre le contre-exemple (5).

Solution 22 (Combinaisons linéaires)

Il est facile de vérifier les relations

$$3(1,1) - 1(1,2) = (2,1)$$

et que

$$-1(1,1) + 1(1,2) = (0,1),$$

ce qui prouve que $(2,1)$ et $(0,1)$ sont combinaisons linéaires de $(1,1)$ et $(1,2)$, mais ces formules n'éclairent pas le problème ; d'où viennent-elles, comment peut-on les trouver ?

La question générale est la suivante : pour quels vecteurs (a,b) peut-on trouver des nombres réels α et β tels que

$$\alpha(1,1) + \beta(1,2) = (a,b) \,?$$

En termes de coordonnées, cette équation vectorielle est équivalente à un système de deux équations numériques :

$$\alpha + \beta = a$$
$$\alpha + 2\beta = b.$$

Pour calculer les inconnues α et β, on soustrait la première équation de la seconde, ce qui donne

$$\beta = b - a,$$

puis on reporte ce résultat dans la première équation pour obtenir

$$\alpha + b - a = a,$$

soit

$$\alpha = 2a - b.$$

Voilà d'où sortent les coefficients inconnus et, une fois qu'on les a obtenus, il est facile de vérifier que

$$(2a-b)(1,1) + (b-a)(1,2) = (2a-b+b-a, 2a-b+2b-2a) = (a,b).$$

Conclusion : tout vecteur de $\mathbb{R}^2$ est combinaison linéaire de $(1,1)$ et $(1,2)$.

La méthode pour résoudre un système de deux équations linéaires à deux inconnues (éliminer l'une des inconnues et substituer) fait elle-même partie de l'algèbre linéaire. On l'utilise ici sans explication préliminaire parce qu'elle se comprend d'elle-même et que la plupart des étudiants l'apprennent facilement. (Signalons que dans ce contexte l'expression **équation linéaire** signifie **équation du premier degré**, c'est-à-dire typiquement une équation de la forme

$$\alpha x + \beta y + \gamma = 0$$

par rapport aux inconnues x et y.)

Solution 23 (Sous-espaces vectoriels)

Dans (*a*), les sous-ensembles définis par (1) (2) et (4) sont des sous-espaces et les sous-ensembles définis par (3) (5) et (6) n'en sont pas. Les démonstrations des réponses positives sont de simples vérifications de la définition, mais celles des réponses négatives méritent au moins un second coup d'œil.

(3) Le vecteur nul ($= (0,0,0)$) ne satisfait pas la condition.

(5) Le vecteur $(1,1,1)$ satisfait la condition, mais son produit par i ($= \sqrt{-1}$) ne la satisfait pas.

(6) Le vecteur $(1,1,1)$ satisfait la condition, mais son produit par i ne la satisfait pas.

Dans (*b*), les sous-ensembles définis par (2) et (4) sont des sous-espaces et les sous-ensembles définis par (1) et (3) n'en sont pas. Les démonstrations des réponses positives sont directes. En ce qui concerne les réponses négatives, voici ce qu'on peut dire :

(1) Les polynômes $x^3 + x$ et $-x^3 + 2$ satisfont la condition, mais leur somme ne la satisfait pas.

(3) Le polynôme x^2 satisfait la condition, mais son produit par i ne la satisfait pas.

Commentaire. Les réponses (5) pour (*a*) et (3) pour (*b*) montrent que les sous-ensembles M correspondants ne sont pas des sous-espaces vectoriels des espaces vectoriels *complexes* associés. Mais que se passerait-il si on remplaçait dans (*a*) $\mathbb{C}^3$ par $\mathbb{R}^3$ et dans (*b*) l'espace vectoriel complexe $\mathscr{P}$ par l'espace réel correspondant ? Réponse : les résultats resteraient les mêmes (négatifs) ; il suffit de remplacer « i » par « -1 ».

Solution 24 (Réunions de sous-espaces)

(*a*) L'intersection de n'importe quelle famille de sous-espaces est toujours un sous-espace. La démonstration n'est qu'une question de langage, elle repose sur la signification du mot « intersection ». Supposons en effet les sous-espaces de la famille indexés par un indice γ ; il s'agit de prouver que si chaque M_γ est un sous-espace, il en va de même pour $\mathrm{M} = \bigcap_\gamma \mathrm{M}_\gamma$. Puisque chaque M_γ contient 0, M aussi et M est donc non vide. Si x et y appartiennent à M (c'est-à-dire à chaque M_γ), alors $\alpha x + \beta y$ appartient à M_γ (quels que soient α et β) et donc $\alpha x + \beta y$ appartient à M. Cela prouve que M est un sous-espace.

(*b*) Si l'un des deux sous-espaces est l'espace entier V, alors leur réunion est V ; la question n'a donc d'intérêt que pour des sous-espaces stricts. Si M_1 et M_2 sont des sous-espaces stricts, peut-on avoir $M_1 \cup M_2 = V$? Si l'un des sous-espace est contenu dans l'autre, la réunion est égale au plus grand, qui est différent de V. Si aucun des sous-espaces ne contient l'autre, le raisonnement est un peu plus subtil ; en voici les grandes lignes.

On considère un vecteur x de M_1 qui n'est pas dans M_2 et un vecteur y qui n'appartient pas à M_1 (qu'il soit dans M_2 ou pas n'a pas d'importance). L'ensemble de tous les multiples scalaires de x, c'est-à-dire l'ensemble des vecteurs de la forme αx, est une droite passant par l'origine. (Il n'est pas obligatoire d'employer le langage géométrique, mais c'est utile.) On translate cette droite par le vecteur y, c'est-à-dire qu'on forme l'ensemble des vecteurs de la forme $\alpha x + y$; on obtient une droite parallèle (ne passant pas par l'origine). Puisqu'elle est parallèle à M_1, la droite translatée n'a aucun vecteur en commun avec M_1. (Pour le voir géométriquement, faire un dessin ; pour comprendre l'algèbre, écrire une démonstration détaillée du fait que $\alpha x + y$ n'appartient jamais à M_1.) Combien de vecteurs cette droite translatée peut-elle avoir en commun avec M_2 ? Réponse : au plus un. En effet, si $\alpha x + y$ et $\beta x + y$ sont dans M_2, avec $\alpha \neq \beta$, alors leur différence $(\alpha - \beta)x$ est dans M_2 et, par division par $\alpha - \beta$, on obtient une contradiction. On en déduit que l'ensemble D des vecteurs de la forme $\alpha x + y$ (une droite) a au maximum un élément en commun avec $M_1 \cup M_2$. Comme il y a autant d'éléments dans D qu'il y a de scalaires (et cela signifie au moins deux), il en découle que $M_1 \cup M_2$ ne peut pas contenir tous les vecteurs de V.

Maintenant qu'on sait que V ne peut pas être réunion de deux sous-espaces stricts, que peut-on dire de trois ? Comme exemple des situations qui peuvent se produire, considérons le corps K des entiers modulo 2 ; l'ensemble K^2 des couples ordonnés d'éléments de K est un espace vectoriel, comme on l'a vu. Le sous-ensemble

$$\{(0,0),(0,1)\}$$

est un sous-espace de K^2, ainsi que les sous-ensembles

$$\{(0,0),(1,0)\}$$

et

$$\{(0,0),(1,1)\}.$$

La réunion de ces trois sous-espaces est K^2 tout entier ; on a donc un exemple d'espace vectoriel qui est la réunion de trois sous-espaces stricts. Cet exemple semble dégénéré, en un sens : l'espace vectoriel n'a qu'un nombre fini de vecteurs et il n'est pas surprenant qu'il soit la réunion d'un nombre fini de sous-espaces stricts. Chaque espace vectoriel est la réunion de ses « droites vectorielles » et, dans le cas considéré, il n'y en a qu'un nombre fini.

On peut alors se demander ce qui se passe pour les corps infinis et, comme on s'en doutait, on trouve qu'un espace vectoriel sur un corps infini n'est jamais la réunion d'un nombre fini de sous-espaces stricts ; la démonstration se fait en modifiant légèrement celle qui marche pour $n = 2$ et pour tout corps (infini ou non).

Supposons en effet que $M_1, \ldots, M_n$ soient des sous-espaces stricts tels qu'aucun d'eux ne soit contenu dans la réunion des autres. (Cette hypothèse n'entraîne aucune perte de généralité car, si l'un d'eux est contenu dans la réunion des autres, il suffit de l'omettre et de remarquer que le seul effet de cette omission est de faire passer le nombre de sous-espaces de n à $n-1$.) On peut alors trouver un vecteur x_1 de M_1 qui n'appartient pas à M_j pour $j \neq 1$ et, puisque M_1 n'est pas tout l'espace, il existe un vecteur x_0 qui n'appartient pas à M_1.

On considère la droite passant par x_0 et parallèle à x_1, autrement dit l'ensemble L des vecteurs de la forme $x_0 + \alpha x_1$ (α étant un scalaire). De quelle taille sont les intersections $L \cap M_j$ (où j varie de 1 à n) ? Puisque x_1 appartient à M_1, $x_0 + \alpha x_1$ ne peut pas appartenir à M_1 (sinon x_0 serait dans M_1) ; cela prouve que $L \cap M_1 = \emptyset$. Quant aux ensembles $L \cap M_j$ avec $j \neq 1$, ils ne peuvent contenir plus d'un vecteur chacun. En effet, si $x_0 + \alpha x_1$ et $x_0 + \beta x_1$ appartiennent tous deux à M_j, alors leur différence, $(\alpha - \beta)x_1$, aussi et, puisque $x_1 \notin M_1$, cela ne peut se produire que si $\alpha = \beta$.

Puisque (par hypothèse) il y a une infinité de scalaires, la droite L contient une infinité de vecteurs. Or, d'après le paragraphe précédent, $L \cap (M_1 \cup \cdots \cup M_n)$ a au plus n éléments, donc $M_1 \cup \cdots \cup M_n$ ne peut pas recouvrir tout l'espace, ce qui achève la démonstration.

Cette démonstration repose sur une comparaison entre le cardinal du corps de base et un entier donné n. Des théorèmes similaires sont vrais pour d'autres structures voisines. Par exemple, un groupe n'est jamais la réunion de *deux* sous-groupes propres. Ou bien, un espace de Banach n'est jamais la réunion d'une famille finie ou dénombrable de sous-espaces stricts **fermés**.

Remarque. Même si son corps de base n'est pas dénombrable (c'est-à-dire a un cardinal $> \aleph_0$, comme $\mathbb{R}$ par exemple), un espace vectoriel peut être la réunion d'une famille dénombrable de sous-espaces stricts. Par exemple, l'espace vectoriel $\mathscr{P}$ des polynômes réels est la réunion des sous-espaces $\mathscr{P}_n$, constitués des polynômes de degré $\leqslant n$, pour $n = 1,2,3,\ldots$

Solution 25 (Sous-espaces engendrés)

(*a*) C'est très simple. Considérer par exemple les ensembles $\{(1,0),(0,1)\}$ et $\{(2,0),(0,2)\}$. Cela répond à la question, mais cela semble malhonnête : aurait-on pu avoir une réponse positive si aucun vecteur de l'un des ensembles n'est un multiple scalaire d'un vecteur de l'autre ? Oui, et c'est facile aussi, cela ne nécessite que quelques secondes supplémentaires de réflexion. Un exemple est $\{(1,0),(0,1)\}$ et $\{(1,1),(1,-1)\}$.

(*b*) Le sous-espace de $\mathbb{R}^3$ engendré par $\{(1,1,1),(0,1,1),(0,0,1)\}$ est $\mathbb{R}^3$, autrement dit tout vecteur de $\mathbb{R}^3$ est combinaison linéaire des trois vecteurs de cet ensemble.

Pourquoi ? Parce que, pour tout vecteur (α,β,γ), on peut trouver des scalaires ξ, η, ζ tels que

$$\xi(1,1,1) + \eta(0,1,1) + \zeta(0,0,1) = (\alpha,\beta,\gamma).$$

Cette équation vectorielle est équivalente au système de trois équations scalaires

$$\begin{aligned} \xi &= \alpha \\ \xi + \eta &= \beta \\ \xi + \eta + \zeta &= \gamma, \end{aligned}$$

et ce système est facile à résoudre. La solution est

$$\begin{aligned} \xi &= \alpha \\ \eta &= \beta - \xi = \beta - \alpha \\ \zeta &= \gamma - \xi - \eta = \gamma - \alpha - (\beta - \alpha) = \gamma - \beta. \end{aligned}$$

Vérification : $\alpha(1,1,1) + (\beta-\alpha)(0,1,1) + (\gamma-\beta)(0,0,1) = (\alpha,\beta,\gamma)$.

Commentaire. Le sous-espace engendré par les deux vecteurs $(0,1,1)$ et $(0,0,1)$ est l'ensemble des $(0,\xi,\xi+\eta)$, qui est en fait le plan des (y,z). Le sous-espace engendré par les deux vecteurs $(1,1,1)$ et $(0,1,1)$ est le plan constitué des $(\xi,\xi+\eta,\xi+\eta)$ et le sous-espace engendré par $(1,1,1)$ et $(0,0,1)$ est aussi un plan.

Solution 26 (Égalité des sous-espaces engendrés)

Oui, c'est vrai. Dire que $x \in \bigvee\{M, y\}$ revient à dire qu'il existe un vecteur z de M et des scalaires α et β tels que

$$x = \alpha y + \beta z.$$

On en déduit évidemment que

$$\alpha y = x - \beta z$$

et, de plus, que $\alpha \neq 0$, car sinon x appartiendrait à M, ce qui est contraire à l'hypothèse. En conclusion

$$x \in \bigvee\{M, x\},$$

ce qui implique l'égalité des sous-espaces engendrés $\bigvee\{M, x\}$ et $\bigvee\{M, y\}$.

Solution 27 (Quelques sous-espaces engendrés particuliers)

(*a*) Non, aucun vecteur n'engendre $\mathbb{R}^2$ à lui tout seul. Pour tout vecteur (x, y) de $\mathbb{R}^2$, le sous-espace engendré est l'ensemble de ses multiples scalaires, et cela ne peut jamais contenir tous les vecteurs. En effet, si $x = 0$, alors $(1,0)$ n'est pas un multiple scalaire de (x, y), et si $x \neq 0$, alors $(x, y+1)$ n'est pas un multiple scalaire de (x, y).

(*b*) Oui, on peut trouver deux vecteurs qui engendrent $\mathbb{R}^2$, et de nombreuses façons. Un exemple évident est $(1,0)$ et $(0,1)$. Un autre est $(1,1)$ et $(1,-1)$ (voir le problème 25).

(*c*) Non, jamais deux vecteurs n'engendrent $\mathbb{R}^3$. Soient en effet

$$x = (x_1, x_2, x_3) \quad \text{et} \quad y = (y_1, y_2, y_3)$$

deux vecteurs quelconques de $\mathbb{R}^3$. La question qui se pose est de déterminer, pour tout vecteur $z = (z_1, z_2, z_3)$, s'il est possible de trouver des coefficients α et β tels que $\alpha x + \beta y = z$. Autrement dit de déterminer si on peut résoudre en α et β les équations

$$\alpha x_1 + \beta y_1 = z_1$$
$$\alpha x_2 + \beta y_2 = z_2$$
$$\alpha x_3 + \beta y_3 = z_3,$$

et ceci pour des z_1, z_2, z_3 arbitraires. Pour prouver que la réponse est non, on peut soit attendre que ce cours arrive à la notion de dimension, soit utiliser des résultats connus sur les systèmes de trois équations à deux inconnues (qui font partie des systèmes à plus d'équations que d'inconnues). En langage géométrique, ce résultat s'énonce : l'ensemble des combinaisons linéaires de deux vecteurs est contenu dans un plan.

(*d*) Non, aucun ensemble fini de vecteurs ne peut engendrer l'espace vectoriel $\mathscr{P}$ des polynômes (sur n'importe quel corps). Ceci vient du fait que les polynômes ont des degrés. Dans un ensemble fini de polynômes, il y en a un de degré maximum ; aucune combinaison linéaire de polynômes de l'ensemble ne produira de polynôme de degré supérieur au degré maximum. Puisque $\mathscr{P}$ contient des polynômes de tous les degrés, le sous-espace engendré ne peut pas être $\mathscr{P}$ tout entier. Comparer à la remarque qui suit la solution du problème 24.

Solution 28 (Sommes de sous-espaces)

L'identité modulaire est valable pour les sous-espaces.

Le sens facile est $\supset$: le second membre est contenu dans le premier. En effet, on a évidemment $L \cap M \subset L$, et $L \cap N \subset M + (L \cap N)$. Autrement dit, les deux termes du second membre sont contenus dans le premier membre, donc leur somme aussi.

L'inclusion dans l'autre sens demande un peu plus de perspicacité. Si x est un vecteur du premier membre, alors on a $x \in L$ et $x = y + z$ avec $y \in M$ et $z \in L \cap N$. Or $y = x - z$ et, puisque $-z$ appartient à $L \cap N$ tout comme z, on a en particulier $-z \in L$, donc $y \in L$. Puisque $y \in M$, on a $y \in L \cap M$, d'où

$$x \in (L \cap M) + (L \cap N),$$

comme annoncé.

Solution 29 (Distributivité pour les sous-espaces)

Il s'agit de savoir quand l'intersection est distributive par rapport à l'addition. La moitié de la réponse est évidente : le second membre est contenu dans le premier. En effet, $L \cap M$ et $L \cap N$ sont tous deux contenus à la fois dans L et dans $M + N$.

Quant à l'autre sens, si chaque vecteur de V est un multiple scalaire d'un même vecteur x, alors V a très peu de sous-espaces, en fait seulement deux : $\{0\}$ et V. Dans ce cas, la distributivité est évidemment vérifiée. Dans tous les autres cas, elle est fausse.

En effet, supposons que V contienne deux vecteurs x et y dont aucun n'est un multiple scalaire de l'autre. (Faire un dessin dans $\mathbb{R}^2$.) Si L, M et N sont respectivement l'ensemble des multiples scalaires de $x+y$, x et y, alors $L\cap M$ et $L\cap N$ sont réduits à $\{0\}$, alors que $M+N$ contient L, ce qui implique que le premier membre est égal à L.

Solution 30 (Ensembles générateurs)

Pour la plupart des ensembles générateurs E dans un espace vectoriel V, il est facile de trouver un sous-espace M qui n'a rien de commun avec E. Par exemple, soit $V = \mathbb{R}^2$ et soit $E = \{(1,0),(0,1)\}$; le sous-espace M engendré par $(1,1)$ est disjoint de E.

Solution 31 (Dépendance linéaire)

Les réponses aux deux questions sont oui et les démonstrations sont faciles.

Si $x_0 = \sum_{j=1}^{n} \alpha_j x_j$, alors en posant $\alpha_0 = -1$, on remarque que $\sum_{j=0}^{n} \alpha_j x_j = 0$. Comme les scalaires $\alpha_0, \alpha_1, \dots, \alpha_n$ ne sont pas tous nuls (au moins α_0 ne l'est pas), il en découle que la famille $(x_0, x_1, \dots, x_n)$ est liée.

Si, réciproquement, $\sum_{j=0}^{n} \alpha_j x_j = 0$ avec des scalaires α_j non tous nuls, alors il existe au moins un indice i tel que $\alpha_i \neq 0$. On résout l'équation en x_i ce qui donne $x_i = \sum_{j\neq i} \frac{\alpha_j}{\alpha_i} x_j$. (Le symbole $\sum_{j\neq i}$ signifie que la somme s'applique à tous les indices j différents de i.) La dernière équation signifie que x_i est combinaison linéaire des autres x_j.

Le corollaire suivant découle de la démonstration précédente : une famille $(x_0, x_1, \dots, x_n)$ de vecteurs non nuls est liée si et seulement si au moins un des vecteurs $x_1, \dots, x_n$ est combinaison linéaire des précédents. Le mot important est ici « précédents ». La preuve de « si » est évidente. On obtient la preuve de « seulement si » en choisissant pour x_i dans la preuve ci-dessus le premier vecteur après x_0 tel que l'ensemble $\{x_0, \ldots, x_i\}$ soit lié. On obtient alors le résultat désiré en résolvant en x_i la relation de dépendance linéaire. Autre corollaire : une famille $(x_0, x_1, \ldots, x_n)$ de vecteurs est libre si aucun vecteur n'est combinaison linéaire des précédents (pour x_0, cela signifie que $x_0 \neq 0$).

Solution 32 (Indépendance)

Oui, tout espace vectoriel de dimension finie admet une base finie ; si E est un ensemble fini qui engendre V, alors il existe un sous-ensemble F de E qui est une base de V. L'astuce est d'utiliser le problème 31.

Si V = {0}, le résultat est trivial. On peut supposer sans perte de généralité que V ≠ {0}. Dans ce cas, soit E un ensemble fini qui engendre V ; on commence par se demander si 0 appartient à E. Si oui, on l'enlève de E : l'ensemble restant (qu'on peut encore appeler E) engendre toujours V. Si E est libre, il n'y a plus rien à faire : on peut choisir F = E. Si E est lié, d'après le problème 31 il existe un élément de E qui est combinaison linéaire des autres. On enlève cet élément et on remarque que l'ensemble restant (qu'on peut encore appeler E) engendre toujours V. On répète cette opération autant de fois que nécessaire ; puisque E est fini, les répétitions doivent s'arrêter au bout d'un nombre fini d'étapes. La seule chose qui puisse les arrêter est l'apparition d'un ensemble libre, et cela achève la démonstration.

3

Bases

Solution 33 (Changements de bases)

Si T *est un ensemble générateur dans un espace vectoriel* V *et si* E *est une partie* libre *finie de* V*, alors il existe un sous-ensemble* F *de* T*, ayant le même nombre d'éléments que* E*, tel que* $(T - F) \cup E$ *soit générateur.*

La démonstration est la plus simple quand la partie E est réduite à un seul vecteur non nul x. Il suffit alors d'exprimer x comme combinaison linéaire $\sum_i \alpha_i y_i$ de vecteurs de T et de choisir un i tel que $\alpha_i \neq 0$. De $x = \sum_j \alpha_j y_j$ on déduit que $y_i = \frac{1}{\alpha_i}(x - \sum_{j \neq i} \alpha_j y_j)$. Si on enlève y_i de T et si on le remplace par x, l'ensemble obtenu est toujours générateur puisque toute combinaison linéaire d'éléments de T est une combinaison linéaire de x et des éléments de T différents de y_i.

Dans le cas général $E = \{x_1, \ldots, x_n\}$, on fait un raisonnement par récurrence en appliquant le résultat précédent aux x l'un après l'autre. C'est à dire qu'on commence par trouver y_1 dans T_1 (= T) tel que $T_2 = (T_1 - \{y_1\}) \cup \{x_1\}$ soit générateur. À la seconde étape, on trouve un y_2 dans T_2 tel que $T_3 = (T_2 - \{y_2\}) \cup \{x_2\}$ soit générateur, et on prend une minute supplémentaire pour se convaincre que T_3 contient x_1, c'est-à-dire que le y_2 enlevé ne pouvait pas être égal à x_1. Cela vient du fait que les x_i sont indépendants. En effet, si on avait enlevé x_1 de T_2, aucune combinaison linéaire de x_2 et des vecteurs restants ne permettrait d'obtenir x_1. On continue de cette manière, en formant

$$T_{k+1} = (T_k - \{y_k\}) \cup \{x_k\},$$

jusqu'à ce qu'on arrive à T_n. L'ensemble obtenu est encore générateur et il a été obtenu à partir de T en remplaçant un sous-ensemble $F = \{y_1, \ldots, y_n\}$ par l'ensemble donné

$$E = \{x_1, \ldots, x_n\}.$$

Ce résultat s'appelle **théorème d'échange de Steinitz**.

Ce théorème a trois corollaires intéressants.

Corollaire 1. *Si* E *est un ensemble libre et* T *un ensemble générateur dans un espace vectoriel de dimension finie, alors le nombre d'éléments de* E *est inférieur ou égal à celui de* T.

Corollaire 2. *Deux bases quelconques d'un espace vectoriel de dimension finie ont le même nombre d'éléments.*

La **dimension** d'un espace vectoriel de dimension finie V est le nombre d'éléments d'une base de V.

Corollaire 3. *Tout ensemble de plus de n vecteurs dans un espace vectoriel de dimension n est lié. Un ensemble de n vecteurs de* V *est une base si et seulement si il est libre, ou bien si et seulement si il est générateur.*

On peut remarquer que ces considérations répondent, en particulier, à une question posée il y a longtemps (problème 27), à savoir si deux vecteurs peuvent engendrer $\mathbb{R}^3$. Puisque $\dim \mathbb{R}^3 = 3$, la réponse est non.

Solution 34 (Supplémentaires communs)

Si plusieurs sous-espaces d'un espace vectoriel V de dimension n ont un supplémentaire commun, alors ils ont tous la même dimension m (en effet, en réunissant une base d'un sous-espace M et une base de son supplémentaire M', on obtient une base de V). Nous avons donc une condition nécessaire. Nous allons montrer que si le corps des scalaires est infini cette condition est aussi suffisante : une famille finie de sous-espaces de même dimension m a nécessairement des supplémentaires communs.

Si la dimension commune m est égale à n, alors chacun des sous-espaces donnés est égal à V (dans ce cas, il n'est pas vraiment juste de parler de « plusieurs sous-espaces ») et le sous-espace $\{0\}$ est un supplémentaire commun (il s'agit d'un cas inintéressant et dégénéré). Si $m < n$, les sous-espaces donnés $M_1, \ldots, M_k$ sont stricts, et il résulte du problème 24 qu'il existe un vecteur x de V qui n'appartient à aucun d'entre eux. Si on note L le sous-espace de dimension un engendré par x, alors $M_j \cap L = \{0\}$ pour tout j et, de plus, tous les sous-espaces

$$M_1 + L, \ldots, M_k + L$$

sont de dimension $m+1$. Alors on a ou bien $m+1 = n$ (auquel cas $\mathrm{M}_j + \mathrm{L} = \mathrm{V}$ pour tout j et alors L est un supplémentaire commun à tous les M_j), ou bien $m+1 < n$, et dans ce cas on peut appliquer de nouveau le raisonnement précédent. En appliquant ce raisonnement $n-m$ fois, on obtient le supplémentaire commun promis.

La généralisation du problème 24 à des corps de base infinis non dénombrables et à des familles dénombrables de sous-espaces stricts s'applique aussi facilement que la version non généralisée. En conclusion, si le corps de base est non dénombrable, une famille dénombrable de sous-espaces de même dimension m a nécessairement un supplémentaire commun.

Solution 35 (Exemples d'indépendance linéaire)

(*a*) Si x et 1 sont linéairement *dépendants*, alors il existe des nombres rationnels α et β, non tous deux nuls, tels que $\alpha \cdot 1 + \beta \cdot x = 0$. Le coefficient β ne peut pas valoir 0 (car sinon α serait aussi nul) et par conséquent cette relation de dépendance entraîne que $x = -\frac{\alpha}{\beta}$ et x est donc rationnel. L'implication inverse est facile aussi : x et 1 sont linéairement dépendants si et seulement si x est rationnel.

(*b*) Il s'agit de résoudre le système de deux équations à deux inconnues suivant :

$$\alpha(1+\xi) + \beta(1-\xi) = 0$$
$$\alpha(1-\xi) + \beta(1+\xi) = 0$$

par rapport aux inconnues α et β. Si $\xi \neq 0$, alors α et β doivent valoir 0 ; le seul cas de dépendance linéaire est donc le cas trivial, $(1,1)$ et $(1,1)$.

Solution 36 (Indépendance sur $\mathbb{R}$ et sur $\mathbb{Q}$)

Considérons les vecteurs $(x,1,0)$, $(1,x,1)$ et $(0,1,x)$. L'hypothèse de dépendance linéaire conduit à un système de trois équations à trois inconnues qui doit avoir une autre solution que la solution nulle. Cela entraîne que $x(x^2-2) = 0$. Par conséquent x doit valoir 0 ou $\pm\sqrt{2}$ et, effectivement, dans chacun de ces cas on a dépendance linéaire. Ce raisonnement vaut sur $\mathbb{R}$ mais pas sur $\mathbb{Q}$; dans le cas de $\mathbb{Q}$, la dépendance linéaire n'a lieu que quand $x = 0$.

Solution 37 (Indépendance dans $\mathbb{C}^2$)

(*a*) Si $(1, \alpha)$ et $(1, \beta)$ sont linéairement indépendants, alors il est clair que α ne peut pas être égal à β et, réciproquement, si $\alpha \neq \beta$, on a l'indépendance.

(*b*) Non, il n'y a pas suffisamment de place dans $\mathbb{C}^2$ pour trois vecteurs linéairement indépendants : c'est dû au fait que deux équations linéaires à trois inconnues ont très probablement une solution non triviale. On peut faire un meilleur raisonnement : $\mathbb{C}^2$ est de dimension 2 et l'existence de trois vecteurs indépendants impliquerait que la dimension est $\geqslant 3$ (sol. 33, cor. 2).

Solution 38 (Vecteurs communs à différentes bases)

Pour (*a*), considérons deux vecteurs indépendants de $\mathbb{C}^2$, par exemple $(1, 0)$ et $(1, -1)$, chacun d'eux étant indépendant de $(1, 1)$, et utilisons-les pour fabriquer deux nouveaux vecteurs. Une possibilité est de compléter la famille donnée des deux vecteurs de $\mathbb{C}^4$ en une base de $\mathbb{C}^4$ par

$$(0, 0, 1, 0) \quad \text{et} \quad (1, 0, 0, 0)$$

et une autre possibilité est de la compléter par

$$(0, 0, 1, -1) \quad \text{et} \quad (1, -1, 0, 0).$$

Pour (*b*), complétons la première paire de vecteurs par

$$(0, 0, 1, 0) \quad \text{et} \quad (0, 0, 1, 1)$$

et la seconde paire par

$$(-1, 1, 0, 0) \quad \text{et} \quad (0, 1, 0, 0).$$

Solution 39 (Bases de $\mathbb{C}^3$)

(*a*) Les vecteurs donnés ne forment jamais une base, il y a trop de place dans $\mathbb{C}^3$. Pour démontrer cette assertion on dit que, puisque $\mathbb{C}^3$ est de dimension 3, deux vecteurs ne peuvent jamais en former une base.

(*b*) Jamais : la somme des deux premiers vecteurs est égale au troisième, ils sont linéairement dépendants.

Solution 40 (Parties libres maximales)

Combien de vecteurs peut-il y avoir dans une partie libre maximale de $\mathbb{R}^4$? Certainement pas plus de quatre, et il n'est pas long de vérifier que toute famille de quatre vecteurs parmi les six proposés est libre. En conclusion, il y a $\binom{6}{4}$ parties libres maximales de X.

Solution 41 (Complexes considérés comme réels)

Si x est un vecteur quelconque non nul de V, alors x et ix $(= \sqrt{-1}x)$ sont linéairement indépendants sur $\mathbb{R}$. En effet, si α et β sont des réels et si

$$\alpha x + \beta(ix) = 0,$$

alors

$$(\alpha + i\beta)x = 0,$$

et, puisque $x \neq 0$, on a $\alpha + i\beta = 0$. Par conséquent, si $x_1, x_2, x_3, \ldots$ est une base de V, alors les mêmes vecteurs et leurs produits par i forment une base de $V^{\text{réel}}$. La « dimension réelle » de $V^{\text{réel}}$ est donc $2n$. Corollaire qui n'a rien de surprenant : la dimension réelle de $\mathbb{C}$ est 2.

Solution 42 (Sous-espaces de dimension pleine)

Plus généralement, soient M et N des sous-espaces de dimension finie d'un espace vectoriel, avec $M \subset N$. Si $M \neq N$, alors une base de M ne peut engendrer N. Prenons une base de M et complétons-la par un vecteur de N qui n'est pas dans M. On obtient un ensemble linéairement indépendant dans N qui a plus d'éléments que la dimension de M, ce qui implique que M et N n'ont pas la même dimension. Par conséquent, si un sous-espace de N a la même dimension que N, il est nécessairement égal à N.

Solution 43 (Bases incomplètes)

La réponse est oui ; tout sous-ensemble libre et fini d'un espace vectoriel de dimension finie peut être complété en une base. Le résultat du problème 32, à savoir que dans un espace vectoriel de dimension finie il existe toujours une base finie, est un cas particulier de celui-ci : l'ensemble vide (qui est libre) peut être complété en une base.

La démonstration du cas général comporte un petit piège. Étant donné un ensemble fini libre E, considérons une base quelconque B et appliquons-lui le théorème d'échange de Steinitz (voir la solution 33). On en conclut qu'il existe un ensemble générateur qui contient E et qui a le même nombre d'éléments que B ; mais est-il évident que cet ensemble est libre ? Oui, ça l'est. S'il était lié, alors (voir le problème 32) un sous-ensemble strict de celui-ci serait une base, ce qui contredit le fait (corollaire 2 de la solution 33) que deux bases ont toujours le même nombre d'éléments.

On peut remarquer que ce résultat répond à la question sur l'ensemble $\{u, v\}$ posée avant l'énoncé de ce problème : il existe une base de $\mathbb{C}^4$ contenant u et v. Par exemple (u, v, x_1, x_2).

De la solution ci-dessus résulte immédiatement le résultat suivant :

Corollaire. *Tout sous-espace vectoriel d'un espace vectoriel de dimension finie a un sous-espace vectoriel supplémentaire.*

Le lecteur attentif aura remarqué que cet énoncé résulte déjà des solutions des problèmes 24 et 34. On y a démontré que si K comporte (strictement) plus de k éléments, k sous-espaces vectoriels de même dimension d'un espace vectoriel V de dimension finie sur K ont un supplémentaire commun. Puisque tout corps a au moins deux éléments, ce résultat vaut aussi pour $k = 1$ et K quelconque, ce qui signifie que tout sous-espace vectoriel de V possède un supplémentaire.

Solution 44 (Sous-espaces de dimension finie)

Si V est un espace vectoriel de dimension n et si M est un sous-espace de V, alors M est de dimension finie et sa dimension est $\leqslant n$. Si $M = \{0\}$, la dimension de M est 0 et la démonstration est terminée. Si M contient un vecteur non nul x_1, soit M_1 ($\subset M$) le sous-espace engendré par x_1. Si $M = M_1$, la dimension de M est 1 et la démonstration est terminée. Si $M \neq M_1$, soit x_2 un élément de M qui n'appartient pas à M_1, et soit M_2 le sous-espace engendré par x_1 et x_2 ; et ainsi de suite. Après au maximum n étapes, le processus se termine. En effet, le processus produit des ensembles libres et aucun ensemble libre ne peut avoir plus de n éléments (puisque tout ensemble libre peut être complété en une base, et qu'aucune base n'a plus de n éléments). La seule façon qu'a le processus de se terminer, c'est d'obtenir des x_i qui engendrent M, et la démonstration est complète.

Solution 45 (Ensembles générateurs minimaux)

Un ensemble générateur est minimal si, et seulement si, il est libre. La façon la plus naturelle d'aborder les démonstrations des deux implications demandées est par les contraposées. C'est-à-dire : E n'est *pas* minimal si et seulement si il est *lié*.

Supposons en effet que E ne soit pas minimal, ce qui signifie que E contient un sous-ensemble non vide F tel que le complémentaire de F dans E, E − F, soit générateur. Si x est un vecteur de F, il existe des vecteurs $x_1, \ldots, x_n$ de E − F et des scalaires $\alpha_1, \ldots, \alpha_n$ tels que

$$x = \sum_{j=1}^{n} \alpha_j x_j,$$

ce qui implique que l'ensemble $\{x_1, \ldots, x_n\}$ de E est lié.

Si, réciproquement, E est lié, alors il existe des vecteurs $x_1, \ldots, x_n$ de E et des scalaires $\alpha_1, \ldots, \alpha_n$ non tous nuls tels que

$$\sum_{j=1}^{n} \alpha_j x_j = 0.$$

On choisit un i tel que $\alpha_i \neq 0$, et on remarque que

$$x_i = -\sum_{j \neq i} \frac{\alpha_j}{\alpha_i} x_j.$$

Cela implique que l'ensemble $F = E - \{x_i\}$ est tout aussi générateur que E, et donc que E n'est pas minimal.

Solution 46 (Existence d'ensembles générateurs minimaux)

Soit E un ensemble générateur dans un espace vectoriel de dimension finie. On exprime chaque vecteur d'une base de V comme combinaison linéaire de vecteurs de E. Les vecteurs utilisés dans toutes ces combinaisons linéaires forment un sous-ensemble de E, fini et générateur.

Au problème 32, on a montré que tout espace vectoriel de dimension finie V admet une base en prouvant (par un argument de descente) que tout sous-ensemble fini générateur contient un sous-ensemble générateur et libre. Il suffit donc d'utiliser ce dernier résultat, en observant que pour un sous-ensemble générateur, le fait d'être libre et celui d'être minimal sont équivalents (problème 45).

La conclusion reste vraie en dimension infinie mais, pour le démontrer, il faut changer de technique. Ce qu'il faut trouver, étant donné E, c'est un sous-ensemble libre de E qui engendre le même espace que E. Une façon rapide d'y arriver est de considérer l'ensemble de toutes les parties libres de E et de trouver parmi celles-ci une partie *maximale*. (Ici, l'emploi du lemme de Zorn est indispensable.)

Cette partie libre maximale de E doit engendrer le même espace que E car, sinon, cela contredirait la maximalité. Puisque E engendre V, cette partie libre maximale est génératrice. (Noter que, puisque tout espace vectoriel possède un ensemble générateur, V lui-même, on vient de prouver que tout espace vectoriel, de dimension finie *ou non*, possède une base.)

Puisqu'une partie libre et génératrice est un sous-ensemble générateur minimal (voir le problème 45), la démonstration est terminée : tout ensemble générateur contient un sous-ensemble générateur minimal.

Solution 47 (Ensembles indéfiniment générateurs)

Un ensemble indéfiniment générateur E a toujours un sous-ensemble infini F tel que $E - F$ soit générateur. Voici un moyen de construire F.

On considère un vecteur quelconque x_1 de E. Puisque par hypothèse $E - \{x_1\}$ est générateur, il existe un sous-ensemble fini E_1 de $E - \{x_1\}$ tel que $\text{Vect}(E_1)$ contienne x_1. Soit x_2 un vecteur de l'ensemble $E - (\{x_1, x_2\} \cup E_1)$. Puisque par hypothèse $E - (\{x_1, x_2\} \cup E_1)$ est générateur, il contient un sous-ensemble fini E_2 tel que $\text{Vect}(E_2)$ contienne x_2. On continue de cette manière. C'est-à-dire qu'à l'étape suivante, on considère un vecteur x_3 dans

$$E - \big(\{x_1, x_2\} \cup E_1 \cup E_2\big),$$

et on remarque que ce complémentaire relatif est générateur et donc qu'il contient un sous-ensemble fini E_3 tel que $\text{Vect}(E_3)$ contienne x_3. Ces itérations conduisent à un ensemble infini $F = \{x_1, x_2, x_3, \ldots\}$

ayant la propriété que E − F est générateur. En effet, E_j est un sous-ensemble de E − F pour tout j, et x_j appartient donc au sous-espace engendré par E − F pour tout j.

Solution 48 (Ensembles relativement indépendants)

Assertion : si $\{x_1,\ldots,x_k\}$ est un sous-ensemble relativement indépendant de $\mathbb{R}^n$, avec $k \geqslant n$, alors il existe un vecteur x_{k+1} tel que $\{x_1,\ldots,x_k,x_{k+1}\}$ soit relativement indépendant.

Pour démontrer cette assertion, on considère tous les sous-ensembles à $n-1$ vecteurs de $\{x_1,\ldots,x_k\}$ et, pour chacun d'eux, le sous-espace qu'il engendre. (Remarquer que la dimension de chacun de ces sous-espaces est exactement $n-1$, pas moins. Cela provient de l'indépendance relative. Ce n'est pas utile pour la démonstration, mais bon à savoir quand même.) On a obtenu un nombre fini de sous-espaces de $\mathbb{R}^n$ qui, à eux tous, ne peuvent recouvrir $\mathbb{R}^n$; on choisit pour x_{k+1} n'importe quel vecteur qui n'appartient à aucun d'entre eux. (Cette démonstration utilise la propriété que $\mathbb{R}$ est infini.)

Pourquoi l'ensemble $\{x_1,\ldots,x_k,x_{k+1}\}$ est-il relativement indépendant ? Soient $y_1,\ldots,y_{n-1}$ des vecteurs distincts dans l'ensemble $\{x_1,\ldots,x_k\}$. Dans une relation de dépendance linéaire non triviale entre les y_i et x_{k+1}, c'est-à-dire dans une relation de la forme

$$\sum_i \beta_i y_i + \alpha x_{k+1} = 0,$$

le coefficient α ne peut pas être nul (car autrement les y_i seraient linéairement dépendants). Cette relation implique donc que x_{k+1} appartient au sous-espace engendré par les y_i, ce qui est contredit par la façon dont x_{k+1} a été choisi. Ceci termine la démonstration.

En appliquant itérativement l'assertion ci-dessus (en partant d'un ensemble indépendant de n vecteurs), on obtient un ensemble relativement indépendant $\{x_1,x_2,x_3,\ldots\}$ ayant une infinité d'éléments.

Un étudiant familier avec les cardinaux, sachant donc que le terme « une infinité » peut correspondre à diverses réalités, aura envie de pousser un peu plus loin. La démonstration prouve, c'est certain, qu'il n'y a pas de borne supérieure finie à la taille des ensembles relativement indépendants, mais cela ne répond pas complètement à la question originale. On pourrait se demander s'il est possible qu'il existe des ensembles E relativement indépendants non dénombrables. La réponse est oui, mais la démonstration demande des techniques tout à fait différentes.

Pour $n = 2$, on peut prendre pour E n'importe quel sous-ensemble de $\mathbb{R}^2$ tel que deux éléments de E ne soient pas colinéaires. Par exemple le demi-cercle formé par les vecteurs unitaires $\begin{pmatrix} \cos\theta \\ \sin\theta \end{pmatrix}$, $0 \leqslant \theta < \pi$, ou le segment joignant le point $(0,1)$ au point $(1,0)$.

Pour $n = 3$, en notant S la sphère de rayon 1 centrée en O (ensemble des vecteurs unitaires de $\mathbb{R}^3$), on peut prendre pour E un petit cercle de S, c'est-à-dire un cercle tracé sur S de rayon < 1. Trois éléments de S sont toujours indépendants.

Pour $n > 3$, il n'est pas difficile de généraliser la solution donnée pour $n = 3$.

Solution 49 (Nombre de bases d'un espace vectoriel fini)

Soit q le nombre d'éléments du corps K et soit n la dimension de l'espace vectoriel sur K considéré. Puisqu'une base de K^n est un ensemble libre de n n-uplets d'éléments de K, la question est (ou pourrait aussi bien être) : combien y a-t-il d'ensembles libres de exactement n vecteurs dans K^n ?

N'importe quel n-uplet non nul peut être le premier élément d'une base ; choisissons-en un et appelons-le x_1. Puisqu'il y a q^n éléments dans K^n et puisque seul le vecteur nul est à éviter, le nombre de choix possibles est $q^n - 1$. N'importe quel n-uplet qui n'est pas un multiple scalaire de x_1 peut suivre x_1 comme second élément d'une base ; choisissons-en un et appelons-le x_2. Puisqu'il y a q^n éléments dans K^n et puisque seulement les multiples scalaires de x_1 sont à éviter, le nombre de choix possibles à ce stade est $q^n - q$. (Remarquer que le nombre de multiples scalaires de x_1 est le même que le nombre de scalaires, c'est-à-dire q.) L'étape suivante est typique de ce qui se passe à l'étape n. Tout n-uplet qui n'est pas combinaison linéaire de x_1 et x_2 peut être choisi comme troisième élément d'une base ; choisissons-en un et appelons-le x_3. Puisqu'il y a q^n éléments dans K^n et puisque seulement les combinaisons linéaires de x_1 et x_2 sont à éviter, le nombre de choix possibles à ce stade est $q^n - q^2$. (Le nombre de combinaisons linéaires de deux vecteurs indépendants est le même que le nombre de couples de scalaires, c'est-à-dire q^2.) On répète ce raisonnement n fois ; la réponse finale est le produit

$$(q^n - 1)(q^n - q)(q^n - q^2)\cdots(q^n - q^{n-1})$$

des réponses obtenues à chaque étape.

Attention : ce produit n'est pas le nombre de bases, mais le nombre de bases *ordonnées*, les bases pour lesquelles on obtient une base différente en permutant les vecteurs (les permutations considérées ici *ne sont pas* les permutations des composantes d'un n-uplet, mais les permutations des vecteurs de la base). Pour obtenir le nombre de bases honnêtes (non ordonnées), il suffit de diviser la réponse par $n!$.

Dans ce dénombrement, il apparaît une subtilité bizarre. Si $\mathrm{K} = \mathbb{Z}_2$ et si on applique la formule qu'on vient de trouver à K^3 (c'est-à-dire $q = 2$ et $n = 3$), on obtient

$$(8-1)(8-2)(8-4)$$

bases ordonnées, et donc 28 bases non ordonnées. Maintenant, posons-nous la question suivante : combien y a-t-il de bases de $\mathbb{R}^3$ dans lesquelles chaque vecteur est autorisé à avoir seulement les coordonnées 0 et 1. Un calcul pas trop laborieux donne la réponse 29. D'où vient la différence ? L'explication est que l'ensemble $\{(0,1,1),(1,0,1),(1,1,0)\}$ est une base de $\mathbb{R}^3$, mais que les mêmes symboles interprétés modulo 2 décrivent un sous-ensemble de K^3 qui n'est pas une base (par exemple, la somme des deux premiers vecteurs est égale au troisième).

Solution 50 (Sommes directes)

L'énoncé de la question suggère que la somme directe de deux espaces vectoriels de dimension finie est de dimension finie. Ceci est vrai, et la meilleure façon de le démontrer est d'utiliser des bases des espaces vectoriels donnés pour construire une base de leur somme directe.

Si $\{x_1,\ldots,x_n\}$ et $\{y_1,\ldots,y_m\}$ sont respectivement des bases de U et V, il semble naturel de considérer l'ensemble B des vecteurs

$$(x_1,0),\ldots,(x_n,0),(0,y_1),\ldots,(0,y_m)$$

et d'essayer de démontrer que c'est une base de $\mathrm{U} \oplus \mathrm{V}$.

La partie la plus facile est de montrer que B engendre $\mathrm{U} \oplus \mathrm{V}$. En effet, puisque chaque vecteur x de U est combinaison linéaire des x_i, chaque vecteur de la forme $(x,0)$ de $U \oplus V$ est combinaison linéaire des $(x_i,0)$. De même, chaque vecteur de la forme $(0,y)$ est combinaison linéaire des $(0,y_j)$, et ces deux conclusions entraînent que tout vecteur (x,y) de $U \oplus V$ est combinaison linéaire des vecteurs de B.

L'ensemble B est-il libre ? Si

$$\alpha_1(x_1,0)+\cdots+\alpha_n(x_n,0)+\beta_1(0,y_1)+\cdots+\beta_m(0,y_m)=(0,0),$$

alors

$$\Big(\sum_i \alpha_i x_i, \sum_j \beta_j y_j\Big)=(0,0),$$

et il découle de l'indépendance des x_i et des y_j que $\alpha_1=\cdots=\alpha_n=\beta_1=\cdots=\beta_m=0$, ce qu'il fallait démontrer.

Solution 51 (Espaces quotients)

(*a*) Prenons pour V l'espace $\mathscr{P}$ des polynômes réels et soit M le sous-espace des polynômes pairs (voir le problème 25). Deux polynômes sont égaux (congruents) modulo M quand leur différence est paire. En particulier, un polynôme est égal à 0 modulo M quand il est pair. Par conséquent, aucune combinaison linéaire non triviale des polynômes $p_n(x)=x^{2n+1}$ pour $n=0,1,2,\ldots$ ne peut valoir 0 modulo M. En effet, si k est le plus grand indice pour lequel le coefficient de p_k est non nul, le degré de la combinaison linéaire sera $2k+1$, qui n'est pas un nombre pair. On en déduit que l'espace quotient V/M contient un ensemble libre infini, ce qui implique, bien sûr, qu'il n'est pas de dimension finie.

(*b*) Si, d'autre part, N est le sous-espace des polynômes p tels que $p(0)=0$ (ce qui revient à dire que le terme constant est nul), alors l'égalité de deux polynômes modulo N signifie simplement qu'ils ont le même terme constant. Par conséquent, tout polynôme est congru modulo N à un multiple scalaire du polynôme constant 1, ce qui implique que la dimension de V/N est 1. Pour avoir des exemples plus gros, il suffit de rendre N plus petit. Plus précisément, soit N l'ensemble des polynômes dont non seulement le terme constant est nul, mais aussi les coefficients de x, x^2 et x^3. Alors tout polynôme est congruent modulo N à un polynôme de degré $\leqslant 3$, ce qui implique que la dimension de V/N est 4.

Solution 52 (Dimension d'un espace quotient)

Si M est un sous-espace de dimension m d'un espace vectoriel V de dimension n, alors la dimension de V/M est $n-m$. Il suffit d'une petite idée pour commencer la démonstration, après tout devient mécanique. L'hypothèse que V est de dimension n signifie que toute base de V a n éléments ; la petite idée est d'utiliser une sorte de base particulière, une base qui commence par une base de M. Plus précisément, soit $\{x_1, \ldots, x_m\}$ une base de M et complétons-la en lui adjoignant des vecteurs $x_{m+1}, \ldots, x_n$, de façon à en faire une base de V. Maintenant, il n'est plus nécessaire de réfléchir ; la chose naturelle à faire est de démontrer que les classes

$$x_{m+1} + \mathrm{M}, \ldots, x_n + \mathrm{M}$$

forment une base de V/M.

Ces classes engendrent-elles V/M ? C'est-à-dire : si $x \in \mathrm{V}$, la classe $x + \mathrm{M}$ est-elle combinaison linéaire de ces classes ? La réponse est oui parce que x est lui-même combinaison linéaire de $x_1, \ldots, x_n$, il s'écrit

$$x = \sum_{i=1}^{n} \alpha_i x_i$$

avec des coefficients convenables. Puisque

$$\sum_{j=1}^{m} \alpha_j x_j$$

est congru à 0 modulo M, il en découle que

$$x + \mathrm{M} = \sum_{i>m} \alpha_i (x_i + \mathrm{M})$$

ce qui est exactement ce qu'il fallait démontrer.

Les classes $x_{m+1} + \mathrm{M}, \ldots, x_n + \mathrm{M}$ sont-elles indépendantes ? Oui, parce que les vecteurs $x_{m+1}, \ldots, x_n$ sont indépendants modulo M. Pour le montrer, considérons une combinaison linéaire, appelons-la z, des vecteurs $x_{m+1}, \ldots, x_n$. Si z est dans M, alors z est combinaison linéaire de $x_1, \ldots, x_m$. Mais la seule combinaison linéaire possible est la combinaison linéaire triviale car l'ensemble de tous les x_i est libre.

Ceci achève la démonstration et nous avons même prouvé plus que ce qui était demandé : nous avons exhibé explicitement une base de V/M formée de $n - m$ vecteurs.

Solution 53 (Additivité de la dimension)

La réponse est facile à deviner, facile à comprendre et facile à démontrer, mais elle apparaît si souvent en mathématiques qu'elle vaut bien quelques minutes d'attention. Elle est facile à deviner parce que espace engendré et dimension se comportent (au moins partiellement) comme réunion et nombre d'éléments. Le nombre d'éléments de la réunion de deux sous-ensembles finis n'est pas la somme des nombres de chacun, sauf s'ils sont disjoints. S'ils ne sont pas disjoints, alors en ajoutant les nombres proposés, on compte deux fois les éléments communs aux deux ensembles : la somme des nombres d'éléments de chaque ensemble est le nombre d'éléments de leur réunion *plus* le nombre d'éléments de leur intersection. L'analogue est vrai pour les sous-espaces engendrés et les dimensions ; dans ce cas la formule est

$$\dim(\mathrm{M}+\mathrm{N})+\dim(\mathrm{M}\cap\mathrm{N})=\dim\mathrm{M}+\dim\mathrm{N}.$$

On l'appelle quelquefois **équation modulaire**.

Pour la démontrer, posons $\dim(\mathrm{M}\cap\mathrm{N}) = k$ et choisissons une base

$$(z_1,\ldots,z_k)$$

de $\mathrm{M}\cap\mathrm{N}$. Puisqu'une base d'un sous-espace peut toujours être complétée en une base d'un sous-espace donné plus grand, il existe des vecteurs $x_1,\ldots,x_m$ tels que

$$(x_1,\ldots,x_m,z_1,\ldots,z_k)$$

soit une base de M ; avec ces notations, on a

$$\dim\mathrm{M}=m+k.$$

De même, il existe des vecteurs $y_1,\ldots,y_n$ tels que

$$(y_1,\ldots,y_n,z_1,\ldots,z_k)$$

soit une base de N ; avec ces notations, on a

$$\dim\mathrm{N}=n+k.$$

Le sous-espace engendré par les x_i est disjoint de N (car sinon l'ensemble des x_i et z_j ne pourrait être libre) et, de même, le sous-espace engendré par les y_i est disjoint de M. On en déduit que l'ensemble

$$(x_1,\ldots,x_m,y_1,\ldots,y_n,z_1,\ldots,z_k)$$

est une base de $\mathrm{M}+\mathrm{N}$. L'équation désirée prend alors la forme

$$(m+n+k)+k=(m+k)+(n+k),$$

ce qui est manifestement vrai. (Remarquer que l'intersection $\mathrm{M}\cap\mathrm{N}$ a été « comptée deux fois » dans chacun des deux membres de l'équation.)

La démonstration ci-dessus a un petit défaut, dû aux notations. Il est en effet possible qu'une des dimensions qui interviennent soit nulle ; par exemple, le cas

$$\dim(\mathrm{M}\cap\mathrm{N})=0$$

a un intérêt. Dans ce cas, la notation n'est pas adaptée : l'indice de z_1 suggère que $\mathrm{M}\cap\mathrm{N}$ a une base non vide, ce qui est faux. Il n'est pas difficile de mettre au point un système de notations cohérent dans ces situations, mais en général cela n'en vaut pas la peine ; il est plus facile (et pas moins rigoureux) de se souvenir qu'au cas où l'un des termes vaut 0, il suffit de sauter une des étapes de la démonstration.

4

Transformations

Solution 54 (Transformations linéaires)

(*a*) Les transformations (1) et (3) sont linéaires, (2) ne l'est pas. La vérification de la linéarité dans (1) est mécanique ; il suffit d'appliquer T à une combinaison linéaire arbitraire

$$\alpha_1(x_1, y_1) + \alpha_2(x_2, y_2),$$

et de comparer le résultat avec ce qu'on obtient en procédant dans l'ordre inverse. Voici la démonstration, pour vos archives. Ne la lisez pas avant d'essayer de l'écrire indépendamment et, de préférence, ne la lisez pas du tout.

Tout d'abord

$$\begin{aligned}&\mathrm{T}\big(\alpha_1(x_1, y_1) + \alpha_2(x_2, y_2)\big) = \mathrm{T}\big(\alpha_1 x_1 + \alpha_2 x_2, \alpha_1 y_1 + \alpha_2 y_2\big)\\ &= \big(\alpha(\alpha_1 x_1 + \alpha_2 x_2) + \beta(\alpha_1 y_1 + \alpha_2 y_2), \gamma(\alpha_1 x_1 + \alpha_2 x_2) + \delta(\alpha_1 y_1 + \alpha_2 y_2)\big).\end{aligned}$$

Ensuite

$$\begin{aligned}&\alpha_1 \mathrm{T}(x_1, y_1) + \alpha_2 \mathrm{T}(x_2, y_2)\\ &\qquad = \alpha_1(\alpha x_1 + \beta y_1, \gamma x_1 + \delta y_1) + \alpha_2(\alpha x_2 + \beta y_2, \gamma x_2 + \delta y_2).\end{aligned}$$

Et enfin, comparer les dernières lignes de ces deux calculs.

Quant à (2), la linéarité a été détruite par l'élévation au carré. Un contre-exemple a été donné dans la discussion avant l'énoncé du problème. Vérifiez-le.

L'exemple (3) est le même que (1). Seuls les noms des scalaires ont changé.

(*b*) Comme dans la question précédente, les transformations (1) et (3) sont linéaires, (2) ne l'est pas. Pour discuter le cas (1), considérons un polynôme, comme par exemple

$$9x^3 - 3x^2 + 2x - 5,$$

et faisons ce que (1) dit de faire, à savoir remplacer x par x^2. On obtient

$$9x^6 - 3x^4 + 2x^2 - 5.$$

Ensuite on réfléchit à ce qui se passe quand on fait cette transformation sur deux polynômes, c'est-à-dire deux éléments de $\mathscr{P}$, et qu'on forme la somme des polynômes obtenus. Le résultat est-il le même que si on faisait d'abord l'addition puis le remplacement de x par x^2 ? On peut le faire en toute généralité. Il n'est pas difficile d'élaborer des notations pour écrire cela en toute généralité, mais il est plus éclairant d'y réfléchir sans avoir de notation – et la réponse est oui, le résultat est le même. C'est un énoncé sur l'addition, qui est une sorte de combinaison linéaire assez particulière, mais les scalaires qui interviennent dans les combinaisons linéaires n'affectent pas le résultat.

Comme dans (*a*), la définition (2) fait partie du mauvais type d'élévation au carré. Comme contre-exemple, considérons le polynôme (vecteur) $p(x) = x$ et le scalaire 2 et comparons $\mathrm{T}\big(2p(x)\big)$ et $2\mathrm{T}p(x)$. Le premier terme est égal à $\big(2p(x)\big)^2$, c'est-à-dire $4x^2$, et le second à $2x^2$. À propos, que se passe-t-il si on remplace $p(x)$ par le polynôme encore plus simple $p(x) = 1$: est-ce un contre-exemple ou pas ?

On peut mener la discussion de (3) de la même façon qu'en (1) : au lieu de parler de combinaisons linéaires et de remplacer x par x^2, on parle de combinaisons linéaires et de les multiplier par x^2. On peut faire ces opérations dans n'importe quel ordre, cela ne change pas le résultat ; la formule (3) définit donc une transformation linéaire.

Solution 55 (Domaine et image)

(1) Si F est une forme linéaire définie sur un espace vectoriel V, alors de deux choses l'une : ou bien $\mathrm{F}(v)$ est nul pour tout vecteur v, ou bien non. (La première possibilité est réaliste. En effet, la relation $\mathrm{F}(v) = 0$ définit bien une forme linéaire sur chaque espace vectoriel.) Si $\mathrm{F}(v) = 0$ pour tout v, alors $\mathrm{Im}\,\mathrm{F}$ est réduit au seul vecteur nul (de $\mathbb{R}^1$), et il n'y a rien de plus à en dire. Si ce n'est pas le cas, alors l'image de F contient un vecteur x_0 de $\mathbb{R}^1$ (donc un nombre réel) différent de 0. Dire que x_0 est dans l'image de F revient à dire qu'il existe un vecteur v_0 tel que $\mathrm{F}(v_0) = x_0$. Puisque F est une forme linéaire (une

application linéaire), on a en particulier

$$F(xv_0) = xx_0$$

pour tout réel x. Quand x parcourt l'ensemble des nombres réels, le produit xx_0 le fait aussi. On en déduit que l'image de F est $\mathbb{R}^1$ tout entier.

(2) Le remplacement de x par $x+2$ est un changement de variable similaire au (mais plus simple que le) remplacement de x par x^2 considéré au problème 54 (1(b)), et la démonstration de sa linéarité est similaire à (mais plus simple que) la précédente. L'élévation au carré de la variable élevait en général le degré du polynôme auquel on l'appliquait, mais ce nouveau changement de variable ne comporte pas cette difficulté.

(3) L'image de cette application ne contient qu'un seul vecteur, à savoir $(0,0)$; elle est donc linéaire.

(4) La relation ne définit pas une application linéaire. Les contre-exemples sont non seulement faciles à trouver, mais difficiles à rater. Pour un contre-exemple particulier, considérer le vecteur $(0,0,0)$ et le scalaire 2. A-t-on

$$T\big(2 \cdot (0,0,0)\big) = 2 \cdot T(0,0,0) \; ?$$

Le premier membre est égal à $T(0,0,0)$, qui vaut $(2,2)$; le second membre est égal à $2 \cdot (2,2)$, qui vaut $(4,4)$.

(5) L'espace vectoriel « bizarre », appelons-le W pour le moment, n'est en réalité que l'espace vectoriel tout simple $\mathbb{R}^1$ déguisé ; W et $\mathbb{R}^1$ ne diffèrent que par la notation. Prenons la peine d'examiner cette affirmation en détail.

Supposons que deux joueurs P et Q jouent à un jeu de notations. Le joueur P pense à l'espace vectoriel $\mathbb{R}^1$, mais pendant le déroulement de la partie il ne *dit* pas un mot sur les vecteurs qui sont dans ses pensées, il les *écrit*. Sa première fantaisie notationnelle est d'enfermer chaque symbole de vecteur dans une boîte ; au lieu d'écrire un vecteur x (un nombre réel dans la situation présente), il écrit $\boxed{x}$, et au lieu d'écrire quelque chose comme $2+3=5$ ou $2\cdot 3=6$, il écrit

$$\boxed{2}\,\boxed{+}\,\boxed{3} = \boxed{5} \quad \text{ou} \quad 2\,\boxed{\cdot}\,\boxed{3} = \boxed{6}.$$

(Remarquer que « » dans la deuxième équation est un scalaire, pas un vecteur ; c'est pourquoi son symbole n'est pas, et ne doit pas être, dans une boîte.) Le joueur Q ne serait pas mystifié par un déguisement aussi mince.

Supposons maintenant que le changement de notations soit un peu plus étrange – les symboles d'opération + et · apparaissent toujours dans une boîte, mais les symboles pour les vecteurs apparaissent comme des exposants de base 2. (Attention, les vecteurs, pas les scalaires.) Chaque fois que P pense à un vecteur x, il écrit le nombre $s = 2^x$. Par exemple, P pense à 1 et il écrit 2 ; P pense 2 et écrit 4 ; P pense $\frac{1}{2}$ et écrit $\sqrt{2}$; P pense -3 et écrit $\frac{1}{8}$. Qu'est-ce que verra Q à chaque fois ? Comme $s = 2^x$ est toujours positif quel que soit x, Q ne verra que des nombres positifs. Quand x décrit l'ensemble des nombres réels, s parcourt l'ensemble des réels > 0. Quand P fait la somme de deux réels (des vecteurs) x et y, ce qu'il écrit pour Q est $s \boxplus t$, avec $s = 2^x$ et $t = 2^y$. Par exemple, quand P ajoute 1 et 2 et obtient 3, ce qu'il rapporte à Q est $2 \boxplus 4 = 8$. Le joueur Q croit donc que les nombres qu'il voit sont multipliés.

La multiplication scalaire complique encore légèrement les choses. P et Q pensent tous deux à un espace vectoriel réel, ce qui signifie qu'ils pensent à des vecteurs, mais les vecteurs de P sont des nombres de $\mathbb{R}^1$ et ceux de Q des nombres de $\mathbb{R}_+^*$. Les scalaires sont les mêmes pour eux, seulement des réels ordinaires. Quand P pense à multiplier un réel x (un vecteur) par un nombre réel y (un scalaire), le symbole traditionnel pour ce qu'il obtient est yx, mais ce qu'il écrit est

$$y \boxdot s = t,$$

où $s = 2^x$ et $t = 2^{yx}$. Remarquer que $2^{yx} = (2^x)^y$, ou autrement dit $t = s^y$. Par exemple, quand P pense (en notation traditionnelle) $3 \cdot 2 = 6$, ce que Q voit est $3 \boxdot 4 = 64$, ce qu'il interprète comme signifiant que le multiple scalaire de 4 par 3 s'obtient en élevant 4 à la puissance 3.

Nous y sommes. Cet argument montre que $\mathbb{R}^1$ et $\mathbb{R}_+^*$ ne sont différents qu'en notation. Oui, $\mathbb{R}_+^*$ est un espace vectoriel réel. Si on définit T sur $\mathbb{R}_+^*$ par $\mathrm{T}(s) = \log_2 s$ (remarquer que le logarithme est de base 2), alors l'effet de T est de décoder la notation que P a codée. Quand Q applique T à un vecteur s de $\mathbb{R}_+^*$ et obtient $\log_2 s$, il récupère le vecteur que P avait déguisé. Si en particulier il applique T à $s \boxplus t$, où $s = 2^x$ et $t = 2^y$, il obtient $\log_2(2^x \cdot 2^y)$, qui n'est autre que $x+y$. Autrement dit,

$$T(s \boxplus t) = Ts + Tt,$$

ce qui est une des propriétés exigées pour une application linéaire. L'autre propriété se montre de la même manière : si $s = 2^x$ et $t = 2^{yx}$, alors

$$T(y \boxdot s) = T(t) = yx = yT(s).$$

Le logarithme de base deux n'a rien de particulièrement magique. on aurait pu utiliser aussi bien les logarithmes dans d'autres bases. Il suffit de se rappeler que $\log_{10} s$, par exemple, est simplement un multiple constant de $\log_2 s$, en fait

$$\log_{10} s = (\log_{10} 2) \cdot \log_2 s$$

pour tout $s > 0$. Si on avait défini T par

$$T(s) = \log_{10} s,$$

le résultat aurait été le même ; le facteur constant $\log_{10} 2$ se contente de faire un petit tour pour accompagner la promenade.

Solution 56 (Noyau)

(1) Que peut-on dire d'une fonction dont une primitive est identiquement nulle ? On peut dire que cette fonction est nulle. Le noyau de l'application donnée est donc $\{0\}$.

(2) Que peut-on dire d'une fonction dont la dérivée est identiquement nulle ? On peut dire que cette fonction est constante. Le noyau de l'application dérivation est donc l'ensemble des polynômes constants.

(3) Que se passe-t-il si

$$2x + 3y = 0$$

et

$$7x - 5y = 0\ ?$$

Pour le savoir, on élimine x. Puisque

$$7 \cdot 2x + 7 \cdot 3y = 0$$

et

$$2 \cdot 7x - 2 \cdot 5y = 0,$$

on a

$$21y - 10y = 0,$$

soit $y = 0$, et il découle de cela que

$$2x + 3y = 2X + 3 \cdot 0 = 2x = 0,$$

et donc $x = 0$. En conclusion $\operatorname{Ker} T = \{(0,0)\}$.

(4) Que peut-on dire d'un polynôme p tel que $p(x^2) = 0$? Si on se souvient que pour

$$p(x) = 9x^3 - 3x^2 + 2x - 5$$

on a

$$p(x^2) = 9x^6 - 3x^4 + 2x^2 - 5,$$

la seule possibilité est que tous les coefficients du second polynôme soient nuls, ce qui se produit seulement quand tous les coefficients de p sont nuls. (Voir le problème 54 (2 (*a*)).) En conclusion, le noyau de ce changement de variable est $\{0\}$.

(5) Dire que $T(x, y) = (0,0)$ revient à dire que $(x,0) = (0,0)$, ce qui est équivalent à $x = 0$. Autrement dit, si (x, y) est dans le noyau de T, on a $(x, y) = (0, y)$. En conclusion, le noyau de T est l'axe des y.

(6) C'est une vieille connaissance. La question est la suivante : pour quels vecteurs (x, y) de $\mathbb{R}^2$ a-t-on $x + 2y = 0$? La réponse est : pour les couples pour lesquels c'est vrai, et on ne peut rien dire de plus intelligent sur eux, sauf que nous avons déjà rencontré cet ensemble auparavant et que nous l'avons appelé $\mathbb{R}^2_0$. (Voir le problème 22.)

Solution 57 (Composition)

(1) La réponse est oui : la dilatation, qui n'est que la multiplication scalaire par 7, commute avec *toutes* les applications linéaires. En effet, si v est un vecteur arbitraire,

$$\begin{aligned} (ST)v &= S(Tv) && \text{(par définition de la composition)} \\ &= 7(Tv) && \text{(par définition de S)} \end{aligned}$$

et

$$\begin{aligned} (TS)v &= T(Sv) && \text{(par définition de la composition)} \\ &= T(7v) && \text{(par définition de S)} \\ &= 7(Tv) && \text{(par linéarité de T).} \end{aligned}$$

Le nombre 7 n'a bien entendu rien à voir avec tout ceci : la même conclusion est valable pour toute multiplication scalaire. (Pour tout scalaire γ, l'application S définie sur chaque vecteur v par $\mathrm{S}v = \gamma v$ est elle-même appelée scalaire. Cette légère extension du sens de ce mot ne nuit pas et économise des phrases.) La démonstration peut se comprimer en une ligne :

$$(\mathrm{ST})v = \mathrm{S}(\mathrm{T}v) = c(\mathrm{T}v) = \mathrm{T}(cv) = \mathrm{T}(\mathrm{S}v) = (\mathrm{TS})v.$$

(2) La question n'a aucun sens : Puisque $\mathrm{S} : \mathbb{R}^3 \to \mathbb{R}^3$ (ceci signifie que S est une application de $\mathbb{R}^3$ dans $\mathbb{R}^3$) et $\mathrm{T} : \mathbb{R}^3 \to \mathbb{R}^2$, on peut former le composé TS, mais pas ST.

(3) Si $p(x) = x$, alors $\mathrm{ST}p(x)$ (un enquiquineur logique écrirait $\big((\mathrm{ST})p\big)(x)$, mais la complication n'apporte rien de plus) est égal à $\mathrm{ST}x = x^2 \cdot x = x^3$ et $\mathrm{TS}x = \mathrm{T}x^2 = x^2 \cdot x^2 = x^4$, et cela suffit à prouver que S et T ne commutent pas.

Un étudiant qui n'est pas habitué à considérer les cas extrêmes, minimaux, qui sont souvent considérés par les mathématiciens comme les plus élégants, pourrait préférer examiner un polynôme plus compliqué (pas x, mais par exemple $1 + 2x + 3x^2$). Mais, pour l'étudiant courageux, il y a un cas encore plus extrême à considérer : le polynôme $p(x) = 1$. Il est clair que $\mathrm{T}1 = x^2$. Quelle est l'image de 1 par S ? Si on remplace x par x^2 partout, comme x n'apparaît pas explicitement, on a $\mathrm{S}1 = 1$. Par conséquent, $\mathrm{ST}1 = \mathrm{S}x^2 = x^4$ et $\mathrm{TS}1 = \mathrm{T}1 = x^2$. On aboutit à la même conclusion que précédemment : S et T ne commutent pas.

Dire que S et T ne commutent pas signifie bien sûr que les applications composées ST et TS ne sont pas égales, ce qui à son tour implique que ST et TS ne prennent pas la même valeur sur au moins un vecteur. Ils peuvent coïncider sur plusieurs vecteurs, mais une seule discordance détruit la commutativité. Sur quels vecteurs ST et TS sont-ils égaux ? Il y a déjà 0. Et quoi encore ? C'est une bonne question, qui mérite un moment de réflexion. Puisque

$$\mathrm{ST}p(x) = \mathrm{S}\big(x^2 p(x)\big) = x^4 p(x^2)$$

et

$$\mathrm{TS}p(x) = \mathrm{T}p(x^2) = x^2 p(x^2),$$

la question se ramène à celle-ci : si $p \neq 0$, les polynômes $x^4 p(x^2)$ et $x^2 p(x^2)$ peuvent-ils être égaux ? La réponse est manifestement non, car si l'égalité était valable pour $p \neq 0$, on aurait $x^2 = x^4$, ce qui est ridicule. (Attention : $x^2 = x^4$ n'est pas une équation à résoudre en x. C'est une identité entre polynômes et c'est pour cela qu'elle est ridicule.)

(4) Puisque $S : \mathbb{R}^2 \to \mathbb{R}^1$ et $T : \mathbb{R}^1 \to \mathbb{R}^2$, les deux composées ST et TS ont un sens et

$$ST : \mathbb{R}^1 \to \mathbb{R}^1 \quad \text{et} \quad TS : \mathbb{R}^2 \to \mathbb{R}^2.$$

Il peut être amusant de calculer ce que ST et TS valent, mais dans la situation présente, c'est totalement inutile. En effet ST est une transformation de $\mathbb{R}^1$ et TS est une transformation de $\mathbb{R}^2$; elles ont des domaines différents et ça n'a pas de sens de demander si elles sont égales. À la réflexion, non, ce n'est pas tout à fait cela : ça a un sens de demander, mais la réponse est simplement non.

(5) Pour décider si $STp(x) = TSp(x)$ pour tout p, considérons un cas particulier extrême comme $p(x) = 1$ et espérons que cela résoudra le problème. Puisque $S1 = 1$ et $T1 = 1$, on a $ST1 = TS1 = 1$. Dommage, cela ne résout rien. Et si on prenait $p(x) = x$? Puisque $STx = S0 = 0$ et $TSx = T(x+2) = 2$, cela prouve quelque chose : S et T ne commutent pas.

(6)-(1) Le scalaire 7 ne modifie ni le domaine, ni l'image, ni le noyau. La question porte donc sur $\operatorname{Dom} T$, $\operatorname{Im} T$, $\operatorname{Ker} T$. La réponse est :

$$\operatorname{Dom} T = \operatorname{Im} T = \mathbb{R}^2 \quad \text{et} \quad \operatorname{Ker} T = \{0\}.$$

(6)-(2) Puisque $TS(x, y, z) = T(7x, 7y, 7z) = (7x, 7y)$, on voit que $\operatorname{Dom} ST = \mathbb{R}^3$, $\operatorname{Im} ST = \mathbb{R}^2$ et que $\operatorname{Ker} ST$ est l'ensemble des vecteurs (x, y, z) de $\mathbb{R}^3$ tels que $x = y = 0$, c'est-à-dire l'axe des z. Puisque ST n'existe pas, il n'y a pas de question à son sujet.

(6)-(3) Les domaines sont simples : $\operatorname{Dom} ST = \operatorname{Dom} TS = \mathscr{P}$. Les noyaux sont simples aussi : puisque

$$STp(x) = Sx^2 p(x) = x^4 p(x^2)$$

et que

$$TSp(x) = Tp(x^2) = x^2 p(x^2)$$

on a $\operatorname{Ker} ST = \operatorname{Ker} TS = \{0\}$. La question sur les images se ramène à celle-ci : quels polynômes sont de la forme $x^2 p(x^2)$ et quels polynômes sont de la forme $x^4 p(x^2)$? La réponse est que $\operatorname{Im} TS$ est l'ensemble des polynômes *pairs* dont le terme constant vaut 0, et que Im ST est l'ensemble des polynômes précédents qui ont de plus le coefficient de x^2 nul.

(6)-(4) Il est maintenant temps de calculer les produits :

$$\mathrm{ST}x = \mathrm{S}(x, x) = x + 2x = 3x$$

et

$$\mathrm{TS}(x, y) = \mathrm{T}(x + 2y) = (x + 2y, x + 2y).$$

On a donc Dom ST = $\mathbb{R}^1$, Dom TS = $\mathbb{R}^2$, Im ST = $\mathbb{R}^1$, Im TS est la « diagonale » de $\mathbb{R}^2$, c'est-à-dire l'ensemble des points (x, y) de $\mathbb{R}^2$ tels que $x = y$, Ker ST = $\{0\}$ et Ker TS est la droite d'équation $x + 2y = 0$.

(6)-(5) Pour répondre à la question (5), il suffisait de calculer STx et TSx. Pour répondre à cette question, il faut calculer un peu plus, comme suit :

$$\mathrm{ST}(\alpha+\beta x+\gamma x^2+\delta x^3) = \mathrm{S}(\alpha+\gamma x^2) = \alpha+\gamma(x+2)^2 = (\alpha+2\gamma)+4\gamma x+4\gamma x^2$$

et

$$\begin{aligned}\mathrm{TS}(\alpha + \beta x + \gamma x^2 + \delta x^3) &= \mathrm{T}\big(\alpha + \beta(x+2) + \gamma(x+2)^2 + \delta(x+2)^3\big)\\ &= (\alpha + 2\beta + 4\gamma + 8\delta) + (\gamma + 6\delta)x^2.\end{aligned}$$

Il n'y a pas de problème avec les domaines (les deux sont égaux à $\mathscr{P}_3$). L'image de ST est l'ensemble des polynômes de degré $\leqslant 2$ dont les coefficients de x et de x^2 sont égaux et l'image de TS est l'ensemble des polynômes de degré $\leqslant 2$ dont le coefficient de x est nul. Le noyau de ST est l'ensemble des polynômes $\alpha + \beta x + \gamma x^2 + \delta x^3$ tels que $\alpha = \gamma = 0$, et le noyau de TS est l'ensemble des polynômes de $\mathscr{P}_3$ dont les coefficients satisfont les équations plus compliquées

$$\alpha + 2\beta + 4\gamma + 8\delta = \gamma + 6\delta = 0.$$

Solution 58 (Inclusion des images et factorisation)

Oui, la condition Im A $\subset$ Im B implique l'existence d'une application linéaire T telle que A = BT. La condition nécessaire correspondante pour la divisibilité à droite, A = SB, est

$$\mathrm{Ker}\,\mathrm{B} \subset \mathrm{Ker}\,\mathrm{A},$$

et elle est aussi suffisante.

Le problème est, étant donné un vecteur x de l'espace vectoriel V, de définir Tx, et de plus de le faire d'une façon telle que Ax soit égal à BTx. Posons $y = Ax$, on a donc $y \in \operatorname{Im} A$. La condition donnée implique que $y \in \operatorname{Im} B$. Cela signifie que $y = Bz$ pour un certain z, et on est tenté de définir Tx comme étant égal à z. Cela pourrait ne pas marcher. La difficulté vient de l'ambiguïté : z n'est pas déterminé de façon unique par y. On pourrait avoir $y = Bz_1 = Bz_2$; alors Tx doit-il être égal à z_1 ou à z_2 ?

Si $Bz_1 = Bz_2$, alors $B(z_1 - z_2) = 0$, ce qu'on peut écrire

$$z_1 - z_2 \in \operatorname{Ker} B.$$

Une façon d'éviter la difficulté est de rester loin de Ker B en considérant, au moins pour le moment, un supplémentaire de Ker B. Soit donc M un supplémentaire de Ker B. On a donc

$$M \cap \operatorname{Ker} B = \{0\} \quad \text{et} \quad M + \operatorname{Ker} B = V.$$

Puisque B envoie Ker B sur $\{0\}$, l'image de M par B est l'image de B tout entière et, puisque M n'a que 0 en commun avec Ker B, l'application B restreinte à M est bijective. Il s'ensuit que, pour chaque vecteur x, il existe un vecteur z de M tel que $Ax = Bz$ et que, de plus, ce vecteur z est unique. On peut maintenant céder à la tentation de poser $Tx = z$. Les difficultés conceptuelles sont réglées ; le reste n'est qu'une vérification de routine que T ainsi définie est bien linéaire (et aussi, encore plus trivialement, que $A = BT$).

En ce qui concerne la divisibilité à droite, il est évident que si $A = SB$, on a $\operatorname{Ker} B \subset \operatorname{Ker} A$. Il reste à démontrer la réciproque. En réfléchissant un peu sur les idées de la démonstration précédente, on trouve que cette fois-ci il faut considérer un supplémentaire N de Im B. Pour tout vecteur x de Im B, c'est-à-dire pour tout vecteur de la forme By, définissons Sx par $Sx = Ay$. Cette définition a-t-elle un sens ? Un seul et même x peut-il être égal à la fois à By_1 et By_2, de sorte qu'une ambiguïté pour le choix de Sx entre Ay_1 et Ay_2 en résulte ? Oui, mais il n'y a pas d'ambiguïté. En effet, si $By_1 = By_2$, on a $y_1 - y_2 \in \operatorname{Ker} B$, donc $y_1 - y_2 \in \operatorname{Ker} A$ et $Ay_1 = Ay_2$. Une fois qu'on a défini S sur Im B, il est facile de le prolonger à V tout entier simplement en lui donnant la valeur 0 sur N. Il est facile de vérifier que S ainsi définie est bien linéaire (et aussi, encore plus trivialement, que $A = SB$).

Solution 59 (Transformations considérées comme vecteurs)

Les réponses aux questions posées sont intéressantes et utiles dans le cas de la dimension finie ; nous supposerons donc que l'espace vectoriel sous-jacent est de dimension finie.

(1) Si on connaît le résultat de l'application d'une transformation linéaire à chaque vecteur d'un ensemble générateur, on connaît entièrement la transformation linéaire. Examinons cette assertion dans un cas particulier ; supposons que l'espace vectoriel sous-jacent est $\mathbb{R}^2$. Si

$$A(1,0) = (\alpha, \gamma)$$

et

$$A(0,1) = (\beta, \delta)$$

(il y a une raison d'écrire ici les lettres dans un ordre légèrement non alphabétique), alors

$$A(x, y) = x(\alpha, \gamma) + y(\beta, \delta) = (\alpha x + \beta y, \gamma x + \delta y)$$

(et l'ordre alphabétique s'est rétabli).

Le raisonnement fonctionne aussi dans l'autre sens. Étant donnée A, on peut déterminer les scalaires α, β, γ, δ de façon unique ; étant donnés les scalaires α, β, γ, δ, on peut déterminer une transformation linéaire correspondante de façon unique.

L'espace $\mathbb{R}^2$ ne joue aucun rôle particulier ici ; tout espace vectoriel de dimension deux se comporte de la même manière. Et le nombre deux n'a pas non plus de rôle particulier ; tout espace vectoriel de dimension finie se comporte de la même manière. La seule différence entre les petites et les grandes dimensions est que, dans le cas de grande dimension, il faut manipuler plus d'indices et plus de sommations. Voici à quoi ressemble cette manipulation.

Étant donnés une transformation linéaire A sur un espace vectoriel V muni d'un ensemble générateur donné et un vecteur arbitraire x de V, on exprime x comme combinaison linéaire des vecteurs de l'ensemble générateur et on en déduit que l'image de x par A est la même combinaison linéaire des images des vecteurs de l'ensemble générateur par A. En particulier, si V est de dimension finie et muni d'une base $(e_1, e_2, \ldots, e_n)$, une transformation linéaire A est uniquement déterminée par les vecteurs Ae_j pour chaque j. L'image Ae_j est, bien sûr, une combinaison linéaire des e_i et, bien sûr, le coefficient de e_i dans son développement dépend de i et

j. Par conséquent Ae_j est de la forme $\sum_{i=1}^{n} \alpha_{ij} e_i$. Réciproquement, étant donnés les scalaires α_{ij} $(i = 1, \ldots, n\,;\ j = 1, \ldots, n)$, on détermine une transformation linéaire A de façon unique par

$$Ae_j = \sum_{i=1}^{n} \alpha_{ij} e_i$$

pour chaque j. En effet, si

$$x = \sum_{j=1}^{n} \gamma_j e_j,$$

alors

$$Ax = \sum_{j=1}^{n} \gamma_j Ae_j = \sum_{j=1}^{n} \gamma_j \sum_{i=1}^{n} \alpha_{ij} e_i = \sum_{i=1}^{n} \Big(\sum_{j=1}^{n} \alpha_{ij} \gamma_j \Big) e_i.$$

La conclusion est que, la base (e_i) étant fixée, il y a une bijection naturelle entre les transformations linéaires A sur un espace vectoriel de dimension n et les tableaux carrés (appelés **matrices**) (α_{ij}) $(i = 1, \ldots, n\,;\ j = 1, \ldots, n)$.

Remarque importante : une combinaison linéaire de transformations linéaires correspond à la même combinaison linéaire des tableaux. Plus précisément, si

$$Ae_j = \sum_{i=1}^{n} \alpha_{ij} e_i \quad \text{et} \quad Be_j = \sum_{i=1}^{n} \beta_{ij} e_i,$$

alors

$$(\alpha A + \beta B) e_j = \sum_{i=1}^{n} (\alpha \alpha_{ij} + \beta \beta_{ij}) e_i.$$

Chaque tableau (α_{ij}) a n^2 coefficients ; aux doubles indices près (qui ne sont qu'une question d'écriture), les α_{ij} sont les coordonnées d'un vecteur de $\mathbb{R}^{n^2}$. On en déduit que l'espace vectoriel $\mathscr{L}(V)$ est de dimension finie et que sa dimension est n^2.

(2) Considérons les transformations linéaires 1, A, A^2, ..., A^{n^2}. Ce sont $n^2 + 1$ éléments de l'espace vectoriel $\mathscr{L}(V)$ qui est de dimension n^2, donc elles sont linéairement dépendantes. Cela signifie qu'il existe des scalaires α_0, α_1, ..., α_{n^2} non tous nuls tels que

$$\alpha_0 + \alpha_1 A + \cdots + \alpha_{n^2} A^{n^2} = 0,$$

ce qui implique qu'il existe un polynôme

$$p(x) = \alpha_0 + \alpha_1 x + \cdots + \alpha_{n^2} x^{n^2}$$

tel que $p(A) = 0$. Il existe donc bien un polynôme non nul tel que $p(A) = 0$.

(3) Si $Ax = y_0(x)x_0$, alors

$$A^2x = A[Ax] = y_0(x)Ax_0 = y_0(x)[y_0(x_0)x_0] = y_0(x_0)Ax.$$

Autrement dit, A^2x est un multiple scalaire (par le scalaire $y_0(x_0)$) de Ax, ou, plus simplement, A^2 est un multiple scalaire (par le scalaire $y_0(x_0)$) de A. On peut l'exprimer en disant que si p est le polynôme de degré 2 défini par

$$p(t) = t^2 - y_0(x_0)t,$$

alors $p(A) = 0$. La réponse à la question est donc deux.

Solution 60 (Inversibilité)

Soit T une transformation linéaire d'un espace vectoriel V, d'inverse T^{-1}. Soient v_1 et v_2 des vecteurs de V avec $Tu_1 = v_1$ et $Tu_2 = v_2$. On a alors

$$\begin{aligned} T^{-1}(v_1 + v_2) &= T^{-1}(Tu_1 + Tu_2) \\ &= T^{-1}\big(T(u_1 + u_2)\big) && \text{(puisque T est linéaire)} \\ &= u_1 + u_2 && \text{(par définition de } T^{-1}\text{)} \\ &= T^{-1}v_1 + T^{-1}v_2 && \text{(par définition de } T^{-1}\text{)} \end{aligned}$$

et, de même, si v est un vecteur arbitraire de V, α un scalaire, et $v = Tu$, alors

$$T^{-1}(\alpha v) = T^{-1}\big(\alpha(Tu)\big) = T^{-1}\big(T(\alpha u)\big) = \alpha u = \alpha(T^{-1}v),$$

c.q.f.d.

Solution 61 (Exemples d'inversibilité)

(1) Quel est le noyau de T ? Autrement dit, pour quels $\begin{pmatrix} x \\ y \end{pmatrix}$ a-t-on

$$\begin{pmatrix} 2x + y \\ 2x + y \end{pmatrix} = \begin{pmatrix} 0 \\ 0 \end{pmatrix} ?$$

Exactement pour ceux qui vérifient $2x + y = 0$, c'est-à-dire $y = -2x$, et ça en fait beaucoup. La transformation T a un noyau non trivial, elle n'est donc pas inversible.

(2) On peut encore se poser la question du noyau, qui fournit la réponse que x et y doivent être tous deux nuls ; autrement dit,

le seul $\begin{pmatrix} x \\ y \end{pmatrix}$ dans le noyau est $\begin{pmatrix} 0 \\ 0 \end{pmatrix}$. Cela indique très fortement que T est inversible, mais on obtient une réponse vraiment satisfaisante à la question en formant T^2. L'action de T consiste à échanger les coordonnées de chaque vecteur sur lequel elle opère, ce qui fait que T^2 les échange deux fois, c'est-à-dire les laisse tranquilles. Par conséquent $T^2 = 1$, ce qui implique $T^{-1} = T$.

(3) La dérivation D sur $\mathscr{P}_5$ n'est pas inversible. En effet, D a un noyau non trivial, autrement dit il existe des polynômes p non nuls tels que $Dp = 0$, à savoir tous les polynômes constants (sauf 0).

Solution 62 (Déterminants 2 × 2)

Les deux assertions sont fausses.

Pour (1), prendre (a) et (b) inversibles et choisir $(c) = (b)^{-1}$, $(d) = (a)^{-1}$. On a alors

$$M = \begin{pmatrix} (a) & (b) \\ (b)^{-1} & (a)^{-1} \end{pmatrix},$$

et il apparaît clairement que les quatre déterminants formels sont égaux à la matrice nulle. Si on choisit en particulier

$$(a) = \begin{pmatrix} 1 & 0 \\ 1 & 1 \end{pmatrix} \quad \text{et} \quad (b) = \begin{pmatrix} 1 & 1 \\ 0 & 1 \end{pmatrix},$$

on a

$$(a)^{-1} = \begin{pmatrix} 1 & 0 \\ -1 & 1 \end{pmatrix} \quad \text{et} \quad (b)^{-1} = \begin{pmatrix} 1 & -1 \\ 0 & 1 \end{pmatrix},$$

de sorte que

$$M = \begin{pmatrix} 1 & 0 & 1 & 1 \\ 1 & 1 & 0 & 1 \\ 1 & -1 & 1 & 0 \\ 0 & 1 & -1 & 1 \end{pmatrix}.$$

Or la matrice M est inversible. Une telle assertion n'est jamais évidente, il y a quelque chose à démontrer. La preuve la plus simple est d'exhiber concrètement l'inverse mais le calcul n'est jamais réjouissant. Quoiqu'il en soit, on a dans le cas présent

$$M^{-1} = \begin{pmatrix} -1 & 1 & 1 & 0 \\ 0 & 1 & -1 & -1 \\ 1 & 0 & -1 & -1 \\ 1 & -1 & 0 & 1 \end{pmatrix}.$$

Pour (2), on choisit (a) involutif ($(a)^2 = 1$) et (b) nilpotent d'ordre 2 ($(b)^2 = 0$), puis $(c) = (b)$, $(d) = (a)$. On a alors

$$M = \begin{pmatrix} (a) & (b) \\ (b) & (a) \end{pmatrix},$$

et il apparaît clairement que les quatre déterminants formels sont égaux à la matrice identité 1. Si on choisit en particulier

$$(a) = \begin{pmatrix} 0 & 1 \\ 1 & 0 \end{pmatrix} \quad \text{et} \quad (b) = \begin{pmatrix} 0 & 0 \\ 1 & 0 \end{pmatrix},$$

on a

$$(a)^{-1} = \begin{pmatrix} 1 & 0 \\ -1 & 1 \end{pmatrix} \quad \text{et} \quad (b)^{-1} = \begin{pmatrix} 1 & -1 \\ 0 & 1 \end{pmatrix},$$

de sorte que

$$M = \begin{pmatrix} 0 & 1 & 0 & 0 \\ 1 & 0 & 1 & 0 \\ 0 & 0 & 0 & 1 \\ 1 & 0 & 1 & 0 \end{pmatrix}.$$

Les première et troisième colonnes de M sont égales, de sorte que M envoie les premier et troisième vecteurs de la base naturelle sur le même vecteur, donc la matrice M n'est pas inversible.

Solution 63 (Déterminants $n \times n$)

Le calcul de $\det M_1$ attire l'attention sur une observation souvent utilisée, à savoir que le déterminant d'une somme directe de matrices est le produit de leurs déterminants. (La notion de somme directe de matrices n'a pas été définie, pouvez-vous deviner de quoi il s'agit dans le cas présent ?) Puisque

$$\det \begin{pmatrix} 1 & 2 \\ 2 & 1 \end{pmatrix} = -3 \quad \text{et} \quad \det \begin{pmatrix} 3 & 4 \\ 4 & 3 \end{pmatrix} = -7,$$

on a $\det M_1 = 21$.

Si une matrice a deux colonnes égales (ou deux lignes égales), elle n'est pas inversible, et son déterminant est donc nul. La matrice M_2 a deux lignes égales (par exemple la première et la cinquième, ou la seconde et la quatrième) et on donc $\det M_2 = 0$.

Pour calculer $\det M_3$, l'astuce la plus simple est de remarquer que M_3 est semblable à la somme directe de trois copies de la matrice $\begin{pmatrix} 3 & 2 \\ 2 & 3 \end{pmatrix}$. (La définition de matrices semblables n'a pas été donnée, pouvez-vous deviner de quoi il s'agit dans le cas présent ?) La similitude est réalisée par une matrice de permutation. En langage simple, cela signifie que si on permute convenablement les lignes et les colonnes de M_3, M_3 devient une somme directe. Puisque

$$\det\begin{pmatrix} 3 & 2 \\ 2 & 3 \end{pmatrix} = 5,$$

on a $\det M_3 = 5^3 = 125$.

Solution 64 (Matrices zéro-un)

Si $n = 1$, alors (1) est la seule matrice zéro-un inversible et le nombre de ses 1 est 1 ; c'est un cas extrême inintéressant. Si $n = 2$, un exemple optimal est

$$\begin{pmatrix} 1 & 1 \\ 0 & 1 \end{pmatrix}$$

avec trois 1. Et pour $n = 3$?

La matrice inversible

$$\begin{pmatrix} 1 & 1 & 1 \\ 0 & 1 & 1 \\ 0 & 0 & 1 \end{pmatrix}$$

a six 1. Peut-on encore augmenter ce nombre ? Il y a une seule chance. Un 1 supplémentaire dans la deuxième colonne ou dans la deuxième ligne détruirait l'inversibilité ; essayons de le mettre en position $(3,1)$. La matrice

$$\begin{pmatrix} 1 & 1 & 1 \\ 0 & 1 & 1 \\ 1 & 0 & 1 \end{pmatrix}$$

est inversible, car son déterminant vaut 1.

Peut-on deviner la réponse pour une matrice $n \times n$? La démonstration se fait par récurrence et le passage de 3 à 4 l'illustre parfaitement. Considérons la matrice 4×4

$$\begin{pmatrix} 1 & 1 & 1 & 1 \\ 0 & 1 & 1 & 1 \\ 1 & 0 & 1 & 1 \\ 1 & 1 & 0 & 1 \end{pmatrix}$$

et calculons son déterminant en développant par rapport à la première colonne. La matrice mineure associée à l'élément en position $(1,1)$ est inversible par hypothèse de récurrence. L'élément en position $(2,1)$ est nul et ne contribue donc pas au développement. Les mineures associées aux éléments en position $(3,1)$ et $(4,1)$ ont deux lignes identiques, plus précisément les premières et deuxièmes lignes qui sont formées uniquement de 1, donc contribuent aussi pour 0 au développement. Par conséquent (par récurrence) la matrice est inversible.

Pour calculer le nombre de 1 que cette matrice contient, il faut soustraire de n^2 le nombre de coefficients juste en dessous de la diagonale principale, et ce nombre est $n-1$. Cela prouve que le nombre de 1 peut toujours atteindre n^2-n+1.

Pourrait-il le dépasser? Si une matrice a au moins n^2-n+2 $(= n^2-(n-2))$ coefficients égaux à 1, alors elle a au plus $n-2$ coefficients valant 0. Par conséquent elle a au moins deux lignes qui ne contiennent aucun 0, c'est-à-dire deux lignes contenant uniquement des 1. Elle ne peut donc pas être inversible.

Commentaire. Pourrait-on démontrer ces propriétés d'inversibilité sans les déterminants? Oui, mais les démonstrations utilisant les déterminants semblent nettement plus simples et même, dans une certaine mesure, moins calculatoires.

Solution 65 (Bases de matrices inversibles)

Oui, $\mathscr{L}(V)$ admet une base constituée de matrices inversibles. Pour en construire une, on peut partir d'une base formée de matrices non inversibles et les modifier. La base la plus simple de $\mathscr{L}(V)$ est l'ensemble des matrices qu'on appelle **matrices-unités** ; ce sont les matrices $E(i,j)$ dont le coefficient d'indice (p,q) est $\delta(i,p)\delta(j,q)$, où δ est le symbole de Kronecker. (Les indices i, j, p, q ci-dessus varient de 1 à n.) En français, cela signifie que chaque matrice $E(i,j)$ a tous ses coefficients nuls, sauf un, qui vaut 1 et est en position (i,j). Par exemple, avec $n=4$, on a

$$E(2,3)=\begin{pmatrix}0&0&0&0\\0&0&1&0\\0&0&0&0\\0&0&0&0\end{pmatrix}.$$

Les n^2 matrices $\mathrm{E}(i,j)$ forment une base de l'espace vectoriel $\mathscr{L}(\mathrm{V})$ mais, clairement, elles ne sont pas inversibles. Si on pose

$$\mathrm{F}(i,j) = \mathrm{E}(i,j) + 1$$

(où le symbole « » désigne la matrice identité), alors les matrices $\mathrm{F}(i,j)$ sont inversibles – c'est facile – et engendrent $\mathscr{L}(\mathrm{V})$ – ce n'est pas évident. Puisqu'il y a n^2 matrices $\mathrm{F}(i,j)$ et que n^2 est la dimension de $\mathscr{L}(\mathrm{V})$, on montre que ces matrices forment une base en montrant qu'elles sont linéairement indépendantes.

On suppose donc qu'une combinaison linéaire de ces matrices est nulle :

$$\sum_{ij} \alpha_{ij} \mathrm{F}(i,j) = 0,$$

ce qu'on peut écrire :

$$\mathrm{X} = \sum_{ij} \alpha_{ij} \cdot 1 + \sum_{ij} \alpha_{ij} \mathrm{E}(i,j) = 0.$$

Si $p \neq q$, le coefficient d'indice (p,q) de X est $0 + \alpha_{pq}$, et on a donc $\alpha_{pq} = 0$. Le coefficient d'indice (p,p) de X est

$$\sum_{ij} \alpha_{ij} + \alpha_{pp},$$

et cette dernière quantité vaut donc 0. Mais on sait déjà que $\alpha_{ij} = 0$ pour $i \neq j$, donc

$$\alpha_{pp} + \sum_{i} \alpha_{ii} = 0$$

pour tout p. Par conséquent, les α_{pp} sont tous égaux et, de plus, leur valeur commune et leur somme sont de signe contraire. On a donc obligatoirement $\alpha_{pp} = 0$ pour tout p, ce qu'il fallait démontrer.

Solution 66 (Inversibilité en dimension finie)

Dans un espace vectoriel de dimension finie toute transformation linéaire injective est surjective, et vice versa.

Soit en effet $(u_1, u_2, \ldots, u_n)$ une base de V et soit T une transformation linéaire de V de noyau $\{0\}$. Les images $\mathrm{T}u_1, \mathrm{T}u_2, \ldots, \mathrm{T}u_n$ des vecteurs de la base sont-ils linéairement indépendants ? Soient $\alpha_1, \alpha_2, \ldots, \alpha_n$ des scalaires tels que

$$\alpha_1 \mathrm{T}u_1 + \alpha_2 \mathrm{T}u_2 + \cdots + \alpha_n \mathrm{T}u_n = 0.$$

Par linéarité de T, on a

$$\mathrm{T}(\alpha_1 u_1 + \alpha_2 u_2 + \cdots + \alpha_n u_n) = 0,$$

et donc

$$\alpha_1 u_1 + \alpha_2 u_2 + \cdots + \alpha_n u_n = 0$$

(c'est ici qu'on utilise l'hypothèse sur le noyau de T). Puisque la famille $(u_1, u_2, \ldots, u_n)$ est libre, les α_i sont tous nuls, ce qui signifie que

$$\mathrm{T}u_1, \mathrm{T}u_2, \ldots, \mathrm{T}u_n$$

sont linéairement indépendants. Un ensemble libre de n vecteurs dans un espace vectoriel de dimension n est une base (si ce n'était pas une base, on pourrait le compléter en une base qui aurait alors plus de n vecteurs – voir le problème 42). Puisqu'une base de V engendre V, tout vecteur de V est combinaison linéaire des vecteurs $\mathrm{T}u_1, \mathrm{T}u_2, \ldots, \mathrm{T}u_n$, ce qui prouve que l'image de T est égale à V. On a donc montré que $\mathrm{Ker}\,\mathrm{T} = \{0\}$ implique $\mathrm{Im}\,\mathrm{T} = \mathrm{V}$.

L'implication dans l'autre sens se démontre de la même façon. Soit $(u_1, u_2, \ldots, u_n)$ une base de V et soit T une transformation linéaire de V telle que $\mathrm{Im}\,\mathrm{T} = \mathrm{V}$. Alors les vecteurs $\mathrm{T}u_1, \mathrm{T}u_2, \ldots, \mathrm{T}u_n$ engendrent V. En effet, d'après l'hypothèse, tout vecteur v de V est l'image par T d'un vecteur u et, puisque u est une combinaison linéaire

$$\alpha_1 u_1 + \alpha_2 u_2 + \cdots + \alpha_n u_n,$$

on a

$$v = \mathrm{T}u = \mathrm{T}(\alpha_1 u_1 + \alpha_2 u_2 + \cdots + \alpha_n u_n) = \alpha_1 \mathrm{T}u_1 + \alpha_2 \mathrm{T}u_2 + \cdots + \alpha_n \mathrm{T}u_n.$$

Puisqu'un ensemble générateur de n vecteurs dans un espace vectoriel de dimension n est une base (sinon on pourrait en extraire une base qui aurait moins de n vecteurs – voir le problème 42), les vecteurs $\mathrm{T}u_1, \mathrm{T}u_2, \ldots, \mathrm{T}u_n$ sont indépendants. Soit u un vecteur de $\mathrm{Ker}\,\mathrm{T}$, alors u se décompose dans la base $(u_1, u_2, \ldots, u_n)$:

$$u = \alpha_1 u_1 + \alpha_2 u_2 + \cdots + \alpha_n u_n,$$

ce qui implique

$$0 = \mathrm{T}u = \alpha_1 \mathrm{T}u_1 + \alpha_2 \mathrm{T}u_2 + \cdots + \alpha_n \mathrm{T}u_n,$$

et les scalaires α_i sont donc tous nuls. On a donc montré que $\mathrm{Im}\,\mathrm{T} = \mathrm{V}$ implique $\mathrm{Ker}\,\mathrm{T} = \{0\}$.

Commentaire. L'opérateur de dérivation D sur $\mathscr{P}_5$ n'est ni injectif ni surjectif ; cela concorde avec ce qui a été montré. L'opérateur de dérivation D sur l'espace vectoriel $\mathscr{P}$ est surjectif mais pas injectif.

L'opérateur d'intégration T (voir le problème 56) est injectif mais pas surjectif. Qu'est-ce qui cloche ?

Tout va bien : le théorème est valable pour les espaces vectoriels de dimension finie et $\mathscr{P}$ n'en est pas un.

Solution 67 (Matrices)

En dimension 2, il y a seulement deux façons de permuter les éléments d'une base (formée de deux vecteurs) : ne pas les toucher, ou les échanger. Il est évident que la permutation identité ne change pas la matrice, et que la permutation d'échange des deux vecteurs (le mot technique est **transposition**) échange les deux colonnes et les deux lignes.

On peut observer (ou est-ce déjà connu ?) qu'effectuer une permutation sur un ensemble d'éléments revient à faire une suite de transpositions de seulement deux éléments et que l'effet de chaque transposition de deux vecteurs de la base est d'échanger d'une part les deux colonnes, et d'autre part les deux lignes de la matrice correspondant à ces vecteurs. Il n'est cependant pas nécessaire d'utiliser la décomposition d'une permutation en produit de transpositions, il est aussi facile d'arriver à la conclusion directement. En dimension trois par exemple, si (e_1, e_2, e_3) est une base et si la permutation considérée remplace cette base par la base (e_3, e_1, e_2), alors l'effet correspondant sur la matrice

$$\begin{pmatrix} a_{11} & a_{12} & a_{13} \\ a_{21} & a_{22} & a_{23} \\ a_{31} & a_{32} & a_{33} \end{pmatrix}$$

est de la remplacer par la matrice

$$\begin{pmatrix} a_{33} & a_{31} & a_{32} \\ a_{13} & a_{11} & a_{12} \\ a_{23} & a_{21} & a_{22} \end{pmatrix}.$$

Solution 68 (Matrices diagonales)

Dire que la matrice (a_{ij}) est diagonale revient à dire que $a_{ij} = a_{ij}\delta_{ij}$ pour tout i et tout j (où δ_{ij} est le symbole de Kronecker, égal à 1 ou 0 selon que $i = j$ ou $i \neq j$). Si $\mathrm{B} = (b_{ij})$, le coefficient d'indice

(i, j) de AB est

$$\sum_{k=1}^{n} a_{ik}\delta_{ik}b_{kj} = a_{ii}b_{ij}$$

(car seul le terme en $k = i$ est non nul), et le coefficient d'indice (i, j) de BA est

$$\sum_{k=1}^{n} b_{ik}a_{kj}\delta_{kj} = b_{ij}a_{jj}.$$

Pour $i \neq j$, l'hypothèse sur les coefficients diagonaux assure que $a_{ii} \neq a_{jj}$, et il découle de l'hypothèse de commutation que b_{ij} vaut 0. La matrice B est donc diagonale.

Solution 69 (Commutativité universelle)

Si la matrice B commute avec toute matrice A, elle commute en particulier avec toutes les matrices diagonales A à coefficients diagonaux tous distincts, et il découle alors du problème 68 que B doit être diagonale. Nous supposons donc dans la suite, sans perte de généralité, que B est de la forme

$$\begin{pmatrix} \beta_1 & 0 & 0 & 0 \\ 0 & \beta_2 & 0 & 0 \\ 0 & 0 & \beta_3 & 0 \\ 0 & 0 & 0 & \beta_4 \end{pmatrix}.$$

En même temps, B commute avec toutes les matrices dont les transformations linéaires associées laissent fixes tous les vecteurs de la base sauf deux. En langage matriciel on peut décrire ces transformations de la façon suivante : soient p et q deux indices distincts et soit C la matrice obtenue à partir de la matrice identité en remplaçant les 1 en position p et q par des 0 et en remplaçant les 0 en position (p, q) et (q, p) par des 1. En voici un exemple typique (avec $n = 4$, $p = 2$ et $q = 3$) :

$$C = \begin{pmatrix} 1 & 0 & 0 & 0 \\ 0 & 0 & 1 & 0 \\ 0 & 1 & 0 & 0 \\ 0 & 0 & 0 & 1 \end{pmatrix}.$$

Puisque

$$BC = \begin{pmatrix} \beta_1 & 0 & 0 & 0 \\ 0 & 0 & \beta_2 & 0 \\ 0 & \beta_3 & 0 & 0 \\ 0 & 0 & 0 & \beta_4 \end{pmatrix}$$

et que

$$CB = \begin{pmatrix} \beta_1 & 0 & 0 & 0 \\ 0 & 0 & \beta_3 & 0 \\ 0 & \beta_2 & 0 & 0 \\ 0 & 0 & 0 & \beta_4 \end{pmatrix},$$

il en découle que $\beta_2 = \beta_3$. Il est clair (n'est-ce pas ?) que cette démonstration vaut encore dans le cas général et qu'elle prouve que tous les β_i sont égaux.

Solution 70 (Invariance)

Considérons la transformation linéaire A de $\mathbb{R}^2$ définie par la matrice

$$\begin{pmatrix} 0 & 1 \\ 0 & 0 \end{pmatrix}.$$

Remarquons que si $u = (\alpha, \beta)$, alors $Au = (\beta, 0)$. Par conséquent, si M est un sous-espace invariant qui contient un vecteur (α, β) avec $\beta \neq 0$, alors M contient aussi $(\beta, 0)$ (et donc $(1,0)$), et il en résulte (en utilisant des combinaisons linéaires) que M contient $(0, \beta)$ (et donc $(0,1)$). On a donc $M = \mathbb{R}^2$.

Si M n'est ni égal à $\{0\}$, ni égal à $\mathbb{R}^2$, tout vecteur de M doit donc être de la forme $(\alpha, 0)$, et en fait M doit être égal à l'ensemble M_1 des vecteurs de cette forme. Comme M_1 est un sous-espace invariant par A, les seuls sous-espaces invariants sont $\{0\}$, M_1 et $\mathbb{R}^2$.

Solution 71 (Supplémentaires invariants)

Soit D la dérivation sur l'espace vectoriel $\mathscr{P}_n$ des polynômes de degrés $\leqslant n$ et soit $m \leqslant n$. Alors $\mathscr{P}_m$ est un sous-espace de $\mathscr{P}_n$ invariant par D. Le sous-espace $\mathscr{P}_m$ admet-il un supplémentaire invariant ?

La réponse est non. En effet, soit p un polynôme de $\mathscr{P}_n$ qui n'est pas dans $\mathscr{P}_m$, c'est-à-dire un polynôme de degré $> m$. On peut toujours remplacer p par un de ses multiples scalaires de façon à supposer que p est **monique** ($p(t) = t^k + a_{k-1}t^{k-1} + \cdots + a_0$). Si

p appartient à un sous-espace invariant par D, alors Dp, D^2p, ... appartiennent tous à ce sous-espace et, en particulier le polynôme $D^{k-m}p$, qui est de degré m. Par conséquent, *tout* polynôme a la propriété que, si on lui applique D un nombre suffisant de fois, le résultat est dans $\mathscr{P}_m$. En conclusion, $\mathscr{P}_m$ ne peut avoir de supplémentaire invariant par D.

Commentaire. Si $n = 1$, $\mathscr{P}_n$ $(= \mathscr{P}_1)$ est constitué des polynômes $\alpha + \beta t$ de degré $\leqslant 1$ et D envoie chaque polynôme sur le polynôme constant β $(= \beta + 0 \cdot t)$. Il n'y a qu'une différence triviale (notationnelle) avec l'espace des couples ordonnés (α, β) muni de la transformation qui envoie chaque couple sur $(\beta, 0)$ – autrement dit, dans ce cas la solution se réduit à celle du problème 70.

Solution 72 (Projecteurs)

Une caractérisation algébrique intéressante des projecteurs est l'**idempotence**. On dit qu'une transformation linéaire A est idempotente si $A^2 = A$. (Les racines latines « idem » et « potente » signifient « même » et « puissance ».) L'assertion est que si E est un projecteur, alors $E^2 = E$ et que, réciproquement, si $E^2 = E$, E est un projecteur.

L'idempotence d'un projecteur est facile à démontrer. Soit en effet E le projecteur sur M parallèlement à N. Si $z = x + y$ avec $x \in M$ et $y \in N$, on a $Ez = x$. Puisque $x = x + 0$, on a $Ex = x$, donc $E^2z = Ez$.

Soit maintenant E une transformation linéaire idempotente et soient M et N l'image et le noyau de E respectivement. On sait déjà que M et N sont des sous-espaces vectoriels. Si z est dans M, alors, par définition de l'image, on a $z = Eu$ pour un certain vecteur u ; si z est aussi dans N, alors, par définition du noyau, on a $Ez = 0$. On applique E aux deux membres de la relation $z = Eu$ et, puisque $E^2 = E$, on a $Ez = z$; puisqu'on a aussi $Ez = 0$, on en déduit que $z = 0$. Conclusion : $M \cap N = \{0\}$.

Soit z un vecteur arbitraire de V. Considérons les vecteurs

$$x = Ez \quad \text{et } y = z - Ez \ (= (1 - E)z).$$

Le vecteur x est dans $\operatorname{Im} E$ et, puisque

$$Ey = Ez - E^2z = 0,$$

le vecteur y est dans $\operatorname{Ker} E$. Comme $z = x + y$ on en déduit que

$$M + N = V.$$

Les deux paragraphes précédents permettent donc d'affirmer que M et N sont des sous-espaces supplémentaires et que la projection sur M parallèlement à N de n'importe quel vecteur z est égale à Ez. Remarquer que cette démonstration répond aux deux questions : les projecteurs sont exactement les transformations linéaires idempotentes et, si E est le projecteur sur M parallèlement à N, on a $\operatorname{Im} E = M$ et $\operatorname{Ker} E = N$.

Il est quelquefois utile de savoir que si E est un projecteur, alors Im E est l'ensemble des points fixes de E. En effet, si $z \in \operatorname{Im} E$, alors $Ez = z$, comme on l'a vu, et, trivialement, si $Ez = z$, alors z est dans Im E.

Solution 73 (Sommes de projecteurs)

Si E et F sont des projecteurs tels que E + F soit un projecteur, on a

$$(E+F)^2 = E+F,$$

d'où l'on déduit en développant et en simplifiant

$$EF + FE = 0.$$

On multiplie cette relation à gauche, puis à droite par E, ce qui donne

$$EF + EFE = 0 \quad \text{et} \quad EFE + FE = 0.$$

En soustrayant l'une de ces équations de l'autre, on en déduit

$$EF - FE = 0,$$

et donc (puisque la somme et la différence sont nulles)

$$EF = FE = 0.$$

Ceci est donc une condition nécessaire pour que E + F soit un projecteur.

Il est nettement plus facile de démontrer que cette condition est aussi suffisante : si $EF = FE = 0$, les produits croisés dans $(E+F)^2$ disparaissent, et comme E et F sont idempotentes, il en découle que E + F est idempotent.

En conclusion, la somme de deux projecteurs est un projecteur si et seulement si leurs produits (dans les deux sens) sont nuls.

Question. Le produit de deux projecteurs peut-il être nul dans un sens et pas dans l'autre ? Oui, on trouve un exemple avec un peu de réflexion et d'expérimentation. Soient

$$E = \begin{pmatrix} 1 & 0 \\ 0 & 0 \end{pmatrix}, \quad F = \begin{pmatrix} \alpha & \beta \\ \gamma & \delta \end{pmatrix}.$$

Si EF = 0, alors $\alpha = \beta = 0$. La matrice $F = \begin{pmatrix} 0 & 0 \\ \gamma & \delta \end{pmatrix}$ qui en résulte est idempotente si et seulement si, ou bien $\gamma = \delta = 0$, ou bien $\delta = 1$. On peut donc prendre

$$F = \begin{pmatrix} 0 & 0 \\ 2 & 1 \end{pmatrix};$$

dans ce cas EF = 0 mais FE ≠ 0.

On peut aussi raisonner géométriquement : dire que EF = 0 signifie que $\operatorname{Im} F \subset \operatorname{Ker} E$ et dire que FE = 0 signifie que $\operatorname{Im} E \subset \operatorname{Ker} F$; il suffit donc de prendre pour E le projecteur sur une droite M parallèlement à une droite N et pour F le projecteur sur N parallèlement à une droite M′ avec M′ ≠ M.

Solution 74 (Presque idempotence)

La condition s'écrit $E^2 = E^3$; une transformation linéaire qui vérifie $E^2 = 0$ satisfait donc à cette condition. Est-il possible d'avoir $E^2 = 0$ sans que E = 0 ? C'est certain ; un exemple standard est

$$E = \begin{pmatrix} 0 & 1 \\ 0 & 0 \end{pmatrix}.$$

En effet, on a alors $E^2(1-E) = 0$, mais il est faux que $E(1-E) = 0$. Cela répond à la première question.

Il est facile de voir que la réponse à la seconde question est non : pour le E donné ci-dessus, on n'a pas $E(1-E)^2 = 0$ (puisque $E(1-E)^2 = E - E^2$).

Voici une question naturelle : si $E(1-E)^2 = 0$, la transformation E est-elle idempotente ? Non, il suffit de remplacer le E donné ci-dessus par 1 − E, c'est-à-dire d'utiliser

$$\begin{pmatrix} 1 & -1 \\ 0 & 1 \end{pmatrix}$$

comme nouvelle matrice E. On a alors

$$1 - E = \begin{pmatrix} 0 & 1 \\ 0 & 0 \end{pmatrix},$$

si bien que $E(1-E)^2 = 0$, mais on n'a pas $E^2 = E$.

Une autre question naturelle est celle-ci : si on a à la fois

$$E^2(1-E) = 0 \quad \text{et} \quad E(1-E)^2 = 0,$$

peut-on en déduire que E est idempotente ? Cette fois, la réponse est oui : ajouter les deux relations et simplifier pour obtenir $E - E^2 = 0$.

5

Dualité

Solution 75 (Formes linéaires)

Si $f = 0$, alors $g = 0$, tout est trivial et la conclusion est vraie. Dans le cas contraire, on considère un vecteur x_0 tel que $f(x_0) \neq 0$ et on raisonne en partant de la conclusion. C'est-à-dire qu'on suppose pour un moment qu'il existe un scalaire α tel que $g(x) = \alpha f(x)$ pour tout x, et donc qu'on a en particulier $g(x_0) = \alpha f(x_0)$, d'où l'on déduit

$$\alpha = \frac{g(x_0)}{f(x_0)}.$$

[On peut remarquer que, quelle que soit la façon dont on a choisi x_0 (vérifiant $f(x_0) \neq 0$), la fraction donne la valeur de α. Autrement dit, si α existe, il est déterminé de façon unique par les formes linéaires f et g.]

Maintenant, on repart du début et on avance (sous l'hypothèse autorisée qu'il existe un vecteur x_0 tel que $f(x_0) \neq 0$). La forme linéaire f envoie

$$x_0 \quad \text{sur} \quad f(x_0)$$

et donc

$$\frac{x_0}{f(x_0)} \quad \text{sur} \quad 1$$

et enfin

$$\frac{\gamma x_0}{f(x_0)} \quad \text{sur} \quad \gamma$$

pour tout scalaire γ. En particulier, f envoie

$$\frac{f(x)x_0}{f(x_0)} \quad \text{sur} \quad f(x)$$

pour tout vecteur x. Par conséquent

$$f\left(x - \frac{f(x)x_0}{f(x_0)}\right) = 0$$

pour tout x. L'hypothèse sur f et g entraîne que

$$g\left(x-\frac{f(x)x_0}{f(x_0)}\right)=0$$

pour tout x, ce qui revient à dire que

$$g(x)=\frac{g(x_0)}{f(x_0)}f(x).$$

C'est ce qu'il fallait démontrer (avec $\alpha=\frac{g(x_0)}{f(x_0)}$).

Solution 76 (Espace dual)

Le dual d'un espace vectoriel V de dimension finie est de dimension finie, et on peut le démontrer en utilisant une base de V pour construire une base de V′. Soit en effet $(x_1,x_2,\ldots,x_n)$ une base de V. On cherche des formes linéaires $f_1,f_2,\ldots,f_n$ qui « séparent » les x_i, au sens où on demande que

$$f_i(x_j)=\delta_{ij}$$

pour i,j compris entre 1 et n. Comment construire ces formes linéaires ? Si elles existent, alors la valeur de f_i en un point

$$x=\alpha_1x_1+\alpha_2x_2+\cdots+\alpha_nx_n$$

est égale à α_i, ce qui montre comment définir f_i avant d'avoir prouvé son existence. On pose donc $f_i(x)=\alpha_i$ et on vérifie bien qu'il s'agit d'une forme linéaire.

Les formes linéaires $f_1,f_2,\ldots,f_n$ sont linéairement indépendantes. En effet, si

$$\beta_1f_1(x)+\beta_2f_2(x)+\cdots+\beta_nf_n(x)=0$$

pour tout x, alors, en particulier, la combinaison linéaire ci-dessus s'annule pour $x=x_j$ $(j=1,\ldots,n)$, ce qui prouve que $\beta_j=0$ pour tout j.

Toute forme linéaire est combinaison linéaire des f_i. En effet, soit g une forme linéaire quelconque et soit $x=\alpha_1x_1+\alpha_2x_2+\cdots+\alpha_nx_n$ un vecteur quelconque, alors on a

$$\begin{aligned}g(x)&=g(\alpha_1x_1+\alpha_2x_2+\cdots+\alpha_nx_n)\\&=\alpha_1g(x_1)+\alpha_2g(x_2)+\cdots+\alpha_ng(x_n)\\&=f_1(x)g(x_1)+f_2(x)g(x_2)+\cdots+f_n(x)g(x_n)\\&=\big(g(x_1)f_1+g(x_2)f_2+\cdots+g(x_n)f_n\big)(x).\end{aligned}$$

Les deux paragraphes précédents permettent donc de conclure que les f_i forment une base de V′ (et donc que V′ est de dimension finie).

Corollaire. $\dim V' = \dim V = n$.

On dit que la base $(f_1, \ldots, f_n)$ de V′ est la **base duale** de la base $(x_1, \ldots, x_n)$ de V.

Solution 77 (Systèmes de n équations linéaires à n inconnues)

La transformation linéaire T définie par

$$T(x) = T(x_1, \ldots, x_n) = \big(f_1(x), \ldots, f_n(x)\big)$$

est inversible. Pour une démonstration rapide, examinons le noyau de T. Soit $x = (x_1, \ldots, x_n)$ un vecteur de K^n appartenant au noyau de T, ce qui s'écrit

$$\big(f_1(x), \ldots, f_n(x)\big) = (0, \ldots, 0).$$

Puisque les formes linéaires coordonnées p_j appartiennent au sous-espace engendré par $f_1, \ldots, f_n$, pour chaque j il existe des scalaires $\alpha_1, \ldots, \alpha_n$ tels que

$$p_j = \sum_k \alpha_k f_k.$$

Par conséquent :

$$p_j(x) = \sum_k \alpha_k f_k(x) = 0$$

pour tout j, ce qui implique que $x = 0$; autrement dit, le noyau de T est réduit à $\{0\}$. En conséquence, T est inversible.

Solution 78 (Réflexivité)

La partie la plus facile est la vérification de la linéarité de T. En effet, si x et y sont des vecteurs de V et α et β des scalaires, on a pour $f \in V'$

$$\begin{aligned} T(\alpha x + \beta y)(f) &= f(\alpha x + \beta y) = \alpha f(x) + \beta f(y) \\ &= \alpha(Tx)(f) + \beta(Ty)(f) \\ &= (\alpha Tx + \beta Ty)(f). \end{aligned}$$

Quand a-t-on (pour un vecteur x de V) $Tx = 0$ (dans V″) ? La réponse est que cela se produit si

$$f(x) = 0$$

pour toute forme linéaire f sur V, ce qui implique $x = 0$ (voir la discussion qui précède le problème 74). Par conséquent T est toujours une application injective de V dans V″.

Le seul problème qui reste est de déterminer si T envoie V *sur* V″, et dans le cas de la dimension finie, cela peut se faire facilement. L'image de T est un sous-espace de V″ (problème 55) ; puisque T est un isomorphisme de V sur Im T, la dimension de Im T est égale à celle de V. La dimension de V″ est aussi égale à celle de V (car $\dim V = \dim V'$ et $\dim V' = \dim V''$). Un sous-espace de dimension n d'un espace vectoriel de dimension n ne peut pas être un sous-espace strict. Par conséquent $\operatorname{Im} T = V''$. En conclusion, l'injection canonique d'un espace vectoriel de dimension finie dans son bidual est un isomorphisme, ce qui revient à dire que tout espace vectoriel de dimension finie est réflexif.

Solution 79 (Annulateurs)

Certaines démonstrations en mathématiques nécessitent de l'inventivité et d'autres ne nécessitent rien d'autre que se souvenir des définitions et de les utiliser ; celle-ci commence par un peu d'inspiration et se termine par la routine de l'utilisation des définitions.

Il faut penser à choisir une base $(x_1, x_2, \dots, x_n)$ de V telle que ses m premiers éléments soient dans M (et forment donc une base de M) ; soit $(u_1, u_2, \dots, u_n)$ la base duale dans V′ (voir la solution 76)

Puisque $u_i(x_j) = \delta_{ij}$, on en déduit que, pour $i > m$, les u_i sont dans l'annulateur de M. Autrement dit, si on appelle N le sous-espace engendré par les u_i tels que $i > m$, on a $N \subset M^0$.

Soit d'autre part u dans M^0. On a, pour la simple raison que u est dans V′, que u est combinaison linéaire des u_i :

$$u = \beta_1 u_1 + \beta_2 u_2 + \cdots + \beta_n u_n.$$

Or, si on applique u à l'un des x_j avec $1 \leqslant j \leqslant m$, on obtient 0 (car x_j est dans M) et, en même temps, on obtient β_j (car $u_i(x_j) = 0$ pour $i \neq j$). Il en résulte que les coefficients de u sur les premiers u_i sont nuls. Par conséquent u est combinaison linéaire des derniers u_i ce qui revient à dire que u est dans N. On a donc $M^0 \subset N$.

Les conclusions des deux derniers paragraphes impliquent que $M^0 = N$ et donc, puisque M^0 a une base constituée de $n - m$ éléments, que

$$\dim M^0 = n - m.$$

Solution 80 (Bi-annulateurs)

Si on identifie V et V″ (comme indiqué au problème 78) alors, par définition, M^{00} est l'ensemble des vecteurs x de M tels que $u(x) = 0$ pour tout u de M^0. Or, par définition de M^0, on a $u(x) = 0$ pour tout x de M et tout u de M^0. Ainsi tout x de M satisfait la condition pour être dans M^{00}, ce qui implique $M \subset M^{00}$. Si on note n la dimension de V et m la dimension de M on a $\dim M^0 = n - m$ (d'après le problème 79) et $\dim M^{00} = n - (n - m)$. Ainsi, M est un sous-espace de dimension m de l'espace M^{00}, qui est aussi de dimension m, ce qui implique que $M = M^{00}$.

Solution 81 (Transposition)

Soit A une transformation linéaire sur un espace vectoriel de dimension finie V, et soit A′ sa transposée. Si u est un vecteur de $\operatorname{Ker} A'$, on a $A'u = 0$ et donc $(A'u)(x) = 0$ pour tout vecteur x de V et par conséquent $u(Ax) = 0$ pour tout x de V. Cette dernière relation traduit exactement que u prend la valeur 0 sur Im A ou, plus simplement, que u appartient à $(\operatorname{Im} A)^0$. La réciproque est vraie aussi : si u appartient à $(\operatorname{Im} A)^0$, on a $u(Ax) = 0$ pour tout x, donc $(A'u)(x) = 0$ pour tout x, et par conséquent $A'u = 0$, ce qui signifie que u appartient à $\operatorname{Ker} A'$. En conclusion, on a

$$\operatorname{Ker} A' = (\operatorname{Im} A)^0.$$

Il n'est pas surprenant que les annulateurs interviennent. L'image et le noyau de A sont des sous-espaces de V, alors que l'image et le noyau de A′ sont des sous-espaces de V′ ; quelle relation possible y a-t-il entre des sous-espaces de V et des sous-espaces de V′ ? La seule sorte de relation connue (au moins jusqu'à présent) fait intervenir des annulateurs.

Si on remplace A par A′ dans la dernière relation démontrée, on obtient

$$\operatorname{Ker} A'' = (\operatorname{Im} A')^0,$$

une relation qui fait intervenir Im A′ – on est sur la bonne voie. Cette information est cependant indirecte (elle porte sur l'annulateur) et elle est exprimée indirectement (en termes de A″ au lieu de A. On peut éliminer ces défauts en identifiant V″ à V (se souvenir de la réflexivité). Alors A″ devient A et si on forme les annulateurs des deux membres de la relation (se souvenir des bi-annulateurs), il en résulte que

$$\operatorname{Im} A' = (\operatorname{Ker} A)^0.$$

Question. Était-il nécessaire de supposer la dimension finie ? Oui, on s'est servi de la réflexivité dans la seconde partie. L'hypothèse de la dimension finie était-elle utile dans la première partie ?

Solution 82 (Transposées des projecteurs)

Il est clair que la transposée d'un projecteur est un projecteur. En effet les projecteurs sont caractérisés par leur idempotence (problème 72) et les transposées héritent de l'idempotence.

Le problème 72 décrit aussi sur quel sous-espace un projecteur projette et parallèlement à quel sous-espace : il affirme que si E est le projecteur sur M parallèlement à N, on a

$$N = \operatorname{Ker} E \qquad \text{et} \qquad M = \operatorname{Im} E.$$

Or on a vu dans la solution du problème 81 que

$$\operatorname{Ker} E' = (\operatorname{Im} E)^0 \qquad \text{et} \qquad \operatorname{Im} E' = (\operatorname{Ker} E)^0.$$

Par conséquent, E′ est le projecteur sur N^0 parallèlement à M^0.

Solution 83 (Matrices transposées)

Soit A une transformation linéaire sur un espace vectoriel de dimension finie V et soit A′ la transposée de A. Nous devons comparer la matrice de A dans une base $(e_1, \ldots, e_n)$ de V et la matrice de A′ dans la base duale $(u_1, \ldots, u_n)$ de V′. Il s'agit, autrement dit, de comparer le développement de chacun des vecteurs $A'u_j$ dans la base duale à celui de Ae_i dans la base des e_i. Il faut se montrer soigneux dans le choix des notations : il s'agit ici d'une situation typique où on ne peut éviter de jongler avec les indices et il faut éviter de choisir des indices muets de sommation qui pourraient entrer en collision avec i ou j. On écrit

$$A'u_j = \sum_k \alpha'_{kj} u_k,$$

puis on évalue le résultat sur chaque e_i et on se laisse conduire par les notations :

$$A'u_j(e_i) = \sum_k \alpha'_{kj} u_k(e_i) = \sum_k \alpha'_{kj} \delta_{ki} = \alpha'_{ij}.$$

Nous avons obtenu une expression des coefficients α'_{ij} de la matrice de A'. Que faut-il faire ensuite ? Il faut se rappeler la façon dont les coefficients de la matrice de A sont définis et espérer que les deux résultats ensemble donneront le résultat cherché. On part donc de

$$\mathrm{A}e_i = \sum_k \alpha_{ki} e_k,$$

on applique u_j à ce vecteur, et on obtient

$$u_j(\mathrm{A}e_i) = u_j\Big(\sum_k \alpha_{ki} e_k\Big) = \sum_k \alpha_{ki} u_j(e_k) = \sum_k \alpha_{ki}\delta_{ki} = \alpha_{ji}.$$

Puisque

$$u_j(\mathrm{A}e_i) = \mathrm{A}' u_j(e_i),$$

il en résulte que

$$\alpha'_{ij} = \alpha_{ji}$$

pour tout i et tout j. Victoire, c'est une bonne réponse. Cette formule montre que les coefficients de A′ sont les mêmes que ceux de A à la différence près que leurs indices sont échangés. Autrement dit, la matrice de A′ est la même que celle de A avec les lignes et les colonnes interchangées. Plus précisément (et c'est le point de vue le plus populaire), la matrice de A′ est la symétrique de celle de A par rapport à la diagonale principale. L'opération de symétrie par rapport à la diagonale principale étant désignée sous le nom de transposition, il est naturel de dire que la matrice de A′ est la **transposée** de celle de A. C'est bien sûr de là que le terme *transposée* appliqué aux transformations linéaires tire son origine.

6

Similitude

Solution 84 (Changement de base : les coordonnées ne changent pas)

Ce qui caractérise la relation entre x et y est la réponse à la question : comment passe-t-on de x à y ? Ici, « passer » signifie appliquer une transformation linéaire. La transformation naturelle T qui saute aux yeux est celle définie par les relations

$$\begin{aligned} \mathrm{T}x_1 &= y_1 \\ &\vdots \\ \mathrm{T}x_n &= y_n. \end{aligned}$$

La transformation linéaire T a la propriété que $\mathrm{T}x = y$; en effet

$$\begin{aligned} \mathrm{T}x &= \mathrm{T}(\alpha_1 x_1 + \cdots + \alpha_n x_n) \\ &= \alpha_1 \mathrm{T}x_1 + \cdots + \alpha_n \mathrm{T}x_n \\ &= \alpha_1 y_1 + \cdots + \alpha_n y_n = y. \end{aligned}$$

La réponse à la question du problème est donc simplement celle-ci : la relation entre x et y est $\mathrm{T}x = y$. Autrement dit, la transformation linéaire T qui effectue le « changement de base » est celle qui transforme la première base en la seconde.

Question. La transformation linéaire T est-elle inversible ?

Solution 85 (Changement de base : le vecteur ne change pas)

Cette question se compare à celle du problème 84 de la même façon que les matrices se comparent aux transformations linéaires. L'étape la plus utile dans le raisonnement du problème 84 était d'introduire la transformation linéaire T qui envoie la base des x_i sur celle des y_i. Quelle est la matrice de T par rapport à la base

$(x_1,\ldots,x_n)$? On obtient la réponse (voir la solution 59) en appliquant T à chaque x_j et en développant le résultat sur la base. Si

$$y_j = \mathrm{T}x_j = \sum_i \alpha_{ij}x_i,$$

alors

$$\sum_j \eta_j y_j = \sum_j \eta_j \sum_i \alpha_{ij}x_i = \sum_i \Big(\sum_j \alpha_{ij}\eta_j\Big)x_i.$$

Or, par hypothèse, on a

$$\sum_i \xi_i y_i = \sum_j \eta_j y_j,$$

ce qui entraîne que

$$\xi_i = \sum_j \alpha_{ij}\eta_j.$$

La relation demandée dans l'énoncé du problème est donc qu'on peut calculer les ξ à partir des η au moyen de la matrice (α_{ij}).

Si on note $\tau = (\alpha_{ij})$ la matrice de T dans la base $(x_1,\ldots,x_n)$, on obtient entre les coordonnées d'un même vecteur x dans les bases $(x_1,\ldots,x_n)$ et $(y_1,\ldots,y_n)$ la relation

$$\begin{pmatrix}\xi_1\\ \vdots\\ \xi_n\end{pmatrix} = \tau \begin{pmatrix}\eta_1\\ \vdots\\ \eta_n\end{pmatrix}.$$

On dit que la matrice τ (dont les colonnes s'écrivent en développant les vecteurs y_j dans la base (x_i)) est la **matrice de passage de la base** $(x_1,\ldots,x_n)$ **à la base** $(y_1,\ldots,y_n)$. Attention ! La relation ci-dessus indique comment obtenir les coordonnées de x dans la première base (ou l'ancienne base) à partir des coordonnées de ce vecteur dans la seconde (ou nouvelle) base. Pour obtenir les coordonnées dans la nouvelle base à partir des coordonnées dans l'ancienne, il faut inverser la matrice τ :

$$\begin{pmatrix}\eta_1\\ \vdots\\ \eta_n\end{pmatrix} = \tau^{-1} \begin{pmatrix}\xi_1\\ \vdots\\ \xi_n\end{pmatrix}.$$

Solution 86 (Transformations semblables)

L'outil qui permet de résoudre ce problème est la même transformation linéaire T qui a joué un rôle important dans les solutions

84 et 85, celle qui envoie les x sur les y. Si

$$Tx_j = y_j \qquad (j = 1, \ldots, n)$$

alors

$$Cy_i = CTx_j$$

et

$$Cy_j = \sum_i \alpha_{ij} y_i = \sum_i \alpha_{ij} Tx_i = T\Big(\sum_i \alpha_{ij} x_i\Big) = TBx_j.$$

Par conséquent

$$CTx_j = TBx_j$$

pour tout j, de sorte que

$$CT = TB.$$

Ceci est une réponse acceptable, mais la formulation habituelle est légèrement différente. La solution 84 se terminait par une question sur l'inversibilité de T. Il est clair que T est inversible puisqu'elle envoie une base (celle des x) sur une base (celle des y) et que cela assure l'inversibilité. En utilisant cette propriété, on peut réécrire la relation entre B et C sous la forme

$$C = TBT^{-1},$$

et c'est sous cette forme qu'on écrit en général que B et C sont semblables.

La phrase précédente demande une explication supplémentaire. Nous avons affirmé que B et C sont semblables si et seulement si il existe une transformation linéaire inversible T telle que $C = TBT^{-1}$. Or notre démonstration n'a prouvé que le « seulement si ». La réciproque, l'assertion que si une T inversible vérifiant la propriété existe, alors B et C sont semblables, n'est pas immédiatement évidente, mais quand même très facile. Il s'agit de montrer que, si T existe, alors B et C correspondent à la même matrice dans deux différentes bases. Supposons donc l'existence de T, écrivons B comme une matrice à l'aide d'une base arbitraire $(x_1, \ldots, x_n)$:

$$Bx_j = \sum_i \alpha_{ij} x_i,$$

définissons un paquet de vecteurs y par $Tx_j = y_j$ $(j = 1, \ldots, n)$, et calculons de la façon suivante :

$$Cy_j = CTx_j = TBx_j = \sum_i \alpha_{ij} Tx_i = \sum_i \alpha_{ij} y_i.$$

On en conclut que la matrice de B dans la base x est la même que celle de C dans la base y.

Solution 87 (Matrices semblables)

Il est nécessaire de fixer les notations. L'hypothèse est qu'*une* transformation linéaire est donnée, appelons-la B, et que *deux* bases

$$(x_1,\ldots,x_n) \qquad \text{et} \qquad (y_1,\ldots,y_n)$$

sont données. On peut utiliser chacune de ces bases pour exprimer B sous forme d'une matrice

$$\mathrm{B}x_j = \sum_i \beta_{ij}x_i \qquad \text{et} \qquad \mathrm{B}y_j = \sum_i \gamma_{ij}y_i$$

et il s'agit de trouver la relation entre les β et les γ.

La transformation T qui a été utile dans les trois problèmes précédents peut toujours nous servir mais cette fois, puisque temporairement ce sont les matrices qui sont au centre de la scène, il est conseillé d'exprimer son action en langage matriciel. La matrice de T par rapport à la base x est définie par

$$\mathrm{T}x_j = \sum_k \tau_{kj}x_k,$$

et le moment est venu de calculer avec cette matrice. Voici le détail du calcul :

$$\begin{aligned}\mathrm{B}y_j = \mathrm{BT}x_j = \mathrm{B}\sum_k \tau_{kj}x_k \\ &= \sum_k \tau_{kj}\mathrm{B}x_k \\ &= \sum_k \tau_{kj}\sum_i \beta_{ik}x_i \\ &= \sum_i \Big(\sum_k \beta_{ik}\tau_{kj}\Big)x_i\end{aligned}$$

et d'autre part

$$\begin{aligned}\mathrm{B}y_j &= \sum_k \gamma_{kj}y_k \\ &= \sum_k \gamma_{kj}\mathrm{T}x_k \\ &= \sum_k \gamma_{kj}\sum_i \tau_{ik}x_i \\ &= \sum_i \Big(\sum_k \tau_{ik}\gamma_{kj}\Big)x_i.\end{aligned}$$

Par conséquent :

$$\sum_k \tau_{ik}\gamma_{kj} = \sum_k \beta_{ik}\tau_{kj}.$$

Cette dernière relation est équivalente à la relation plus concise suivante entre les matrices β et γ :

$$\tau\gamma = \beta\tau.$$

Grâce à l'inversibilité de T, elle s'écrit

$$\gamma = \tau^{-1}\beta\tau,$$

et on utilise encore le mot « semblables » : on dit que les matrices β et γ sont semblables.

Solution 88 (Similitude héritée)

Si B ou C est inversible, la réponse est oui. Supposons par exemple que B soit inversible. On a alors

$$\mathrm{BC} = \mathrm{BC}(\mathrm{BB}^{-1}) = \mathrm{B}(\mathrm{CB})\mathrm{B}^{-1}\ ;$$

la démonstration dans le cas où C est inversible est similaire.

Si ni B ni C ne sont inversibles, la conclusion est fausse. Par exemple, si

$$\mathrm{B} = \begin{pmatrix} 1 & 0 \\ 0 & 0 \end{pmatrix} \quad \text{et} \quad \mathrm{C} = \begin{pmatrix} 0 & 1 \\ 0 & 0 \end{pmatrix},$$

alors

$$\mathrm{BC} = \mathrm{C} \qquad \text{et} \qquad \mathrm{CB} = 0.$$

La partie importante de cette conclusion est que $\mathrm{BC} \neq 0$ et que $\mathrm{CB} = 0$.

Commentaire. Bien que ce soit étranger en esprit à l'algèbre pure, on peut quelquefois utiliser un raisonnement d'analyse pour montrer qu'une certaine information sur les transformations inversibles passe aux transformations quelconques. Un exemple pourrait être celui-ci : si B est inversible, alors BC et CB sont semblables ; si B n'est pas inversible, alors B est la limite (voilà l'analyse !) d'une suite (B_n) de transformations inversibles. Puisque $\mathrm{B}_n\mathrm{C}$ est semblable à $\mathrm{C}_n\mathrm{B}$, il en découle (?) par passage à la limite que BC est semblable à CB.

Évidemment cette démonstration est fausse, mais où est l'erreur ? Ce qui est vrai, c'est qu'il existe des transformations inversibles T_n telles que

$$(\mathrm{B}_n\mathrm{C})\mathrm{T}_n = \mathrm{T}_n(\mathrm{CB}_n),$$

mais ce que la démonstration suppose implicitement, c'est que la suite des T_n (ou une de ses sous-suites) converge vers une limite inversible T. Si c'était vrai, alors on aurait en effet (BC)T = T(CB), mais la solution du problème implique que ce n'est pas toujours vrai. Voici un exemple concret pour les B et C mentionnés ci-dessus : si

$$B_n = T_n = \begin{pmatrix} 1 & 0 \\ 0 & \frac{1}{n} \end{pmatrix},$$

alors on a

$$(B_n C)T_n = T_n(CB_n)$$

pour tout n, et la suite T_n converge effectivement, mais sa limite se refuse à être inversible.

Solution 89 (Similitude réelle et similitude complexe)

Oui, deux matrices réelles semblables sur $\mathbb{C}$ sont semblables sur $\mathbb{R}$. En effet, supposons que A et B soient réelles et que

$$SA = BS,$$

où S est une matrice complexe inversible. On décompose S en partie réelle et imaginaire :

$$S = P + iQ.$$

Puisque $PA + iQA = BP + iBQ$ et que A, B, P et Q sont toutes réelles, on a

$$PA = BP \qquad \text{et} \qquad QA = BQ.$$

Si P ou Q est inversible, le problème est résolu car les relations ci-dessus impliquent alors que A et B sont semblables sur $\mathbb{R}$. Même si P et Q ne sont pas inversibles, la solution n'est pas loin.

Considérons le polynôme

$$p(\lambda) = \det(P + \lambda Q).$$

Puisque $p(i) = \det(P + iQ) \neq 0$ (car S est inversible), le polynôme p n'est pas identiquement nul. L'équation $p(\lambda) = 0$ n'a donc qu'un nombre fini de solutions et il existe donc un nombre réel λ tel que la matrice réelle $P + \lambda Q$ soit inversible. On y est : puisque

$$(P + \lambda Q)A = PA + \lambda QA = BP + \lambda BQ = B(P + \lambda Q),$$

les matrices A et B sont semblables sur le corps des nombres réels.

Cette démonstration est élémentaire et ne comporte pas beaucoup de calculs, mais quand même un peu. Il existe une démonstration qui ne comporte aucun calcul, mais qui est moins élémentaire ;

elle repose sur la notion non élémentaire de « diviseurs élémentaires ». On peut associer des polynômes à une matrice ; leur définition exacte importe peu pour le moment. Ce qui compte, c'est que les coefficients de ces polynômes sont dans le même corps que les coefficients de la matrice et que, quel que soit le corps des coefficients, deux matrices sont semblables si et seulement si elles ont les mêmes diviseurs élémentaires. Une fois admises ces deux assertions, la démonstration est terminée : si A et B sont des matrices réelles qui sont semblables (sur n'importe quel corps qui contient les coefficients de A et de B), alors elles ont les mêmes diviseurs élémentaires, et elles sont donc semblables sur n'importe quel corps qui contient leurs coefficients, en particulier sur le corps des nombres réels.

Solution 90 (Rang et dimension du noyau)

Puisque

$$\operatorname{Ker} A' = (\operatorname{Im} A)^0$$

(d'après le problème 81) et puisque

$$\dim(\operatorname{Im} A)^0 = n - \dim \operatorname{Im} A$$

(d'après le problème 79), on obtient immédiatement

$$\dim \ker A' = n - \operatorname{rang} A.$$

Soit maintenant $(x_1, \ldots, x_m)$ une base de Ker A et complétons-la en une base $(x_1, \ldots, x_m, x_{m+1}, \ldots, x_n)$ de l'espace V. Si

$$x = \alpha_1 x_1 + \cdots + \alpha_m x_m + \alpha_{m+1} x_{m+1} + \cdots + \alpha_n x_n$$

est un vecteur quelconque de V, alors

$$Ax = \alpha_{m+1} A x_{m+1} + \cdots + \alpha_n A x_n,$$

ce qui implique que Im A est engendrée par l'ensemble des vecteurs $(Ax_{m+1}, \ldots, Ax_n)$. On a donc

$$\dim \operatorname{Im} A \leqslant n - m,$$

soit

$$\operatorname{rang} A \leqslant n - \dim \ker A.$$

On applique ce dernier résultat à A′ et on utilise la relation entre $\dim \ker A'$ et rang A ci-dessus pour obtenir

$$\operatorname{rang} A' \leqslant \operatorname{rang} A.$$

Cette inégalité règle presque la question. En effet, en l'appliquant à A' à la place de A, on obtient

$$\operatorname{rang} A'' \leqslant \operatorname{rang} A'$$

et, en utilisant l'identification habituelle entre A'' et A, les deux dernières inégalités impliquent que

$$\operatorname{rang} A = \operatorname{rang} A'.$$

Par conséquent,

$$\dim \ker A' = n - \operatorname{rang} A'.$$

En appliquant cette relation à A' au lieu de A (et avec la même identification que ci-dessus, on arrive à

$$\operatorname{rang} A + \dim \ker A = n.$$

La réponse à la première question du problème est donc que, si $\operatorname{rang} A = r$, il y a une seule valeur possible pour $\operatorname{rang} A'$, à savoir le même r. La réponse à la seconde question est qu'il y a une seule valeur possible pour $\dim \ker A$, à savoir $n - r$.

Commentaire. Il y a un cas particulier évident du résultat ci-dessus (rang + dimension du noyau = n) : si $\operatorname{rang} A = 0$ (ce qui signifie que $\operatorname{Im} A = 0$), alors A est la transformation nulle et $\dim \ker A$ est donc égal à n. Un autre cas particulier, pas tout à fait aussi trivial, est apparu au problème 66. En effet, on a vu dans ce problème que la dimension du noyau d'une transformation linéaire sur un espace vectoriel de dimension n est égale à 0 si et seulement si son rang est n, et ceci est exactement ce qu'affirme la formule de la somme dans le cas où $\dim \ker A = 0$.

Solution 91 (Similitude et rang)

Oui, deux transformations linéaires semblables ont le même rang. Considérons en effet deux transformations linéaires B et C et une transformation linéaire inversible T telle que

$$CT = TB.$$

Si y est un vecteur de $\operatorname{Im} B$, de sorte que $y = Bx$ pour un certain vecteur x, alors la relation

$$CTx = Ty$$

implique que $\mathrm{T}y$ est dans $\mathrm{Im\,C}$ et donc que y appartient à $\mathrm{T}^{-1}(\mathrm{Im\,C})$. On a donc démontré que

$$\mathrm{Im\,B} \subset \mathrm{T}^{-1}(\mathrm{Im\,C}).$$

Comme l'inversibilité de T implique que $\mathrm{T}^{-1}(\mathrm{Im\,C})$ a la même dimension que $\mathrm{Im\,C}$, on en déduit l'inégalité

$$\mathrm{rang\,B} \leqslant \mathrm{rang\,C}.$$

On peut terminer la démonstration en utilisant un argument de symétrie. L'hypothèse que B et C sont semblables est symétrique en B et C ; si elle implique que $\mathrm{rang\,B} \leqslant \mathrm{rang\,C}$, alors elle doit aussi impliquer que

$$\mathrm{rang\,C} \leqslant \mathrm{rang\,B},$$

et les deux inégalités ensemble donnent

$$\mathrm{rang\,B} = \mathrm{rang\,C}.$$

Solution 92 (Similitude avec la transposée)

La réponse est oui, toute matrice 2×2 est semblable à sa transposée, et un calcul simple le prouve presque complètement :

$$\begin{pmatrix} \gamma & 0 \\ 0 & \beta \end{pmatrix}\begin{pmatrix} \alpha & \beta \\ \gamma & \delta \end{pmatrix} = \begin{pmatrix} \alpha\gamma & \beta\gamma \\ \beta\gamma & \beta\delta \end{pmatrix} = \begin{pmatrix} \alpha & \gamma \\ \beta & \delta \end{pmatrix}\begin{pmatrix} \gamma & 0 \\ 0 & \beta \end{pmatrix}.$$

Si β et γ sont tous deux non nuls, alors $\begin{pmatrix} \gamma & 0 \\ 0 & \beta \end{pmatrix}$ est inversible et le résultat est démontré : $\begin{pmatrix} \alpha & \beta \\ \gamma & \delta \end{pmatrix}$ est semblable à $\begin{pmatrix} \alpha & \gamma \\ \beta & \delta \end{pmatrix}$.

Si $\beta = 0$ et $\gamma \neq 0$, la démonstration est toujours facile, mais pas aussi limpide. Au pire, le calcul doit nous la révéler : on pose

$$\begin{pmatrix} \xi & \eta \\ \zeta & \theta \end{pmatrix}\begin{pmatrix} \alpha & 0 \\ \gamma & \delta \end{pmatrix} = \begin{pmatrix} \alpha & \gamma \\ 0 & \delta \end{pmatrix}\begin{pmatrix} \xi & \eta \\ \zeta & \theta \end{pmatrix},$$

et on résout le système de quatre équations à quatre inconnues obtenu. Naturellement, il ne suffit pas de trouver quatre nombres ξ, η, ζ et θ qui satisfont les équations – par exemple $\xi = \eta = \zeta = \theta = 0$ marche toujours – il est nécessaire aussi de les choisir de façon que la matrice soit inversible. La relation

$$\begin{pmatrix} 0 & \gamma \\ \gamma & \delta - \alpha \end{pmatrix}\begin{pmatrix} \alpha & 0 \\ \gamma & \delta \end{pmatrix} = \begin{pmatrix} \gamma^2 & \gamma\delta \\ \gamma\delta & \delta(\delta - \alpha) \end{pmatrix} = \begin{pmatrix} \alpha & \gamma \\ 0 & \delta \end{pmatrix}\begin{pmatrix} 0 & \gamma \\ \gamma & \delta - \alpha \end{pmatrix}$$

fournit une solution. C'est bien une solution (ce qui signifie que $\begin{pmatrix} 0 & \gamma \\ \gamma & \delta - \alpha \end{pmatrix}$ est inversible) car $\gamma \neq 0$.

Le cas $\gamma = 0$ et $\beta \neq 0$, c'est-à-dire le problème de la similitude de

$$\begin{pmatrix} \alpha & \beta \\ 0 & \delta \end{pmatrix} \quad \text{et} \quad \begin{pmatrix} \alpha & 0 \\ \beta & \delta \end{pmatrix}$$

est le même que celui qui vient d'être vu : il suffit de remplacer β par γ et de permuter les deux matrices.

(L'assertion que la similitude est une relation symétrique mérite-t-elle une démonstration ? Si B et C sont semblables au moyen de T, c'est-à-dire si

$$\mathrm{CT} = \mathrm{TB},$$

alors

$$\mathrm{T}^{-1}(\mathrm{CT})\mathrm{T}^{-1} = \mathrm{T}^{-1}(\mathrm{TB})\mathrm{T}^{-1}.$$

En remplaçant TT^{-1} et $\mathrm{T}^{-1}\mathrm{T}$ par I et en échangeant les deux membres de cette égalité, on arrive à

$$\mathrm{BT}^{-1} = \mathrm{T}^{-1}\mathrm{C},$$

ce qui est exactement la similitude de C et B au moyen de T^{-1}.)

Si β et γ sont nuls tous les deux, la matrice $\begin{pmatrix} \alpha & \beta \\ \gamma & \delta \end{pmatrix}$ est diagonale, et la question de sa similitude avec sa transposée dégénère en une trivialité, elle est égale à sa transposée.

Commentaire. Cela règle la question des matrices 2×2 ; que se passe-t-il pour les matrices 3×3 ou pour les matrices carrées encore plus grandes ? La réponse est que le résultat est valable pour toutes les tailles mais, même pour les matrices 3×3, le problème de la généralisation des calculs faits pour le cas 2×2 devient redoutable. De nouvelles idées et des méthodes plus sophistiquées sont nécessaires. Elles existent, mais elles viendront plus tard.

Solution 93 (Rang d'une somme)

La réponse est

$$\operatorname{rang}(\mathrm{A} + \mathrm{B}) \leqslant \operatorname{rang}\mathrm{A} + \operatorname{rang}\mathrm{B}.$$

Pour la preuve, on commence par remarquer que

$$\operatorname{Im}\mathrm{A} + \operatorname{Im}\mathrm{B}$$

(au sens des sommes de sous-espaces, définies au problème 28) est l'ensemble des vecteurs de la forme

$$\mathrm{A}x + \mathrm{B}y,$$

et que

$$\mathrm{Im}(\mathrm{A} + \mathrm{B})$$

est l'ensemble des vecteurs de la forme

$$\mathrm{A}z + \mathrm{B}z.$$

Par conséquent,

$$\mathrm{Im}(\mathrm{A} + \mathrm{B}) \subset \mathrm{Im}\,\mathrm{A} + \mathrm{Im}\,\mathrm{B}$$

et il en résulte que

$$\mathrm{rang}(\mathrm{A} + \mathrm{B}) \leqslant \dim(\mathrm{Im}\,\mathrm{A} + \mathrm{Im}\,\mathrm{B}).$$

Quelle est la relation entre le second membre de cette inégalité et

$$\dim \mathrm{Im}\,\mathrm{A} + \dim \mathrm{Im}\,\mathrm{B}\ ?$$

En général, si M et N sont des sous-espaces, quelle est la relation entre le second membre de cette inégalité et

$$\dim(\mathrm{M} + \mathrm{N}) \quad \text{et} \quad \dim \mathrm{M} + \dim \mathrm{N}\ ?$$

La réponse est facile à deviner et à démontrer : si $(x_1, \ldots, x_m)$ est une base de M et $(y_1, \ldots, y_n)$ une base de N, alors l'ensemble

$$(x_1, \ldots, x_m, y_1, \ldots, y_n)$$

est certainement assez gros pour engendrer $\mathrm{M} + \mathrm{N}$. Par conséquent, la dimension de $\mathrm{M} + \mathrm{N}$ ne dépasse pas $m + n$, ce qui s'écrit

$$\dim(\mathrm{M} + \mathrm{N}) \leqslant \dim \mathrm{M} + \dim \mathrm{N}.$$

Ceci achève la démonstration de l'inégalité entre le rang de la somme et la somme des rangs.

Solution 94 (Rang d'un produit)

Puisque $(\mathrm{AB})x = \mathrm{A}(\mathrm{B}x)$, on a

$$\mathrm{Im}\,\mathrm{AB} \subset \mathrm{Im}\,\mathrm{A},$$

et donc

$$\mathrm{rang}\,\mathrm{AB} \leqslant \mathrm{rang}\,\mathrm{A}.$$

Ici les mots sont plus utiles que les formules : nous venons de voir que le rang d'un produit est inférieur ou égal au rang de son premier facteur. On a donc aussi

$$\operatorname{rang}(B'A') \leqslant \operatorname{rang} B'.$$

Or, puisque

$$\operatorname{rang}(B'A') = \operatorname{rang}\big((AB)'\big) = \operatorname{rang} AB$$

et que

$$\operatorname{rang} B' = \operatorname{rang} B$$

(problème 90), le rang de AB est inférieur ou égal à la fois à $\operatorname{rang} A$ et à $\operatorname{rang} B$ et donc

$$\operatorname{rang} AB \leqslant \min(\operatorname{rang} A, \operatorname{rang} B).$$

Nous y sommes : ceci est la bonne relation entre le rang d'un produit et le rang de ses facteurs.

Commentaire. Si B est inversible, l'image de B est tout l'espace et le résultat que nous venons de démontrer implique alors que

$$\operatorname{rang} AB \leqslant \operatorname{rang} A$$

et en même temps que

$$\operatorname{rang} A = \operatorname{rang}(AB)B^{-1} \leqslant \operatorname{rang} AB$$

de sorte que

$$\operatorname{rang} AB = \operatorname{rang} A.$$

Il en résulte que

$$\operatorname{rang}(BA) = \operatorname{rang}(BA)' = \operatorname{rang}(A'B') = \operatorname{rang} A' = \operatorname{rang} A.$$

Pour récapituler : le produit d'une transformation donnée par une transformation inversible (dans n'importe quel ordre) a toujours même rang que la transformation donnée.

Solution 95 (Dimension du noyau pour les sommes et les produits)

L'image d'une transformation A est l'image par A de l'espace entier V, et sa dimension est maintenant une vieille connaissance – c'est le rang. Que peut-on dire sur la dimension de l'image d'un sous-espace strict de V ? La question est pertinente parce que

$$\operatorname{Im}(AB) = (AB)V = A(BV) = A(\operatorname{Im} B),$$

de sorte que

$$\operatorname{rang}(AB) = \dim\big(A(\operatorname{Im} B)\big).$$

Soit M un sous-espace de dimension m et soit N un supplémentaire de M. On a

$$V = M + N,$$

et donc

$$\operatorname{Im} A = AV = AM + AN.$$

Il en découle que

$$\operatorname{rang} A \leqslant \dim(AM) + \dim(AN) \leqslant \dim(AM) + \dim N$$

(car appliquer une transformation linéaire ne fait jamais *augmenter* la dimension), et donc que

$$n - \dim\ker A \leqslant \dim(AM) + n - m$$

(où $n = \dim V$, bien entendu). Si on choisit

$$M = \operatorname{Im} B,$$

alors la dernière inégalité implique que

$$\operatorname{rang} A - \dim\ker A \leqslant \operatorname{rang}(AB),$$

ce qui s'écrit encore

$$n - \dim\ker A - \dim\ker B \leqslant n - \dim\ker(AB).$$

En conclusion :

$$\dim\ker(AB) \leqslant \dim\ker(A) + \dim\ker(B).$$

On donne aux deux inégalités sur les produits, à savoir celle que nous venons de démontrer et celle du problème 94 sur les rangs,

$$\operatorname{rang}(AB) \leqslant \min(\operatorname{rang} A, \operatorname{rang} B),$$

le nom de **loi de nullité de Sylvester**.

Solution 96 (Quelques matrices semblables)

(*a*) Les vecteurs de la base canonique

$$e_1 = (1,0,0), \quad e_2 = (0,1,0), \quad e_3 = (0,0,1)$$

ont une relation particulière et étonnante avec la transformation C : on a en effet

$$Ce_1 = e_1, \quad Ce_2 = 2e_2, \quad Ce_3 = 3e_3.$$

Si B et C étaient semblables, on aurait

$$CT = TB,$$

ou encore

$$BT^{-1} = T^{-1}C,$$

et alors les vecteurs

$$T^{-1}e_1, \quad T^{-1}e_2, \quad T^{-1}e_3$$

aurait la même relation avec B :

$$BT^{-1}e_j = T^{-1}Ce_j = T^{-1}(je_j) = jT^{-1}e_j$$

pour $j = 1,2,3$. Est-ce possible ? Existe-t-il des vecteurs qui ont ces relations avec B ?

Pour $j = 1$, il n'y a aucune difficulté : on peut choisir $f_1 = e_1$. Pour $j = 2$, ce n'est pas difficile non plus. Puisque

$$Be_1 = e_1, \quad Be_2 = e_1 + 2e_2,$$

on a

$$B(e_1 + e_2) = e_1 + (e_1 + 2e_2) = 2(e_1 + e_2)\,;$$

Autrement dit, si on pose $f_2 = e_1 + e_2$, alors

$$Bf_2 = 2f_2.$$

C'est le commencement d'un mécanisme. On a

$$Be_3 = e_1 + e_2 + 3e_3,$$

et on en déduit que

$$B(e_1+e_2+e_3) = B(e_1+e_2)+Be_3 = 2(e_1+e_2)+(e_1+e_2+3e_3) = 3(e_1+e_2+e_3).$$

Pour avoir

$$Bf_3 = 3f_3$$

il suffit donc de poser

$$f_3 = e_1 + e_2 + e_3.$$

Tout ceci prouve que B et C sont semblables. En effet les vecteurs f_1, f_2, f_3, qui s'expriment dans la base e sous la forme

$$f_1 = (1,0,0)$$
$$f_2 = (1,1,0)$$
$$f_3 = (1,1,1),$$

constituent une base. La matrice de B par rapport à cette base est la matrice C. Cela découle de la définition de la matrice de l'application B dans la base f. En effet, on forme $\mathrm{B}f_j$ (pour chaque j) et on l'exprime comme combinaison linéaire des f ; les coefficients qu'on obtient forment la j-ième colonne. En conclusion, B et C sont semblables.

(*b*) Le raisonnement est similaire à celui utilisé plus haut. La transformation linéaire C vérifie

$$\mathrm{C}e_1 = 0, \quad \mathrm{C}e_2 = e_1, \quad \mathrm{C}e_3 = e_2.$$

Si B et C sont semblables, on a

$$\mathrm{BT}^{-1} = \mathrm{T}^{-1}\mathrm{C},$$

et alors les vecteurs

$$f_j = \mathrm{T}^{-1}e_j \quad (j = 1, 2, 3)$$

sont tels que $\mathrm{B}f_1 = 0$ et, pour $j > 0$,

$$\mathrm{B}f_j = \mathrm{BT}^{-1}e_j = \mathrm{T}^{-1}\mathrm{C}e_j = \mathrm{T}^{-1}e_{j-1} = f_{j-1}.$$

À ce stade, on ne sait pas encore si B et C sont semblables ou non, mais on peut se demander s'il existe des vecteurs f_1, f_2, f_3 que B transforme de la manière que nous venons de décrire.

Oui, il existe des vecteurs ayant ces propriétés, et la démonstration n'est pas difficile. On choisit f_1 égal à e_1, f_2 égal à e_2, puis on cherche f_3. Puisque $\mathrm{B}e_3 = e_1 + e_2$, on a

$$\mathrm{B}(e_3 - e_2) = (e_1 + e_2) - e_1 = e_2\,;$$

ceci s'écrit, en posant $f_3 = e_3 - e_2$,

$$\mathrm{B}f_3 = e_2.$$

Le problème est maintenant résolu. Les vecteurs f_1, f_2, f_3, qui s'expriment dans la base e sous la forme

$$f_1 = (1, 0, 0)$$
$$f_2 = (0, 1, 0)$$
$$f_3 = (0, -1, 1),$$

constituent une base et la matrice de B par rapport à cette base est égale à C.

(*c*) La réponse la plus vraisemblable aux questions (*a*) et (*b*) était non – comment une similitude pourrait-elle tuer tous les coefficients situés au-dessus de la diagonale ? Maintenant qu'on a vu que les réponses étaient oui, on pourrait être tenté de supposer que la réponse est encore positive – mais cette fois la réponse est non.

Il est évident que

$$Ce_1 = 2e_1, \quad Ce_2 = 3e_2, \quad Ce_3 = 3e_3.$$

Ce qui est à peine moins évident, c'est que toute combinaison linéaire de e_2 et e_3 est envoyée sur trois fois elle-même par C. On doit maintenant se demander (en employant la méthode utilisée en (*a*)) s'il existe des vecteurs f_1, f_2, f_3 sur lesquels B agit comme C agit sur ceux de la base e. Il se trouve que la réponse est non.

Supposons en effet que $Bf = 3f$, où f est un vecteur qui s'écrit $(\alpha_1, \alpha_2, \alpha_3)$ dans la base e. Puisque

$$Bf = (2\alpha_1 + \alpha_2 + \alpha_3, 3\alpha_2 + \alpha_3, 3\alpha_3),$$

la seule façon pour que ce vecteur soit égal à

$$3f = (3\alpha_1, 3\alpha_2, 3\alpha_3)$$

est que $\alpha_3 = 0$ (considérer la seconde coordonnée). Il en résulte alors que $\alpha_2 = \alpha_1$ (considérer la première coordonnée). Pour résumer : toute solution de $Bf = 3f$ est de la forme $(\tau, \tau, 0)$. Par conséquent, l'ensemble des solutions de cette équation vectorielle est un sous-espace de dimension 1, pas 2. Or, pour C, la dimension correspondante était 2 et cette différence résout le problème – B et C ne sont pas semblables.

(*d*) Et maintenant, quelle conclusion peut-on raisonnablement donner pour (*d*) ? Est-il imaginable qu'une similitude *double* une transformation linéaire ?

Oui, c'est possible. On peut décrire l'action de B sur la base canonique (e_1, e_2, e_3) de la façon suivante : le premier vecteur de base est tué et les deux autres sont envoyés sur leur prédécesseur. La question est maintenant celle-ci : existe-t-il une base telle que le premier vecteur soit tué et les deux autres envoyés sur *deux fois* leur prédécesseur ? Sous cette forme, la réponse est facile à voir : on pose

$$f_1 = (1,0,0)$$
$$f_2 = (0,2,0)$$
$$f_3 = (0,0,4).$$

Il n'y a rien de plus à dire, mais il serait plus parlant de montrer une transformation linéaire qui envoie la base e sur la base f et qui transforme donc B en C. Ce n'est pas difficile : si

$$T = \begin{pmatrix} 1 & 0 & 0 \\ 0 & \frac{1}{2} & 0 \\ 0 & 0 & \frac{1}{4} \end{pmatrix},$$

alors

$$T^{-1} = \begin{pmatrix} 1 & 0 & 0 \\ 0 & 2 & 0 \\ 0 & 0 & 4 \end{pmatrix},$$

et on vérifie sans effort que $TBT^{-1} = 2B$.

(*e*) La matrice de B par rapport à la base canonique (e_1, e_2, e_3) est celle donnée dans cette question ; quelle est la matrice de B par rapport à la base

$$\begin{aligned} f_1 &= e_3, \\ f_2 &= e_2, \\ f_3 &= e_1\ ? \end{aligned}$$

La réponse est aussi facile qu'une détermination de matrice peut l'être. Puisque

$$\begin{aligned} Bf_1 &= Be_3 = e_1 + e_2 + e_3 = f_3 + f_2 + f_1 \\ Bf_2 &= Be_2 = e_1 + e_2 = f_3 + f_2 \\ f_3 &= Be_1 = f_3, \end{aligned}$$

il en résulte que la matrice de B par rapport à la base f est exactement C.

Remarquer que C est la transposée de B ; comparer au problème 92.

Solution 97 (Équivalence)

On définit une transformation linéaire P par

$$P\hat{x}_j = \hat{y}_j \quad (j = 1, \ldots, n)$$

et on calcule :

$$Cy_j = \sum_i \alpha_{ij}\hat{y}_i = \sum_i \alpha_{ij} P\hat{x}_i = P\sum_i \alpha_{ij}\hat{x}_i = PBx_j.$$

Ce résultat oblige presque à franchir l'étape suivante : pour rendre comparables les deux termes extrêmes de cette suite d'égalités, il est souhaitable d'introduire la transformation linéaire Q pour laquelle

$$x_j = \mathrm{Q}y_j \quad (j = 1, \ldots, n).$$

On a alors $\mathrm{C}y_j = \mathrm{PBQ}y_j$ pour tout j, et il en résulte que

$$\mathrm{C} = \mathrm{PBQ}.$$

Voilà la réponse : B et C sont équivalentes si et seulement si il existe des transformations inversibles P et Q telles que C = PBQ. Notre démonstration n'a prouvé que le « seulement si » et, comme au problème 86, il faut aussi démontrer la partie « si ». La démonstration n'est qu'une copie de celle du problème 86, à la différence près qu'il n'est pas évident de fixer les notations : que faut-il choisir arbitrairement au départ et que faut-il définir à partir de ces choix? Voici une façon de répondre à ces questions.

Supposons que C = PBQ et choisissons arbitrairement deux bases

$$(\hat{x}_1, \ldots, \hat{x}_n) \quad \text{et} \quad (y_1, \ldots, y_n).$$

Posons

$$x_j = \mathrm{Q}y_j \quad \text{et} \quad \hat{y}_j = \mathrm{P}\hat{x}_j,$$

et écrivons la matrice de B par rapport aux bases x et $\hat{x}$:

$$\mathrm{B}x_j = \sum_i \alpha_{ij}\hat{x}_i.$$

Il en résulte que

$$\mathrm{C}y_j = \mathrm{PBQ}y_j = \mathrm{PB}x_j = \mathrm{P}\sum_i \alpha_{ij}\hat{x}_i = \sum_i \alpha_{ij}\mathrm{P}\hat{x}_i = \sum_i \alpha_{ij}\hat{y}_i.$$

La comparaison des deux dernières relations montre que la matrice $\mathrm{C}(\mathrm{Y}, \widehat{\mathrm{Y}})$ de C par rapport aux y est la même que la matrice $\mathrm{B}(\mathrm{X}, \widehat{\mathrm{X}})$ de B par rapport aux x.

Question. Si B est équivalente à C, a-t-on B^2 équivalente à C^2 ? Il n'est pas certain que la première tentative pour répondre à cette question, sans utiliser le problème qui suit, réussisse.

Solution 98 (Rang et équivalence)

Soit A une transformation linéaire de rang r sur un espace vectoriel de dimension finie V. Puisque le noyau de A est de dimension $n-r$, les méthodes standard pour compléter les bases montrent qu'il existe une base

$$x_1, \ldots, x_r, x_{r+1}, \ldots, x_n$$

de V telle que $(x_{r+1},\dots,x_n)$ soit une base de Ker A. Assertion : les vecteurs

$$y_1 = Ax_1,\dots,y_r = Ax_r$$

sont linéairement indépendants. En effet, si

$$\gamma_1 Ax_1 + \cdots + \gamma_1 Ax_r = 0,$$

alors $\gamma_1 x_1 + \cdots + \gamma_1 x_r$ est dans le noyau de A. Or, puisque les x_i forment une base, une combinaison linéaire des r premiers x_i ne peut être égale à une combinaison linéaire des $n-r$ derniers x_i que si tous les coefficients sont nuls.

On peut maintenant compléter l'ensemble $(y_1,\dots,y_r)$ en une base

$$y_1,\dots,y_r,y_{r+1},\dots,y_n$$

de V. Quelle est la matrice de A par rapport à ce couple de bases (les x_i et les y_i) ? C'est la matrice diagonale $n \times n$ dont les r premiers coefficients diagonaux valent 1 et les $n-r$ derniers sont nuls.

Cette conclusion remarquable est surprenante. Elle implique que toute matrice de rang r est équivalente à un projecteur de rang r et donc que deux matrices quelconques de rang r sont toujours équivalentes.

7

Formes canoniques

Solution 99 (Valeurs propres)

Soit E un projecteur, soit λ une valeur propre de E et soit x un vecteur propre associé à λ, de sorte que $\mathrm{E}x = \lambda x$. On a alors

$$\mathrm{E}x = \mathrm{E}^2 x = \mathrm{E}(\mathrm{E}x) = \mathrm{E}(\lambda x) = \lambda \mathrm{E}x = \lambda(\lambda x) = \lambda^2 x.$$

Puisque $\lambda x = \lambda^2 x$ et que $x \neq 0$ (par définition d'un vecteur propre), on a $\lambda = \lambda^2$. Par conséquent, les seules valeurs propres possibles pour E sont 0 et 1. Puisque les racines de l'équation caractéristique sont les valeurs propres, il en découle que les seuls facteurs possibles du polynôme caractéristique sont λ et $\lambda - 1$ et le polynôme caractéristique est donc de la forme $(-1)^n \lambda^k (\lambda - 1)^{n-k}$, avec $k = 0, 1, \ldots, n$.

Question. Si $\operatorname{rang} \mathrm{E} = 0$ (c'est-à-dire si $\mathrm{E} = 0$), alors $k = n$; si $\operatorname{rang} \mathrm{E} = n$ (c'est-à-dire si $\mathrm{E} = 1$), alors $k = 0$; que vaut k pour d'autres valeurs de $\operatorname{rang} \mathrm{E}$?

Solution 100 (Somme et produit des valeurs propres)

La somme des racines d'une équation polynomiale

$$\lambda^n + \alpha_1 \lambda^{n-1} + \cdots + \alpha_{n-1} \lambda + \alpha_n = 0$$

est égale à $-\alpha_1$, et le produit des racines est égal à $\pm\alpha_n$ (le signe dépend de la parité de n). Pour se convaincre de ces affirmations, il suffit d'écrire le polynôme sous la forme factorisée

$$(\lambda - \lambda_1) \ldots (\lambda - \lambda_n).$$

Il en résulte que la somme et le produit des valeurs propres d'une matrice A appartiennent au corps dans lequel sont les coefficients de A.

Le produit des valeurs propres est égal au déterminant (voir problème 99, ou bien penser à la triangularisation, voir problème 108) et cette observation fournit une autre démonstration de l'assertion sur le produit. La somme des valeurs propres se lit aussi facilement sur la matrice A : c'est le coefficient de $(-\lambda)^{n-1}$ dans le développement de $\det(A-\lambda)$, et c'est donc la somme des coefficients diagonaux, soit $a_{11}+a_{22}+\cdots+a_{nn}$ (voir problème 98). Cette somme a un nom : elle s'appelle **trace** de la matrice A.

La réponse à la question telle qu'elle est posée est NON : bien que les valeurs propres d'une matrice rationnelle puissent être irrationnelles, leur somme et leur produit sont obligatoirement rationnels.

Solution 101 (Valeurs propres de produits)

La réponse est oui : AB et BA ont les mêmes valeurs propres.

Il faut démontrer que si $\lambda \neq 0$ et si $AB-\lambda$ est inversible, alors $BA-\lambda$ l'est aussi. On change les signes (c'est inoffensif), on divise par λ, puis on remplace A par $\frac{A}{\lambda}$. Ces manipulations permettent de se ramener au problème de montrer que si $1-AB$ est inversible, alors $1-BA$ est inversible.

À ce point, le plus malin c'est de faire l'idiot. On oublie que BA est une matrice et dans le développement en série bien connu

$$\frac{1}{1-x} = 1 + x + x^2 + x^3 + \cdots$$

on remplace x par BA. On obtient

$$\begin{aligned}(1-BA)^{-1} &= 1 + BA + BABA + BABABA + \cdots \\ &= 1 + B(1 + AB + ABAB + \cdots)A \\ &= 1 + B(1-AB)^{-1}A.\end{aligned}$$

Tout ce calcul n'a aucun sens, mais il suggère que, peut-être, si $1-AB$ est inversible avec

$$(1-AB)^{-1} = X,$$

alors $1-BA$ est inversible avec

$$(1-BA)^{-1} = 1 + BXA.$$

Maintenant, cet énoncé peut être vrai ou faux, mais en tout cas il a un sens, on peut le vérifier. Supposons donc que $(1-AB)X = 1$ (ce qui peut encore s'écrire $ABX = X - 1$) et calculons :

$$\begin{aligned}(1 - BA)(1 + BXA) &= (1 + BXA) - BA(1 + BXA)\\ &= 1 + BXA - BA - BABXA\\ &= 1 + BXA - BA - B(X - 1)A\\ &= 1 + BXA - BA - BXA + BA = 1.\end{aligned}$$

Victoire !

Solution 102 (Polynômes en les valeurs propres)

Si λ est une valeur propre de A et x un vecteur propre associé,

$$Ax = \lambda x,$$

alors

$$A^2 x = A(Ax) = A(\lambda x) = \lambda Ax = \lambda(\lambda x) = \lambda^2 x,$$

et une répétition évidente de ce raisonnement donne

$$A^n x = \lambda^n x$$

pour tout entier $n \geqslant 0$. (Pour $n = 0$, la relation est encore plus vraie, s'il est possible de s'exprimer ainsi.) Ceci répond donc à la question sur les monômes. Une combinaison linéaire de ces relations vraies est encore vraie, et la propriété est donc valable pour les polynômes : si p est un polynôme, alors $p(\lambda)$ est valeur propre de $p(A)$.

Solution 103 (Permutations diagonalisables)

Puisque la matrice de A est

$$\begin{pmatrix} 0 & 1 & 0 \\ 0 & 0 & 1 \\ 1 & 0 & 0 \end{pmatrix},$$

son équation caractéristique est

$$\lambda^3 = 1.$$

Puisque

$$\lambda^3 - 1 = (\lambda - 1)(\lambda^2 + \lambda + 1),$$

les racines de l'équation caractéristique sont les trois racines cubiques de l'unité :

$$1, \quad j = -\frac{1}{2} + \frac{i}{2}\sqrt{3} \quad \text{et} \quad j^2 = -\frac{1}{2} - \frac{i}{2}\sqrt{3}.$$

Les vecteurs propres correspondants sont faciles à calculer ; ce sont

$$u = (1,1,1), \quad v = (1, j, j^2) \quad \text{et} \quad w = (1, j^2, j).$$

Commentaire. Cela vaut la peine de généraliser ce résultat à des dimensions plus grandes que 3 et à des permutations plus compliquées que la permutation circulaire qui envoie $(1,2,3)$ sur $(2,3,1)$. L'exemple le plus simple est en dimension 2. Les valeurs propres de la transformation A définie sur $\mathbb{C}^2$ par

$$A(x_1, x_2) = (x_2, x_1)$$

sont, bien sûr, les valeurs propres

$$1 \quad \text{et} \quad -1$$

de la matrice

$$\begin{pmatrix} 0 & 1 \\ 1 & 0 \end{pmatrix},$$

et des vecteurs propres correspondants sont

$$(1,1) \quad \text{et} \quad (1,-1).$$

Ces deux vecteurs forment une base et la matrice de A par rapport à cette base est

$$\begin{pmatrix} 1 & 0 \\ 0 & -1 \end{pmatrix}.$$

Quant à la question sur la matrice 3×3 du problème, on peut la voir comme un problème de diagonalisation ; on obtient que A est semblable à

$$\begin{pmatrix} 1 & 0 & 0 \\ 0 & j & 0 \\ 0 & 0 & j^2 \end{pmatrix}.$$

La dimension immédiatement supérieure, $n = 4$, a un intérêt. La matrice devient

$$\begin{pmatrix} 0 & 1 & 0 & 0 \\ 0 & 0 & 1 & 0 \\ 0 & 0 & 0 & 1 \\ 1 & 0 & 0 & 0 \end{pmatrix}.$$

L'équation caractéristique est

$$\lambda^4 = 1,$$

et ses valeurs propres sont donc les racines quatrièmes de l'unité :

$$1, \quad i, \quad -1, \quad -i.$$

Par conséquent, la forme diagonale de la matrice 4 × 4 est

$$\begin{pmatrix} 1 & 0 & 0 & 0 \\ 0 & i & 0 & 0 \\ 0 & 0 & -1 & 0 \\ 0 & 0 & 0 & -i \end{pmatrix}.$$

Solution 104 (Polynômes en les valeurs propres, réciproque)

Oui, toute valeur propre de $p(\mathrm{A})$ est de la forme $p(\lambda)$, où λ est une valeur propre de A. En effet, soit μ une valeur propre de $p(\mathrm{A})$ et considérons le polynôme $p(\lambda)-\mu$. D'après le théorème fondamental de l'algèbre, ce polynôme se factorise sur $\mathbb{C}$. Si

$$p(\lambda)-\mu=(\lambda-\lambda_1)\ldots(\lambda-\lambda_n),$$

alors

$$p(\mathrm{A})-\mu=(\mathrm{A}-\lambda_1)\ldots(\mathrm{A}-\lambda_n).$$

L'hypothèse sur μ implique qu'il existe un vecteur $x \neq 0$ tel que $p(\mathrm{A})x=\mu x$, et il en découle que

$$(\mathrm{A}-\lambda_1)\ldots(\mathrm{A}-\lambda_n)x=0.$$

Par conséquent, le produit de transformations

$$(\mathrm{A}-\lambda_1)\ldots(\mathrm{A}-\lambda_n)$$

n'est pas inversible, et il en résulte que $\mathrm{A}-\lambda_j$ n'est pas inversible pour au moins un entier j. Cela signifie que λ_j est valeur propre de A pour au moins un j. Puisque $p(\lambda_j)-\mu=0$, la valeur propre μ est bien de la forme $p(\lambda)$ pour une valeur propre λ de A, à savoir $\lambda=\lambda_j$.

Commentaire. L'ensemble de toutes les valeurs propres d'une transformation linéaire A sur un espace vectoriel de dimension finie s'appelle le **spectre** de A. Il est souvent noté spec A. Avec cette notation, le résultat de la solution 102 s'écrit

$$p(\operatorname{spec}\mathrm{A})\subset\operatorname{spec}\big(p(\mathrm{A})\big),$$

et celui de cette solution s'écrit

$$p(\operatorname{spec}\mathrm{A})=\operatorname{spec}\big(p(\mathrm{A})\big).$$

Une autre remarque, au sujet de la méthode de factorisation utilisée dans la démonstration ci-dessus, est intéressante. L'ensemble spec A est-il toujours non vide ? Autrement dit, toute transformation linéaire sur un espace vectoriel de dimension finie a-t-elle une valeur propre ? Il est clair que c'est vrai et la démonstration la plus courte (celle qu'on a employée jusqu'à présent) utilise les déterminants (l'équation caractéristique). Nous allons voir que la méthode de factorisation fournit une autre démonstration, sans les déterminants.

Soit une transformation linéaire A sur un espace vectoriel de dimension n. On choisit un vecteur x non nul et on forme les vecteurs

$$x, \mathrm{A}x, \mathrm{A}^2 x, \ldots, \mathrm{A}^n x.$$

Puisqu'il y en a $n+1$, ils ne peuvent pas être linéairement indépendants. Il existe donc des scalaires α_0, α_1, α_2, ... ,α_n non tous nuls tels que

$$\alpha_0 x + \alpha_1 \mathrm{A}x + \alpha_2 \mathrm{A}^2 x + \cdots + \alpha_n \mathrm{A}^n x = 0.$$

On peut simplifier les notations, sans perte de généralité, en supposant que, si k est le plus grand entier tel que $\alpha_k \neq 0$, on a $\alpha_k = 1$ (il suffit de diviser par α_k). Il existe donc un polynôme monique p, de degré $\leqslant n$, tel que $p(\mathrm{A})x = 0$. On applique le théorème fondamental de l'algèbre pour factoriser p :

$$p(\lambda) = (\lambda - \lambda_1) \cdots (\lambda - \lambda_k).$$

Puisque $p(\mathrm{A})x = 0$, on raisonne comme dans la démonstration ci-dessus pour en déduire qu'il existe un entier j tel que $\mathrm{A} - \lambda_j$ ne soit pas inversible – et λ_j est donc une valeur propre de A.

Le théorème fondamental de l'algèbre est un des résultats les plus profonds et les plus utiles en mathématiques ; son utilisation répétée en algèbre linéaire n'est donc pas surprenante. C'est pour pouvoir l'utiliser qu'on préfère travailler avec des nombres complexes plutôt qu'avec des réels.

Solution 105 (Multiplicités)

Les polynômes 1, x, x^2, x^3 forment une base de $\mathscr{P}_3$; la matrice de D par rapport à cette base est

$$\mathrm{B} = \begin{pmatrix} 0 & 1 & 0 & 0 \\ 0 & 0 & 2 & 0 \\ 0 & 0 & 0 & 3 \\ 0 & 0 & 0 & 0 \end{pmatrix}.$$

On en déduit que la seule valeur propre de D est 0 et que son polynôme caractéristique est λ^4. La multiplicité algébrique de la valeur propre 0 est l'exposant 4. Pour déterminer la multiplicité géométrique, il faut trouver les solutions de l'équation

$$\mathrm{D}p = 0\,;$$

comme les seules fonctions (polynômes) dont la dérivée est nulle sont les constantes, la multiplicité géométrique de 0 (c'est-à-dire la dimension du sous-espace propre correspondant) est 1.

Solution 106 (Valeurs propres distinctes)

Toute transformation linéaire sur un espace vectoriel de dimension n qui a n valeurs propres distinctes est diagonalisable.

Commençons par le cas $n = 2$. Soit A une transformation linéaire sur un espace vectoriel de dimension 2, ayant 2 valeurs propres distinctes λ_1 et λ_2 et des vecteurs propres x_1 et x_2 associés à ces valeurs propres. Alors (surprise ?) x_1 et x_2 sont linéairement indépendants. En effet, si

$$\alpha_1 x_1 + \alpha_2 x_2 = 0,$$

on applique $\mathrm{A} - \lambda_1$ aux deux membres de cette relation. Comme $\mathrm{A} - \lambda_1$ fait disparaître x_1, on obtient

$$\alpha_2(\lambda_2 - \lambda_1)x_2 = 0$$

et, puisque par hypothèse $\lambda_2 - \lambda_1 \neq 0$ et que $x_2 \neq 0$ (vecteur propre), il en résulte que $\alpha_2 = 0$. Ceci implique maintenant que $\alpha_1 = 0$, résultat qu'on aurait aussi pu obtenir en appliquant $\mathrm{A} - \lambda_2$ aux deux membres de la relation de dépendance supposée.

Si $n = 3$ et si les trois valeurs propres distinctes sont λ_1, λ_2 et λ_3, et les vecteurs propres associés x_1, x_2 et x_3, alors on a la même conclusion : les x_i sont linéairement indépendants. En effet, si

$$\alpha_1 x_1 + \alpha_2 x_2 + \alpha_3 x_3 = 0,$$

on applique $\mathrm{A} - \lambda_1$ pour obtenir

$$\alpha_2(\lambda_2 - \lambda_1)x_2 + \alpha_3(\lambda_3 - \lambda_1)x_3 = 0,$$

puis on applique $\mathrm{A} - \lambda_2$ pour en déduire

$$\alpha_3(\lambda_3 - \lambda_1)(\lambda_3 - \lambda_2)x_3 = 0.$$

Cela implique $\alpha_3 = 0$ (puisque $(\lambda_3 - \lambda_1)(\lambda_3 - \lambda_2) \neq 0$ et $x_3 \neq 0$). On continue de la même manière : on applique d'abord $A - \lambda_1$, puis $A - \lambda_3$, pour obtenir $\alpha_2 = 0$, et enfin $\alpha_1 = 0$.

Le cas général, avec n quelconque, devrait maintenant paraître évident, et la diagonalisation en résulte. En effet, une fois qu'on sait qu'une transformation sur un espace vectoriel de dimension n a n vecteurs propres linéairement indépendants, alors sa matrice par rapport à la base formée de ces vecteurs propres est diagonale, et d'ailleurs dans cette dernière étape le fait que les valeurs propres soient distinctes n'a plus d'importance.

Commentaire. Voici un corollaire minuscule, mais plaisant de ce résultat : une matrice réelle 2×2 dont le déterminant est < 0 est diagonalisable. En effet, le polynôme caractéristique est du second degré, avec un coefficient dominant égal à 1 et un coefficient constant négatif, il a donc deux racines distinctes.

Solution 107 (Comparaison des multiplicités)

Soit A une transformation linéaire sur un espace vectoriel de dimension finie, admettant une valeur propre λ_0 et soit M_0 le sous-espace propre associé. Si x appartient à M_0, on a

$$Ax = \lambda_0 x,$$

et

$$A(Ax) = A^2 x = \lambda_0^2 x = \lambda_0(\lambda_0 x) = \lambda_0 \cdot Ax,$$

ce qui signifie que Ax appartient à M_0. Autrement dit, le sous-espace M_0 est stable par A. Si on note A_0 la transformation linéaire A considérée sur M_0 seulement (c'est-à-dire la restriction de A à M_0), alors le polynôme $\det(A_0 - \lambda)$ est un diviseur du polynôme $\det(A - \lambda)$. (Pourquoi ?) Si la dimension de M_0 (c'est-à-dire la multiplicité géométrique de λ_0) est m_0, alors

$$\det(A_0 - \lambda) = (\lambda_0 - \lambda)^{m_0},$$

ce qui entraîne que, dans la factorisation de $\det(A - \lambda)$, le facteur $(\lambda_0 - \lambda)$ apparaît avec un exposant $\geqslant m_0$. On a donc toujours $m \geqslant m_0$, ce qui signifie que la multiplicité géométrique est toujours inférieure ou égale à la multiplicité algébrique.

Commentaire. Que peut-on dire d'une transformation dont chaque valeur propre a une multiplicité algébrique égale à 1 ? Grâce au résultat qu'on vient d'obtenir, on peut affirmer que chaque valeur propre a une multiplicité géométrique égale à 1, et donc que le nombre de valeurs propres distinctes est égal à la dimension. On en déduit (voir le problème 106) que la transformation est diagonalisable.

Solution 108 (Triangularisation)

Le calcul des polynômes caractéristiques est simple :

$$\det(A-\lambda) = (1-\lambda)(2-\lambda)(6-\lambda)+3+6(1-\lambda)+(6-\lambda)$$

et

$$\det(B-\lambda) = (1-\lambda)(5-\lambda)(3-\lambda)+4(3-\lambda).$$

En développant et en ordonnant, on trouve pour les deux déterminants la même valeur,

$$\lambda^3 - 9\lambda^2 + 27\lambda - 27,$$

ou encore

$$(\lambda-3)^3.$$

Il en résulte que A et B ont une seule valeur propre, $\lambda = 3$, de multiplicité algébrique 3 et, à partir des indices déjà récoltés, rien ne s'oppose à ce que A et B soient semblables.

Quels sont les vecteurs propres de A ? L'égalité $Au = 3u$, avec $u = (\alpha,\beta,\gamma)$, donne le système

$$\begin{aligned} \alpha+\beta &= 3\alpha \\ -\alpha+2\beta+\gamma &= 3\beta \\ 3\alpha-6\beta+6\gamma &= 3\gamma. \end{aligned}$$

On en déduit que les seules solutions sont le vecteur $u = (1,2,3)$ et ses multiples scalaires. Par conséquent, la multiplicité géométrique de la valeur propre 3 est égale à 1.

Pour B, le système correspondant est

$$\begin{aligned} \alpha+\beta &= 3\alpha \\ -4\alpha+5\beta &= 3\beta \\ -6\alpha-3\beta+3\gamma &= 3\gamma. \end{aligned}$$

Cette fois-ci, le sous-espace propre est de dimension 2 ; c'est l'ensemble des vecteurs de la forme $(\alpha, 2\alpha, \gamma)$. Par conséquent, la multiplicité géométrique de la valeur propre 3 de B est égale à 2. Conclusion partielle, A et B ne sont pas semblables.

La forme triangulaire supérieure de A et de B doit être du type

$$\begin{pmatrix} 3 & a & c \\ 0 & 3 & b \\ 0 & 0 & 3 \end{pmatrix}.$$

Triangulariser A revient à chercher trois vecteurs indépendants u, v, w tels que

$$\mathrm{A}u = 3u, \quad \mathrm{A}v = 3v + au, \quad \mathrm{A}w = 3w + bv + cu.$$

Pour u le calcul est déjà fait, c'est (à un scalaire près) le vecteur propre $(1,2,3)$ trouvé plus haut.

Pour $v = (\alpha, \beta, \gamma)$ (les notations du calcul qui a conduit à u sont maintenant abandonnées), on obtient le système

$$\begin{aligned} \alpha + \beta &= 3\alpha + a \\ -\alpha + 2\beta + \gamma &= 3\beta + 2a \\ 3\alpha - 6\beta + 6\gamma &= 3\gamma + 3a \end{aligned}$$

dont les solutions sont

$$(\alpha, 2\alpha + a, 3\alpha + 3a) = \alpha(1,2,3) + a(0,1,3).$$

Il y a donc des solutions quelle que soit la valeur choisie de a, mais pour obtenir une solution non colinéaire à u, on doit prendre $a \neq 0$. Une seule solution suffit, on prendra $a = 1$, et on choisira la solution v correspondant à $\alpha = 0$, soit

$$v = (0,1,3).$$

Pour $w = (\alpha, \beta, \gamma)$ (on change encore une fois de notations), le système à résoudre est

$$\begin{aligned} \alpha + \beta &= 3\alpha + c \\ -\alpha + 2\beta + \gamma &= 3\beta + b + 2c \\ 3\alpha - 6\beta + 6\gamma &= 3\gamma + 3b + 3c. \end{aligned}$$

La solution générale de ce système est

$$\alpha(1,2,3) + b(0,0,1) + c(0,1,3).$$

On peut fixer b et c à notre guise, et une seule solution suffit. Toutefois pour que la solution choisie ne soit pas combinaison linéaire de u et v, il faut que $b \neq 0$. On prendra $b = 1$, $c = 0$, et on choisira la solution définie par $\alpha = 0$. Ce qui veut dire qu'on prendra

$$w = (0, 0, 1).$$

La matrice de A par rapport à la base (u, v, w) est

$$\begin{pmatrix} 3 & 1 & 0 \\ 0 & 3 & 1 \\ 0 & 0 & 3 \end{pmatrix},$$

qui est de la forme désirée (avec des valeurs particulièrement simples des coefficients au-dessus de la diagonale).

Pour la matrice B, on peut raisonner de la même façon : on cherche des vecteurs tels que

$$\mathrm{B}u = 3u, \quad \mathrm{B}v = 3v + au, \quad \mathrm{B}w = 3w + bv + cu.$$

On peut naturellement prendre pour u et v deux vecteurs formant une base du sous-espace propre associé à la valeur propre 3. Disons $u = (1, 2, 0)$ et $v = (0, 0, 1)$. Pour trouver w, on doit résoudre le système

$$\begin{aligned} \alpha + \beta &= 3\alpha + c \\ -4\alpha + 5\beta &= 3\beta + 2c \\ -6\alpha + 3\beta + 3\gamma &= 3\gamma + b. \end{aligned}$$

Il n'y a de solutions que si $b = 3c$. Si c'est le cas, la solution générale est

$$(\alpha, 2\alpha + c, \gamma) = \alpha(1, 2, 0) + \gamma(0, 0, 1) + c(0, 1, 0).$$

Pour qu'il existe une solution indépendante de u et v, il faut que $c \neq 0$ (et si $c \neq 0$ toutes les solutions sont indépendantes de u et v). On prend donc $c = 1$, $b = 3$.

Comme on n'a besoin que d'une seule solution, on prend celle qui correspond à $\alpha = \gamma = 0$, soit

$$w = (0, 1, 0).$$

On a $\mathrm{B}w = 3w + 3v + u$ et la matrice qui représente B dans la base (u, v, w) est

$$\begin{pmatrix} 3 & 0 & 1 \\ 0 & 3 & 3 \\ 0 & 0 & 3 \end{pmatrix}.$$

Si on veut une matrice plus simple, comme celles qui apparaissent dans la théorie de Jordan, il faut remplacer v par $v' = 3v + u$, de façon que $\mathrm{B}w = 3w + v'$. Dans la base (u, v', w) la matrice de B est

$$\begin{pmatrix} 3 & 0 & 0 \\ 0 & 3 & 1 \\ 0 & 0 & 3 \end{pmatrix}.$$

Solution 109 (Complexification)

Si $n = 2$, la réponse est trivialement oui. Si la question était posée pour $\mathbb{C}^n$ au lieu de $\mathbb{R}^n$ (étant entendu que dans le cas complexe, la dimension est la dimension complexe), la réponse serait encore trivialement oui ; il suffit de triangulariser et de regarder la matrice obtenue. Pour démontrer que la réponse à la question du problème est oui, une possibilité est de « complexifier » $\mathbb{R}^n$ et les transformations linéaires qui opèrent dessus. Il existe des méthodes sophistiquées pour le faire pour des espaces vectoriels réels tout à fait généraux, mais dans le cas de $\mathbb{R}^n$, il n'y a presque rien à faire. Il suffit de se rappeler que si A est une transformation linéaire sur $\mathbb{R}^n$, alors A peut être définie par une matrice (à coefficients réels, bien sûr), et que cette matrice définit en même temps une transformation linéaire (notée A^+) sur $\mathbb{C}^n$.

La transformation linéaire A^+ sur $\mathbb{C}^n$ a une valeur propre et un vecteur propre associé ; on a donc

$$\mathrm{A}^+ z = \lambda z$$

pour un nombre complexe λ et un vecteur z de $\mathbb{C}^n$. On considère la partie réelle et la partie imaginaire de λ et on sépare de même les parties réelles et imaginaires des coordonnées du vecteur z. Quelques notations sont nécessaires ; on pose

$$\lambda = \alpha + i\beta,$$

avec α et β réels et

$$z = x + iy,$$

avec x et y dans $\mathbb{R}^n$. Puisque

$$\mathrm{A}^+(x + iy) = (\alpha + i\beta)(x + iy),$$

on a

$$\mathrm{A}x = \alpha x - \beta y$$

et

$$Ay = \beta x + \alpha y.$$

C'est la conclusion désirée : le sous-espace de $\mathbb{R}^n$ engendré par x et y est invariant par A.

Solution 110 (Transformations dont une puissance est l'identité)

Oui, si une transformation A sur un espace vectoriel (complexe) E de dimension finie vérifie $A^k = 1$ pour un entier $k > 0$, alors A est diagonalisable. Voici le raisonnement.

Les valeurs propres de A appartiennent à l'ensemble $\{\varepsilon^0 = 1, \varepsilon, \varepsilon^2, \ldots, \varepsilon^{k-1}\}$ des racines k-ièmes de l'unité ($\varepsilon = e^{2\pi i/k}$). Pour montrer que A est diagonalisable, il suffit de montrer que tout vecteur $x \in E$ se décompose sous la forme

$$x = x_0 + x_1 + x_2 + \cdots + x_{k-1},$$

où le vecteur x_j est soit nul, soit vecteur propre pour la valeur propre ε^j.

Étudions d'abord le cas $k = 2$. On a alors $\varepsilon = -1$. Si on a

$$x = x_0 + x_1,$$

les vecteurs x_0 et x_1 étant respectivement propres pour les valeurs propres 1 et -1, on a aussi

$$Ax = Ax_0 + Ax_1 = x_0 - x_1,$$

d'où nécessairement

$$x_0 = \frac{1}{2}(x + Ax), \qquad x_1 = \frac{1}{2}(x - Ax).$$

Pour prouver l'existence de la décomposition cherchée, il suffit de vérifier que les vecteurs x_0 et x_1 définis par les formules ci-dessus vérifient $Ax_0 = x_0$ et $Ax_1 = -x_1$, ce qui est immédiat, et que $x = x_0 + x_1$, ce qui l'est aussi.

Comment généraliser cette démonstration ? Un examen minutieux des formules donnant x_0 et x_1 suggère la formule

$$x_j = \frac{1}{k} \sum_{n=0}^{k-1} (\varepsilon^j)^n A^n x.$$

On a alors

$$x_0 + x_1 + \cdots + x_{k-1} = \frac{1}{k} \sum_{j=0}^{k-1} \sum_{n=0}^{k-1} (\varepsilon^j)^n A^n x = \frac{1}{k} \sum_{n=0}^{k-1} \Big(\sum_{j=0}^{k-1} (\varepsilon^n)^j \Big) A^n x.$$

La somme entre parenthèses vaut k si $n=0$ et 0 si $0<n\leqslant k-1$ (car on sait que la somme des puissances d'une racine k-ième de l'unité distincte de 1 est égale à 0). Par suite, on a

$$x_0+x_1+\cdots+x_{k-1}=x.$$

Calculons maintenant $\mathrm{A}x_j$. On a

$$\begin{aligned}
\mathrm{A}x_j &= \frac{1}{k}\sum_{n=0}^{k-1}\left(\varepsilon^j\right)^n \mathrm{A}^{n+1}x\\
&= \frac{1}{k}\varepsilon^{-j}\sum_{n=0}^{k-1}\left(\varepsilon^j\right)^{n+1}\mathrm{A}^{n+1}x\\
&= \frac{1}{k}\varepsilon^{-j}\sum_{n=1}^{k}\left(\varepsilon^j\right)^n \mathrm{A}^n x\\
&= \frac{1}{k}\varepsilon^{-j}\sum_{n=0}^{k-1}\left(\varepsilon^j\right)^n \mathrm{A}^n x \quad \text{(puisque } (\varepsilon^j)^k=1=(\varepsilon^j)^0 \text{ et } \mathrm{A}^k=\mathrm{I}=\mathrm{A}^0\text{)}\\
&= \varepsilon^{-j}x_j
\end{aligned}$$

Autrement dit, x_j est vecteur propre de A pour la valeur propre ε^{-j} (ce n'est pas tout à fait ce qui était demandé, mais cela convient aussi bien), et x est somme de vecteurs propres comme demandé.

Prenons maintenant un peu d'avance, et utilisons les résultats du problème 114 pour donner une seconde démonstration. Un « bloc de Jordan » de A est de la forme $\lambda+\mathrm{T}$, où λ est une racine k-ième de l'unité et T une matrice $q\times q$ de la forme

$$\begin{pmatrix}
0 & 1 & 0 & & & \\
 & 0 & 1 & 0 & & \\
 & & \ddots & \ddots & \ddots & \\
 & & & 0 & 1 & 0\\
 & & & & 0 & 1\\
 & & & & & 0
\end{pmatrix}$$

(T = 0 si $q=1$). Si $\mathrm{A}^k=1$, on doit aussi avoir $(\lambda+\mathrm{T})^k=1$. Or, la formule du binôme donne

$$(\lambda + \mathrm{T})^k = \lambda^k + k\lambda^{k-1}\mathrm{T} + \cdots = \begin{pmatrix} 1 & k\lambda^{k-1} & & & \\ & \ddots & \ddots & \ddots & \\ & & \ddots & \ddots & \\ & & & 1 & k\lambda^{k-1} \\ & & & & 1 \end{pmatrix} \neq 1$$

si $q \geqslant 2$. Tous les blocs de Jordan de A sont donc de format 1×1 et A est diagonalisable.

Une propriété du polynôme minimal énoncée au problème 115 fournit une troisième démonstration : si le polynôme minimal d'une transformation A n'a que des racines simples, cette transformation est diagonalisable (la réciproque est vraie aussi, c'est très facile). Dans le cas qui nous occupe, le polynôme minimal de A est un diviseur du polynôme $x^k - 1$, lequel a k racines distinctes, forcément simples.

Solution 111 (Nilpotence)

Puisque $\mathrm{M}(x)$ est engendré par les q vecteurs

$$x,\ \mathrm{A}x,\ \mathrm{A}^2x, \ldots,\ \mathrm{A}^{q-1}x,$$

sa dimension ne peut pas dépasser q ; la réponse à la question du problème est que, pour un x bien choisi, la dimension atteint effectivement la valeur q. Il n'est pas difficile de trouver un x qui convient. Puisque l'indice de nilpotence de A est q, il existe au moins un vecteur x_0 tel que

$$\mathrm{A}^{q-1}x_0 \neq 0.$$

Il s'agit de montrer que si

$$\alpha_0 x_0 + \alpha_1 \mathrm{A}x_0 + \alpha_2 \mathrm{A}^2 x_0 + \cdots + \alpha_q \mathrm{A}^{q-1} x_0 = 0$$

alors chaque α_j est nul. Dans le cas contraire, l'un des α_i n'est pas nul, et on note j le plus petit entier tel que $\alpha_j \neq 0$. On se simplifie la vie en normalisant la relation de dépendance linéaire, c'est-à-dire en divisant tout par α_j et en faisant passer tous les termes sauf $\mathrm{A}^j x_0$ dans le second membre. La relation obtenue exprime que $\mathrm{A}^j x_0$ est combinaison linéaire des vecteurs $\mathrm{A}^k x_0$ pour $k \geqslant j+1$. Par conséquent on a

$$\mathrm{A}^j x_0 = \mathrm{A}^{j+1} y$$

pour un certain y. Puisque

$$A^{q-1}x_0 = A^{q-1-j}A^j x_0 = A^{q-1-j}A^{j+1}y = A^q y = 0$$

(le dernier signe égal est justifié par l'hypothèse que A est nilpotente d'indice q), on arrive à une contradiction (se souvenir de la façon dont on a choisi x_0). Cela veut dire qu'il n'existe pas de plus petit entier j tel que $\alpha_j \neq 0$ et donc que $\alpha_j = 0$ pour tout j.

Corollaire. L'indice de nilpotence d'une transformation sur un espace vectoriel de dimension n ne peut pas dépasser n.

Solution 112 (Produits nilpotents)

De façon peut-être surprenante, la réponse dépend de la dimension. Si la dimension de l'espace vectoriel est 2, c'est-à-dire si A et B sont des matrices 2×2, alors AB et BA ont toujours le même polynôme caractéristique, et on en déduit que si AB est nilpotent, BA l'est aussi. Si une matrice d'ordre 2 est nilpotente, alors son indice de nilpotence est $\leqslant 2$.

Pour des matrices 3×3, c'est faux. Si par exemple

$$A = \begin{pmatrix} 1 & 0 & 0 \\ 0 & 1 & 0 \\ 0 & 0 & 0 \end{pmatrix} \quad \text{et} \quad B = \begin{pmatrix} 0 & 0 & 0 \\ 1 & 0 & 0 \\ 0 & 1 & 0 \end{pmatrix}$$

alors

$$AB = \begin{pmatrix} 0 & 0 & 0 \\ 1 & 0 & 0 \\ 0 & 0 & 0 \end{pmatrix}$$

est nilpotente d'indice 2, mais BA = A ne l'est pas ; l'indice de nilpotence de BA est 3.

Solution 113 (Sommes directes nilpotentes)

En appliquant M à un vecteur (a, b, c, d, e) on obtient $(b+d, c-e, 0, e, 0)$. Les vecteurs du noyau de M sont les vecteurs tels que $e = 0$, $c = 0$ et $b + d = 0$. Le noyau est donc l'ensemble des vecteurs de la forme

$$(a, b, 0, -b, 0),$$

un sous-espace de dimension 2. En considérant cette remarque et la forme souhaitée pour M, on espère construire la base désirée en commençant par les vecteurs

$$(1,0,0,0,0)$$
$$(0,1,0,0,0)$$
$$(0,0,1,0,0)$$

et

$$(0,-1,0,1,0).$$

Comme cinquième vecteur, il faut choisir un vecteur dont l'image par M est $(0,-1,0,1,0)$. Puisque l'image de (a,b,c,d,e) est $(b+d,c-e,0,e,0)$, il faut que $b+d=0$, $c-e=-1$ et $e=1$. Ces équations ont beaucoup de solutions, mais la plus simple est

$$(0,0,0,0,1).$$

La base cherchée est donc construite.

Solution 114 (Forme de Jordan)

La réponse est non mais si. Non, toutes les matrices n'ont pas une racine carrée, mais la raison en est évidente (une fois qu'on l'a vue) et il y a une façon naturelle de contourner l'obstacle.

Un exemple de matrice sans racine carrée est

$$A = \begin{pmatrix} 0 & 1 & 0 \\ 0 & 0 & 1 \\ 0 & 0 & 0 \end{pmatrix}.$$

(La matrice $\begin{pmatrix} 0 & 1 \\ 0 & 0 \end{pmatrix}$ marche aussi, mais on voit mieux les choses sur un exemple plus grand.) En effet, si on avait $A = B^2$, alors (puisque $A^3 = 0$) on aurait $B^6 = 0$ et B serait donc nilpotente. Une matrice nilpotente de format 3×3 a obligatoirement un indice de nilpotence inférieur ou égal à 3 (puisque l'indice est inférieur ou égal à la dimension) et cela implique que $B^3 = 0$. Or $B^4 = A^2 \neq 0$, contradiction.

Qu'est-ce qui fait problème ? La réponse est 0. Les personnes familières avec la théorie des fonctions analytiques multivaluées savent que le point $z = 0$ est celui où la fonction $\sqrt{z}$ se comporte mal ; la prudence nous conseille d'éviter dans l'étude des racines carrées tout ce qui « ressemble à 0 ». Qu'est-ce qui, dans la théorie des matrices, ressemble à 0 ? il est raisonnable de penser que ce sont celles qui ont 0 dans leur spectre. Comment les éviter ? Réponse : en se limitant aux matrices inversibles. Donc, est-ce qu'une matrice inversible a une racine carrée ?

C'est maintenant que la forme de Jordan peut être utilisée avec avantage. Toute matrice inversible est semblable à la somme directe de matrices de la forme

$$\begin{pmatrix} \lambda & 1 & 0 & 0 \\ 0 & \lambda & 1 & 0 \\ 0 & 0 & \lambda & 1 \\ 0 & 0 & 0 & \lambda \end{pmatrix},$$

avec $\lambda \neq 0$, et il suffit donc de déterminer si oui ou non une matrice de cette forme a une racine carrée.

Les calculs sont un peu plus simples dans le cas $\lambda = 1$, et il est possible de se ramener à ce cas en divisant par λ. Bien sûr, les 1 au-dessus de la diagonale deviennent alors des $1/\lambda$, mais il n'y a aucun inconvénient à cela. Ainsi le problème est de trouver une racine carrée pour quelque chose comme

$$\begin{pmatrix} 1 & a & 0 & 0 \\ 0 & 1 & a & 0 \\ 0 & 0 & 1 & a \\ 0 & 0 & 0 & 1 \end{pmatrix}.$$

Une des façons d'en trouver est de chercher une racine carrée de la forme

$$\begin{pmatrix} 1 & x & y & z \\ 0 & 1 & x & y \\ 0 & 0 & 1 & x \\ 0 & 0 & 0 & 1 \end{pmatrix}.$$

On identifie le carré de cette matrice à la matrice donnée et on résout le système obtenu. Ça marche !

Il y a une démonstration plus sophistiquée. On peut voir la matrice donnée comme $\mathrm{I}+\mathrm{M}$, où

$$\mathrm{M} = \begin{pmatrix} 0 & a & 0 & 0 \\ 0 & 0 & a & 0 \\ 0 & 0 & 0 & a \\ 0 & 0 & 0 & 0 \end{pmatrix}.$$

Cette forme est plus pratique car elle permet l'utilisation de résultats connus sur la fonction $\sqrt{1+x}$.

Comme le savent tous les lecteurs de Conan Doyle, le Professeur Moriarty « a écrit un traité sur la formule du binôme, qui a eu un grand succès en Europe » ; selon cette formule, le développement de $(1-x)^{\alpha}$ est

$$(1+x)^{\alpha} = 1 + \binom{\alpha}{1}x + \binom{\alpha}{2}x^2 + \binom{\alpha}{3}x^3 + \cdots$$

(Dans cette formule, un coefficient du binôme comme $\binom{\alpha}{3}$ désigne

$$\frac{\alpha(\alpha-1)(\alpha-2)}{3!}$$

et le paramètre α est n'importe quel nombre réel.) La série converge pour certaines valeurs de x et diverge pour d'autres, mais pour le moment ça n'a aucune importance. Ce qui compte, c'est que la formule est « formellement » juste. Cela signifie que si on multiplie la série correspondant à $\alpha = 1/2$, par exemple, par elle-même, alors on trouve que le terme constant et le coefficient de x sont égaux à 1 et que tous les autres coefficients sont nuls – le produit est exactement $1+x$. Dans l'application que nous allons en faire, la variable x sera remplacée par une matrice nilpotente, de sorte qu'il n'apparaîtra qu'un nombre fini de termes non nuls – dans ce cas, il n'y a pas à se préoccuper de la convergence.

D'accord, considérons la série pour $\alpha = 1/2$ et remplaçons la variable x par la matrice M. On obtient la matrice

$$\begin{pmatrix} 1 & \frac{a}{2} & -\frac{a^2}{8} & \frac{a^3}{16} \\ 0 & 1 & \frac{a}{2} & -\frac{a^2}{8} \\ 0 & 0 & 1 & \frac{a}{2} \\ 0 & 0 & 0 & 1 \end{pmatrix}$$

et cette matrice convient, c'est-à-dire qu'on peut vérifier que son carré est bien égal à $1+\mathrm{M}$. Il est donc vrai que toute matrice inversible a une racine carrée.

Solution 115 (Polynôme minimal)

La dérivation D est nilpotente d'indice 4 (la dimension de l'espace). Par conséquent son polynôme caractéristique et son polynôme minimal sont tous deux égaux à λ^4.

Quant à T, sa seule valeur propre est 1. En effet, si

$$a+b(t+1)+c(t+1)^2+d(t+1)^3=\lambda(a+bt+ct^2+dt^3)$$

alors

$$\begin{aligned} a+b+c+d &= \lambda a \\ b+2c+3d &= \lambda b \\ c+3d &= \lambda c \\ d &= \lambda d \end{aligned}$$

Il en résulte que si $\lambda \neq 1$, alors $d=0$, puis $c=0$, $b=0$ et enfin $a=0$.

D'autre part, si $\lambda = 1$, alors

$$\begin{aligned} b+c+d &= 0 \\ 2c+3d &= 0 \\ 3d &= 0 \end{aligned}$$

et on a donc

$$d=c=b=0.$$

(Une autre façon d'arriver à ce résultat est de considérer la matrice de la solution 108). En conclusion, le polynôme caractéristique et le polynôme minimal sont tous deux égaux à $(\lambda-1)^4$.

Solution 116 (Interpolation de Lagrange non commutative)

Oui, il est vrai qu'un seul polynôme peut faire sur chacune de n transformations linéaires données ce que font n polynômes donnés. Le cas $n=2$ est représentatif et les notations sont nettement moins encombrantes dans ce cas. Le voici :

On donne deux transformations linéaires à spectres disjoints A et B et deux polynômes p et q et on cherche un polynôme r tel que

$$r(\mathrm{A}) = p(\mathrm{A}) \quad \text{et} \quad r(\mathrm{B}) = q(\mathrm{B}).$$

Si un tel polynôme existe, alors la différence $r-p$ annule A. L'annulateur de A, défini comme l'ensemble des polynômes f tel que $f(\mathrm{A})=0$, est un idéal de l'anneau des polynômes complexes ; tout polynôme de cet idéal est un multiple du polynôme minimal p_0 de A. Par conséquent, si le polynôme r cherché existe, on a

$$r = sp_0 + p$$

pour un certain polynôme s et, de même,

$$r = tq_0 + q$$

où q_0 est le polynôme minimal de B. Réciproquement, il est clair que $sp_0 + p$ envoie A sur $p(\mathrm{A})$ et que $tq_0 + q$ envoie B sur $q(\mathrm{B})$; le problème est donc de trouver un r qui soit simultanément de la forme $sp_0 + p$ et $tq_0 + q$. Autrement dit, le problème est de trouver des polynômes s et t tels que

$$sp_0 - tq_0 = q - p.$$

Puisque p_0 et q_0 sont premiers entre eux (c'est ici qu'intervient l'hypothèse que les spectres de A et B sont disjoints), l'existence (et la construction) des polynômes s et t est donnée par l'algorithme d'Euclide.

On peut traiter le cas général ($n > 2$) soit en imitant la démonstration du cas particulier, soit par récurrence. Voici la démonstration par récurrence.

Supposons la conclusion vraie pour n et passons à $n+1$ de la façon suivante. Par hypothèse de récurrence, il existe un polynôme p tel que

$$p(\mathrm{A}_j) = p_j(\mathrm{A}_j)$$

pour $j = 1, \ldots, n$. Posons

$$\mathrm{A} = \mathrm{A}_1 \oplus \cdots \oplus \mathrm{A}_n$$

(somme directe),

$$\mathrm{B} = \mathrm{A}_{n+1},$$

et

$$q = p_{j+1}.$$

On remarque que les spectres de A et B sont disjoints (puisque le spectre de A est la réunion des spectres des A_j pour $j = 1, \ldots, n$) et donc que, en appliquant le cas $n = 2$ du théorème, il existe un polynôme r tel que

$$r(\mathrm{A}) = p(\mathrm{A}) \quad \text{et} \quad r(\mathrm{B}) = q(\mathrm{B}).$$

En revenant aux notations initiales, ces relations deviennent

$$r(\mathrm{A}_1) \oplus \cdots \oplus r(\mathrm{A}_n) = p_1(\mathrm{A}_1) \oplus \cdots \oplus p_n(\mathrm{A}_n)$$

et

$$r(\mathrm{A}_{n+1}) = p_{n+1}(\mathrm{A}_{n+1}).$$

La première relation implique

$$r(\mathrm{A}_j) = p_j(\mathrm{A}_j)$$

pour $j = 1,\ldots,n$, et ceci achève la démonstration.

Ce résultat est valable dans n'importe quel corps, pas seulement $\mathbb{C}$, à condition de remplacer l'hypothèse des spectres disjoints par sa version algébrique plus utilisable, à savoir que les polynômes minimaux des transformations données sont relativement premiers entre eux.

8

Espaces hermitiens

Solution 117 (Produit scalaire)

Un ensemble orthogonal de vecteurs non nuls est toujours libre. (Dans le cas dégénéré, si l'un d'eux est nul, alors l'ensemble est évidemment lié.) En effet, si

$$\alpha_1 x_1 + \cdots + \alpha_n x_n = 0,$$

formons le produit scalaire des deux membres avec un quelconque des x_j. On obtient

$$\alpha_j x_j = 0$$

puisque pour $i \neq j$ le produit scalaire (x_i, x_j) est nul (c'est l'hypothèse d'orthogonalité). On en déduit que $\alpha_j = 0$ – toute relation de dépendance linéaire doit être triviale.

Solution 118 (Polarisation)

La réponse à la question posée est non : des produits scalaires différents produisent toujours des normes différentes. La démonstration est difficile à découvrir, mais elle se vérifie par un calcul mécanique – la réponse est fournie par la relation

$$(x,y) = \left\| \frac{1}{2}(x+y) \right\|^2 - \left\| \frac{1}{2}(x-y) \right\|^2 + i \left\| \frac{1}{2}(x+iy) \right\|^2 - i \left\| \frac{1}{2}(x-iy) \right\|^2,$$

appelée **identité de polarisation**. Cette formule peut faire peur quand on la rencontre pour la première fois, mais elle n'est pas longue à comprendre et elle est utile une fois qu'on l'a assimilée – elle mérite qu'on s'en souvienne, ou au moins qu'on se souvienne de son existence.

Solution 119 (Le théorème de Pythagore)

Ce qui est toujours vrai, c'est que

$$\|x+y\|^2 = \|x\|^2 + (x,y) + (y,x) + \|y\|^2.$$

Pour des espaces vectoriels réels, les deux termes croisés sont égaux ; la relation du problème est donc équivalente à $(x, y) = 0$, c'est-à-dire à x et y orthogonaux.

Cependant, dans le cas complexe, (y, x) est le complexe conjugué de (x, y) ; la somme des deux termes croisés est $2\,\mathrm{Re}(x, y)$. La relation entre les normes équivaut donc à $\mathrm{Re}(x, y) = 0$, ce qui n'est pas équivalent à l'orthogonalité. Une façon évidente de construire un contre-exemple concret est de partir d'un vecteur x arbitraire et de poser $y = ix$. Dans ce cas

$$\|x + y\|^2 = \|(1 + i)x\|^2 = 2\|x\|^2 = \|x\|^2 + \|y\|^2,$$

mais (sauf dans le cas dégénéré où $x = 0$) les vecteurs x et y ne sont pas orthogonaux.

Solution 120 (La règle du parallélogramme)

On développe $\|x + y\|^2 + \|x - y\|^2$, ce qui donne

$$\|x\|^2 + (x, y) + (y, x) + \|y\|^2 + \|x\|^2 - (x, y) - (y, x) + \|y\|^2,$$

et on en déduit que la relation du problème est en fait une identité, valable pour tous les vecteurs x et y dans tous les espaces hermitiens.

Solution 121 (Systèmes orthonormés complets)

Oui, tout espace hermitien de dimension n contient des familles orthonormées de n éléments. Commençons par considérer une famille orthonormée arbitraire. Si aucune famille plus grande ne saute aux yeux, on peut toujours en construire une à un élément : on considère un vecteur x non nul et on le normalise (ce qui signifie qu'on le remplace par $x/\|x\|$). Si la famille orthonormée dont on dispose n'est pas maximale, on l'agrandit et ainsi de suite. Puisqu'une famille orthonormée contient au plus n éléments (problème 117), on aboutit à une famille orthonormée maximale en au plus n étapes.

Assertion : une telle famille engendre nécessairement tout l'espace. En effet, si la famille obtenue est notée $(x_1, x_2, \ldots)$ et si un certain vecteur x *n'est pas* combinaison linéaire des x_j, on forme le vecteur

$$y = x - \sum_j (x, x_j) x_j.$$

L'hypothèse sur x entraîne que $y \neq 0$. De plus le vecteur y est orthogonal à tous les x_i puisque

$$(y, x_i) = (x, x_i) - \sum_j (x, x_j)\delta_{ij} = (x, x_i) - (x, x_i) = 0.$$

On peut donc, en adjoignant le vecteur normalisé $\frac{y}{\|y\|}$ aux x_i, obtenir une famille orthonormée plus grande, ce qui est absurde. Les x_j engendrent donc tout l'espace et, puisqu'ils sont aussi indépendants (c'est toujours le problème 117), ils forment une base et il y en a donc exactement n.

Commentaire. Il existe une autre démonstration, plus constructive, de ce fait. L'idée est de partir d'une base $\{x_1, \ldots, x_n\}$ et, par des modifications successives, de la transformer en une base orthonormée. Voici un aperçu de la méthode à utiliser. Puisque $x_1 \neq 0$, on peut former $y_1 = \frac{x_1}{\|x_1\|}$. Une fois qu'on a construit un ensemble orthonormé $y_1, \ldots, y_r$ de telle sorte que y_j soit combinaison linéaire de $x_1, \ldots, x_j$, on forme

$$x_{r+1} - \sum_{j=1}^{r} (x_{r+1}, y_j) y_j,$$

on vérifie qu'il est orthogonal à $y_1, \ldots, y_r$ et on le normalise. Ce procédé s'appelle le **procédé d'orthogonalisation de Gram-Schmidt**.

Solution 122 (L'inégalité de Schwarz)

Si les vecteurs x et y sont les mêmes, les deux membres de l'inégalité de Schwarz sont égaux à $\|x\|^2$. Plus généralement, si l'un des vecteurs x et y est un multiple scalaire de l'autre (dans ce cas on peut supposer sans perte de généralité que $y = \alpha x$), alors les deux membres de l'inégalité sont égaux à $|\alpha| \cdot \|x\|^2$. Si x et y sont liés, alors l'un est un multiple scalaire de l'autre. Dans tous ces cas l'inégalité de Schwarz devient une égalité – peut-on encore aller plus loin et trouver d'autres couples pour lesquels il y ait égalité ? La réponse est non : il n'y a égalité dans l'inégalité de Schwarz que pour les couples liés de vecteurs.

Une des démonstrations de cette assertion ressemble à de la magie noire. Si

$$|(x, y)| = \|x\| \, \|y\|,$$

remplaçons x par γx, où γ est un nombre complexe de module 1 choisi de telle façon que $\gamma(x, y)$ soit réel. L'« égalité de Schwarz » est encore vraie pour le nouvel x (et le même y qu'avant) mais elle prend la forme

$$(x, y) = \|x\| \, \|y\|.$$

Ce n'est pas un pas important – mais il rend la magie noire qui va suivre encore un peu plus mystérieuse. On calcule maintenant l'expression

$$\Big\| \|y\| x - \|x\| y \Big\|^2.$$

Comme elle est égale à

$$(\|y\|x - \|x\|y, \|y\|x - \|x\|y) = \|x\|^2\|y\|^2 - 2\|x\|^2\|y\|^2 + \|x\|^2\|y\|^2 = 0,$$

il en résulte que $\|y\|x - \|x\|y = 0$, ce qui est bien une relation de dépendance linéaire entre x et y.

On peut voir pourquoi l'inégalité de Schwarz est vraie et pourquoi elle n'est une égalité que dans le cas de dépendance linéaire en considérant des cas particuliers. Considérons par exemple les deux vecteurs de $\mathbb{R}^2$ $x = (\alpha, \beta)$ et $y = (1, 0)$. On a alors

$$\|x\| = \sqrt{|\alpha|^2 + |\beta|^2}, \quad \|y\| = 1, \quad \text{et} \quad (x, y) = \alpha\,;$$

l'inégalité de Schwarz se réduit alors à l'énoncé

$$|\alpha| \leqslant \sqrt{|\alpha|^2 + |\beta|^2},$$

qui n'est une égalité que dans le cas où $\beta = 0$.

Une démonstration de ce théorème qui n'est ni de la magie noire ni trop simplificatrice est la suivante. Supposons que $|(x, y)| = \|x\| \, \|y\|$ et, en fixant temporairement un paramètre α, considérons

$$\|x - \alpha y\|^2 = (x - \alpha y, x - \alpha y) = \|x\|^2 - 2\,\mathrm{Re}(x, \alpha y) + |\alpha|^2 \|y\|^2.$$

Cela montre pourquoi il est utile de changer x de façon à rendre (x, y) réel. Une fois cela réalisé, le membre de droite devient

$$(\|x\| - |\alpha| \|y\|)^2.$$

On choisit alors le paramètre α de façon à rendre cette expression égale à 0 (ce qui explique comment a été trouvée l'expression de magie noire) – le fait qu'un tel choix est possible prouve que $x - \alpha y$ peut s'annuler, ce qui est une relation de dépendance linéaire.

Solution 123 (Supplémentaires orthogonaux)

Si M est un sous-espace vectoriel de dimension finie d'un espace hermitien V, alors M et $M^\perp$ sont supplémentaires (voir le problème 28 pour la définition de supplémentaire) et $M^{\perp\perp} = M$. Pour démontrer ces deux assertions, considérons une base orthonormée $\{x_1, \ldots, x_m\}$ du sous-espace M. Si z est un vecteur quelconque de V, on forme les vecteurs

$$x = \sum_{i=1}^{m} (x, x_i) x_i \quad \text{et} \quad y = z - x.$$

Puisque x est une combinaison linéaire des x_j, il appartient à M et, puisque y est orthogonal à chaque x_j, il appartient à $M^\perp$. Par conséquent

$$V = M + M^\perp.$$

Si un vecteur u appartient à la fois à M et à $M^\perp$ alors $(u, u) = 0$ (par définition de $M^\perp$), ce qui implique évidemment que $u = 0$ et les sous-espaces M et $M^\perp$ sont donc d'intersection réduite à 0. En utilisant la terminologie du problème 50, on en déduit que V est la somme directe de M et $M^\perp$. Ceci est la relation espérée entre M et $M^\perp$. On peut donc appeler $M^\perp$ le *supplémentaire orthogonal* de M.

Les définitions de x et y impliquent que

$$(z, x) = (x + y, x) = \|x\|^2 + (y, x) = \|x\|^2$$

et de même que

$$(z, y) = (x + y, y) = (x, y) + \|y\|^2 = \|y\|^2.$$

On en déduit que si z est dans $M^{\perp\perp}$ on a $(z, y) = 0$, donc $\|y\|^2 = 0$, de sorte que $z = x$ et z est donc dans M ; autrement dit, $M^{\perp\perp} \subset M$. Puisque l'inclusion inverse $M \subset M^{\perp\perp}$ est déjà connue, on a maintenant $M = M^{\perp\perp}$, ce qui est une bonne relation entre M et $M^{\perp\perp}$.

Solution 124 (Encore des formes linéaires)

La réponse est oui : toute forme linéaire ξ sur un espace hermitien V est induite par le produit scalaire avec un vecteur fixe. Pour la démonstration, il est utile de considérer les vecteurs x tels que $\xi(x) = 0$. Si cette propriété a lieu pour tout x alors $\xi = 0$ et il n'y a rien de plus à dire. De toute façon le noyau de ξ est un sous-espace de V et il est pertinent de considérer son supplémentaire orthogonal, qu'il est commode de noter $\mathrm{Ker}^{\perp}\xi$. Si $\mathrm{Ker}\,\xi \neq \mathrm{V}$ (ce qu'on peut supposer maintenant), alors $\mathrm{Ker}^{\perp}\xi$ contient au moins un vecteur non nul y_0, puisque $\mathrm{Ker}\,\xi + \mathrm{Ker}^{\perp}\xi = \mathrm{V}$. C'est ici que sert l'hypothèse $\dim \mathrm{V} < \infty$ (contre-exemple : V est formé des suites $x = (x_1, x_2, \ldots)$ nulles à partir d'un certain rang, $(x, y) = x_1\overline{y_1} + x_2\overline{y_2} + \cdots$, et $\xi(x) = x_1 + x_2 + \cdots$). En fait, bien que cette observation ne soit pas nécessaire ici, $\mathrm{Ker}^{\perp}\xi$ est constitué des multiples scalaires de y_0 ; autrement dit, le sous-espace $\mathrm{Ker}^{\perp}\xi$ est de dimension 1. En effet : si y est dans $\mathrm{Ker}^{\perp}\xi$, il en est de même de tout vecteur de la forme $y - \alpha y_0$. La valeur de ξ en ce point, qui est égale à

$$\xi(y - \alpha y_0) = \xi(y) - \alpha\xi(y_0),$$

peut être rendue égale à 0 par un choix convenable du scalaire α, à savoir

$$\alpha = \frac{\xi(y)}{\xi(y_0)}.$$

Donc, pour cette valeur de α, le vecteur $y - \alpha y_0$ appartient à la fois à $\mathrm{Ker}\,\xi$ et à $\mathrm{Ker}^{\perp}\xi$, ce qui entraîne que $y - \alpha y_0 = 0$, soit $y = -\alpha y_0$.

Le vecteur y_0 « convient » très bien pour les vecteurs de $\mathrm{Ker}\,\xi$, ce qui signifie que si x est dans $\mathrm{Ker}\,\xi$ on a

$$\xi(x) = (x, y_0)$$

(puisque les deux membres valent 0) et la même égalité est vraie pour tous les multiples scalaires de y_0. Le vecteur y_0 convient-il aussi pour les vecteurs de $\mathrm{Ker}^{\perp}\xi$? Autrement dit, est-il vrai que pour tout élément αy_0 de $\mathrm{Ker}^{\perp}\xi$ on ait

$$\xi(\alpha y_0) = (\alpha y_0, y_0)\ ?$$

Cette relation est équivalente à

$$\xi(y_0) = \|y_0\|^2,$$

et il n'y a aucune raison pour qu'elle soit *toujours* vérifiée mais elle *peut* être vérifiée si on remplace y_0 par un de ses multiples scalaires bien choisi. En effet, si on remplace y_0 par γy_0, la relation désirée se ramène à

$$\gamma\xi(y_0) = |\gamma|^2 \cdot \|y_0\|^2,$$

et cette dernière relation peut être satisfaite en choisissant γ tel que

$$\xi(y_0) = \overline{\gamma}\|y_0\|^2.$$

Solution 125 (Adjoints)

Puisque, par définition de l'adjoint, $(U^* v, w)$ est égal à (v, Uw), une façon de déterminer U^* est de calculer $(U^* v, w)$. Ce n'est pas très enthousiasmant mais c'est faisable. On part de

$$\big(U^*\langle x_1, y_1\rangle, \langle x_2, y_2\rangle\big)$$

et on le manipule jusqu'à ce qu'il devienne un produit scalaire avec le même second terme $\langle x_2, y_2\rangle$ et un premier terme agréable et simple qui ne fait pas intervenir U. Le commencement est très naturel :

$$\begin{aligned}\big(U^*\langle x_1, y_1\rangle, \langle x_2, y_2\rangle\big) &= \big(\langle x_1, y_1\rangle, U\langle x_2, y_2\rangle\big)\\ &= \big(\langle x_1, y_1\rangle, \langle y_2, -x_2\rangle\big) = (x_1, y_2) - (y_1, x_2).\end{aligned}$$

C'est bien un produit scalaire, mais son second terme est $\langle y_2, x_2\rangle$ au lieu de $\langle x_2, y_2\rangle$. C'est facile à arranger :

$$\big(U^*\langle x_1, y_1\rangle, \langle x_2, y_2\rangle\big) = -(y_1, x_2) + (x_1, y_2) = \big(\langle -y_1, x_1\rangle, \langle x_2, y_2\rangle\big).$$

Cette identité implique que

$$U^*\langle x, y\rangle = \langle -y, x\rangle,$$

ce qui est de la forme attendue. Le résultat est une surprise : on a

$$U^* = -U.$$

Le calcul de U^*U est maintenant trivial :

$$U^*U\langle x, y\rangle = U^*\langle y, -x\rangle = \langle x, y\rangle,$$

de sorte que U^*U est la transformation identité. La vérification que UU^* est également l'identité est aussi triviale.

(*b*) Oui, un graphe est toujours un sous-espace. La vérification est directe : si $\langle x_1, y_1\rangle$ et $\langle x_2, y_2\rangle$ sont dans le graphe de A, ce qui signifie que

$$y_1 = Ax_1 \qquad \text{et} \qquad y_2 = Ax_2,$$

alors $\alpha_1\langle x_1, y_1\rangle + \alpha_2\langle x_2, y_2\rangle$ est dans le graphe de A, puisque

$$\alpha_1 y_1 + \alpha_2 y_2 = Ax_1 + Ax_2.$$

(*c*) Le graphe de A^* est le supplémentaire orthogonal de l'image par U du graphe de A. Pour le démontrer, on remarque que le graphe de A est l'ensemble des couples de la forme $\langle x, Ax\rangle$ et que l'image par U de ce graphe est donc l'ensemble des couples de la forme

$\langle -Ax, x\rangle$. Le supplémentaire orthogonal (dans $V \oplus V$) de cette image est l'ensemble des couples $\langle u, v\rangle$ tels que

$$(-Ax, u) + (x, v) = 0$$

pour tout x. Cela signifie que

$$(x, -A^* u + v) = 0$$

pour tout x, et donc que $A^* u = v$. L'ensemble des couples $\langle u, v\rangle$ tels que $A^* u = v$ est l'ensemble des couples de la forme $\langle u, A^* u\rangle$ et c'est donc exactement le graphe de A^*.

Ce n'était pas difficile à vérifier, mais comment aurait-on pu le découvrir ? Il est toujours utile de réfléchir à ce genre de question.

Solution 126 (Formes quadratiques)

(*a*) Oui, la congruence est une relation d'équivalence. En effet, il est clair que $A = P^*AP$ (avec $P = 1$), que si $B = P^*AP$ alors $A = Q^*BQ$ (avec $Q = P^{-1}$), et que si $B = P^*AP$ et $C = Q^*BQ$ alors $C = R^*AR$ (avec $R = PQ$).

(*b*) Oui : si $B = P^*AP$, alors $B^* = P^*A^*P$.

(*c*) Non : une transformation congruente à un scalaire n'est pas nécessairement scalaire. En effet si P est une transformation inversible telle que P^*P ne soit pas scalaire (il y en a des tas), alors P^*P $(= P^* \cdot 1 \cdot P)$ est congruente au scalaire 1 sans lui être égale.

(*d*) La réponse à cette question n'est pas évidente, il faut se creuser la tête. La réponse correcte est oui : il est possible que A et B soient congruentes sans que A^2 et B^2 le soient. Voici un exemple :

$$A = \begin{pmatrix} 0 & 1 \\ 0 & 0 \end{pmatrix} \quad \text{et} \quad B = \begin{pmatrix} 0 & 1 \\ 0 & \xi \end{pmatrix}.$$

Le calcul est simple. Si

$$P = \begin{pmatrix} 1 & \xi \\ 0 & 1 \end{pmatrix},$$

alors

$$P^*AP = \begin{pmatrix} 1 & 0 \\ 1 & \xi \end{pmatrix}\begin{pmatrix} 0 & 1 \\ 0 & 0 \end{pmatrix}\begin{pmatrix} 1 & \xi \\ 0 & 1 \end{pmatrix} = \begin{pmatrix} 0 & 1 \\ 0 & \xi \end{pmatrix}\begin{pmatrix} 1 & \xi \\ 0 & 1 \end{pmatrix} = \begin{pmatrix} 0 & 1 \\ 0 & \xi \end{pmatrix}$$

de sorte que A est congruente à B. Mais puisque

$$A^2 = \begin{pmatrix} 0 & 0 \\ 0 & 0 \end{pmatrix} \quad \text{et} \quad B^2 = \begin{pmatrix} 0 & \xi \\ 0 & \xi^2 \end{pmatrix},$$

les transformations A^2 et B^2 ne peuvent pas être congruentes. (Un instant de réflexion est-il nécessaire ? La transformation 0 peut-elle être congruente à une transformation non nulle ? Non, puisque $P^* \cdot 0 \cdot P = 0$, il en découle qu'être congruente à 0 implique être égale à 0.)

Solution 127 (Formes quadratiques alternées)

L'énoncé est la réciproque d'un énoncé trivial : si $A = 0$, alors $(Ax, x) = 0$ pour tout x. Dans le sens non trivial, l'énoncé correspondant pour les formes sesquilinéaires (au lieu des formes quadratiques est accessible : si $(Ax, y) = 0$ pour tout x et tout y, alors $A = 0$. Démonstration : poser $y = Ax$. Une approche possible pour le résultat quadratique est donc de se ramener au cas sesquilinéaire, c'est-à-dire de démontrer que si $(Ax, x) = 0$ pour tout x, alors $(Ax, y) = 0$ pour tout x et tout y.

Cela devrait évoquer la polarisation (solution 118). Cette formule exprime la forme sesquilinéaire naturelle (x, y) en fonction de la forme quadratique naturelle $\|x\|^2$. Peut-on la généraliser ? Oui, on peut, et la généralisation n'est pas plus difficile à démontrer que la formule originale. Elle ressemble à ceci :

$$\begin{aligned}(Ax, y) = {} & A\Big(\frac{1}{2}(x+y), \frac{1}{2}(x+y)\Big) - A\Big(\frac{1}{2}(x-y), \frac{1}{2}(x-y)\Big) \\ & + iA\Big(\frac{1}{2}(x+iy), \frac{1}{2}(x+iy)\Big) - iA\Big(\frac{1}{2}(x-iy), \frac{1}{2}(x-iy)\Big).\end{aligned}$$

Une fois ceci écrit, tout en découle : si (Az, z) est identiquement nul, alors (Ax, y) l'est aussi.

Solution 128 (Transformations hermitiennes)

Le produit de deux transformations hermitiennes n'est pas toujours hermitien, ou le produit de deux matrices égales à leur transconjuguée n'est pas toujours égal à sa transconjuguée. Il est difficile de *ne pas* écrire un exemple. En voici un :

$$\begin{pmatrix} 0 & 1 \\ 1 & 0 \end{pmatrix}\begin{pmatrix} 1 & 0 \\ 0 & 2 \end{pmatrix} = \begin{pmatrix} 0 & 2 \\ 1 & 0 \end{pmatrix}.$$

Est-ce que l'ordre a de l'importance ? Oui, dans le sens que si on multiplie les mêmes deux matrices dans l'ordre inverse, le produit est différent

$$\begin{pmatrix} 1 & 0 \\ 0 & 2 \end{pmatrix}\begin{pmatrix} 0 & 1 \\ 1 & 0 \end{pmatrix} = \begin{pmatrix} 0 & 1 \\ 2 & 0 \end{pmatrix},$$

mais la réponse « non » ne se transforme pas en une réponse « oui ».

Quand le produit de deux transformations hermitiennes est-il hermitien ? Si A et B sont hermitiennes et si AB est hermitien, alors

$$(AB)^* = AB$$

ce qui implique que BA = AB. Cela prouve que pour que le produit de deux transformations hermitiennes soit hermitien il est nécessaire qu'elles commutent. Cette condition est-elle aussi suffisante ? Bien sûr – il suffit de lire la démonstration à l'envers.

Solution 129 (Transformations antihermitiennes)

Si $B = P^*AP$ et si $A^* = -A$, alors

$$B^* = P^*(-A)P = -P^*AP = -B.$$

Une transformation congruente à une transformation antihermitienne est donc antihermitienne.

(*b*) Si $A^* = -A$, alors

$$(A^2)^* = (A^*)^2 = (-A)^2 = A^2,$$

ce qui n'est pas nécessairement la même chose que $-A^2$. Le carré d'une transformation antihermitienne n'est donc pas nécessairement antihermitien. Pour être parfaitement honnête, il faudrait donner un exemple concret d'une transformation antihermitienne A telle que $A^2 \neq -A^2$. Un des plus simples est fourni par la matrice

$$\begin{pmatrix} 0 & 1 \\ -1 & 0 \end{pmatrix}.$$

Quant à A^3, puisque $(-1)^3 = -1$, l'égalité $A^* = -A$ implique $(A^3)^* = -A^3$, de telle sorte que A^3 est antihermitienne tout comme A.

(*c*) Écrivons

$$S \text{ (comme somme) } = AB + BA$$

et

$$D \text{ (comme différence) } = AB - BA.$$

La question qui se pose est la suivante : qu'arrive-t-il à

$$S^* = B^*A^* + A^*B^*$$

et

$$D^* = B^*A^* - A^*B^*$$

quand on remplace A^* et B^* par A et B, avec éventuellement des changements de signe? La réponse est que si le nombre de changements de signe est pair (0 ou 2), alors S reste hermitienne et D reste antihermitienne, mais que si le nombre de changements de signe est impair (1 obligatoirement), alors S devient antihermitienne et D devient hermitienne.

Solution 130 (Formes réelles hermitiennes)

Si $A = A^*$, alors

$$(Ax, x) = (x, A^*x) = (x, Ax) = \overline{(Ax, x)},$$

de sorte que (Ax, x) est égal à son conjugué et est donc réel. Si réciproquement (Ax, x) est toujours réel, alors

$$(Ax, x) = \overline{(Ax, x)} = \overline{(x, A^*x)} = (A^*x, x),$$

ce qui implique que $\big((A - A^*)x, x\big) = 0$ pour tout x et, d'après le problème 127, que $A = A^*$.

Solution 131 (Transformations positives)

(*a*) Les coefficients hors de la diagonale principale ont moins d'influence sur la positivité que ceux qui sont situés sur la diagonale. Ainsi par exemple, il est facile de déduire de la positivité connue de

$$\begin{pmatrix} 2 & 1 \\ 1 & 1 \end{pmatrix}$$

celle de

$$\begin{pmatrix} 2 & -1 \\ -1 & 1 \end{pmatrix}.$$

(*b*) Oui, et on en a déjà vu un exemple, à savoir $\begin{pmatrix} 2 & 2 \\ 2 & 1 \end{pmatrix}$.

(*c*) La forme quadratique associée à

$$\begin{pmatrix} 1 & 1 & 1 \\ 1 & 1 & 1 \\ 1 & 1 & 1 \end{pmatrix}$$

est

$$|\xi_1 + \xi_2 + \xi_3|^2,$$

et cela répond à la question : oui, la matrice est positive.

(*d*) La forme quadratique associée à

$$\begin{pmatrix} 1 & 0 & 1 \\ 0 & 1 & 0 \\ 1 & 0 & 1 \end{pmatrix}$$

est

$$|\xi_1 + \xi_3|^2 + |\xi_2|^2,$$

et cela répond à la question : oui, la matrice est positive.

(*e*) La forme quadratique associée à

$$\begin{pmatrix} \alpha & 1 & 1 \\ 1 & 0 & 0 \\ 1 & 0 & 0 \end{pmatrix}$$

est

$$\alpha|\xi_1|^2 + 2\,\mathrm{Re}\,\overline{\xi_1}\xi_2 + 2\,\mathrm{Re}\,\overline{\xi_1}\xi_3$$

et, plus on la regarde, moins elle a l'air positive. La valeur de ξ_3 a peu d'importance – ça ne fait pas de mal de la poser égale à 0. L'ennemi est le coefficient α, et on peut toujours le dominer. Quelle que soit la valeur de α, on peut choisir ξ_1 égal à 1, puis pour ξ_2 un nombre négatif gigantesque – il en résultera que la valeur de la forme quadratique sera strictement négative. Cela répond à la question posée : la réponse est non.

Solution 132 (Inverses positifs)

Oui, si une transformation positive est inversible, son inverse est aussi positif. La démonstration prend une ligne, mais il faut penser à une astuce.

Comment déduire de $(\mathrm{A}x, x) \geqslant 0$ pour tout x que $(\mathrm{A}^{-1}y, y) \geqslant 0$ pour tout y ? Réponse : il suffit de poser $y = \mathrm{A}x$. En effet

$$(\mathrm{A}^{-1}y, y) = (\mathrm{A}^{-1}\mathrm{A}x, \mathrm{A}x) = (x, \mathrm{A}x) = (\mathrm{A}x, x)$$

et la démonstration est terminée.

(La raison de la dernière égalité est-elle claire ? Puisque A est positive, A est hermitienne, et donc A^{-1} est hermitienne.)

Solution 133 (Projections orthogonales)

Si E est la projection orthogonale sur M, alors E est la projection sur M parallèlement à $M^{\perp}$ et le problème 82 prouve que E^* est la projection orthogonale sur $(M^{\perp})^{\perp}$ parallèlement à $M^{\perp}$. (Le problème 82 parle d'annulateurs au lieu de supplémentaires orthogonaux, mais on passe mécaniquement d'un langage à l'autre.) Cela signifie que E^* est la projection orthogonale sur M (parallèlement à $M^{\perp}$), et il est donc égal à E.

Si réciproquement $E = E^2 = E^*$, alors l'idempotence de E assure que E est le projecteur sur Im E parallèlement à Ker E (problème 72). Si x est dans Im E et y dans Ker E, on a alors

$$\begin{aligned}
(x, y) &= (Ex, y) && \text{(puisque les vecteurs de l'image d'un projecteur sont invariants par ce projecteur)}\\
&= (x, E^* y) && \text{(par définition de l'adjoint)}\\
&= (x, Ey) && \text{(puisque E est supposé hermitien)}\\
&= 0 && \text{(puisque } y \text{ est dans Ker E).}
\end{aligned}$$

Par conséquent Im E et Ker E ne sont pas seulement supplémentaires, ils sont orthogonaux et E est une projection orthogonale.

Résumé. Les projections orthogonales sont exactement les transformations linéaires qui sont à la fois hermitiennes et idempotentes.

Solution 134 (Projections sur $\mathbb{C} \times \mathbb{C}$)

Puisqu'une projection orthogonale est hermitienne, sa matrice est de la forme

$$\begin{pmatrix} a & b \\ \bar{b} & c \end{pmatrix},$$

avec a et c réels et appartenant en fait à l'intervalle unité. (Pourquoi ?) La question se ramène donc à celle-ci : lesquelles de ces matrices sont idempotentes ? Pour avoir la réponse, on calcule. Si

$$\begin{pmatrix} a & b \\ \bar{b} & c \end{pmatrix}\begin{pmatrix} a & b \\ \bar{b} & c \end{pmatrix} = \begin{pmatrix} a^2 + |b|^2 & ab + bc \\ a\bar{b} + \bar{b}c & |b|^2 + c^2 \end{pmatrix} = \begin{pmatrix} a & b \\ \bar{b} & c \end{pmatrix},$$

alors (coefficient supérieur droit) $a + c = 1$ (si on suppose $b \neq 0$, ce qu'on fait à partir de maintenant). Par conséquent (coefficient inférieur droit) $|b|^2 + (1 - a)^2 = 1 - a$, ce qui se simplifie en

$$|b|^2 = a(1 - a).$$

On en conclut que les matrices de projections non diagonales sur $\mathbb{C}^2$ sont celles de la forme

$$\begin{pmatrix} a & t\sqrt{a(1-a)} \\ \bar{t}\sqrt{a(1-a)} & 1-a \end{pmatrix},$$

où

$$0 < a < 1 \quad \text{et} \quad |t| = 1.$$

Le cas $b = 0$ conduit aux 4 matrices diagonales

$$\begin{pmatrix} 0 & 0 \\ 0 & 0 \end{pmatrix}, \quad \begin{pmatrix} 1 & 0 \\ 0 & 0 \end{pmatrix}, \quad \begin{pmatrix} 0 & 0 \\ 0 & 1 \end{pmatrix}, \quad \begin{pmatrix} 1 & 0 \\ 0 & 1 \end{pmatrix}.$$

Ce cas semble plus important que les autres ; en tout cas, c'est celui qu'on a le plus de chances de rencontrer.

Solution 135 (Ordre des projections)

Si E et F sont des projecteurs tels que $\operatorname{Im} E = M$ et $\operatorname{Im} F = N$, alors les propriétés

$$E \leqslant F \qquad \text{et} \qquad M \subset N$$

sont équivalentes.

Supposons en effet que $E \leqslant F$. Si x est dans M, alors

$$(Fx, x) \geqslant (Ex, x) = (x, x).$$

Puisque l'inégalité en sens contraire

$$(x, x) \geqslant (Fx, x)$$

est toujours vérifiée, on a

$$\big((1-F)x, x\big) = 0,$$

d'où

$$\|(1-F)x\|^2 = 0.$$

(Justifier la dernière implication.) On en conclut que $Fx = x$, donc x est dans N.

Si réciproquement $M \subset N$, alors $FEx = Ex$ (puisque Ex est dans M pour tout x), de sorte que $FE = E$. On en déduit en passant aux adjoints que $EF = E$, et cela justifie le petit tour de passe-passe suivant :

$$(Ex, x) = \|Ex\|^2 = \|EFx\|^2 \leqslant \|Fx\|^2 = (Fx, x).$$

En conclusion, $E \leqslant F$.

Solution 136 (Projections orthogonales entre elles)

Si E et F sont des projecteurs tels que Im E = M et Im F = N, alors les propriétés

$$\mathrm{M} \perp \mathrm{N} \qquad \text{et} \qquad \mathrm{EF} = 0$$

sont équivalentes.

Supposons en effet que EF = 0. Pour x dans M et y dans N on a

$$(x, y) = (\mathrm{E}x, \mathrm{F}y) = (x, \mathrm{E}^*\mathrm{F}y) = (x, \mathrm{EF}y) = 0.$$

Réciproquement, si M⊥N, on a

$$\mathrm{N} \subset \mathrm{M}^{\perp};$$

puisque Fx est dans N pour tout x, on a $\mathrm{F}x \in \mathrm{M}^{\perp}$ pour tout x. Par conséquent, $\mathrm{EF}x = 0$ pour tout x.

Solution 137 (Valeurs propres des transformations hermitiennes)

Si A est hermitienne et si x est un vecteur non nul tel que $\mathrm{A}x = \lambda x$, alors on a évidemment

$$(\mathrm{A}x, x) = \lambda(x, x);$$

Puisque $(\mathrm{A}x, x)$ est réel (problème 130), il en résulte que λ est réel. Si, de plus, A est positive, alors $(\mathrm{A}x, x) \geqslant 0$ et il en résulte que λ est $\geqslant 0$.

Remarquer que ces conditions sur les valeurs propres des transformations hermitiennes et des transformations positives sont nécessaires, mais loin d'être suffisantes.

Solution 138 (Valeurs propres distinctes)

La réponse est que, pour une transformation hermitienne, des vecteurs propres associés à des valeurs propres distinctes sont orthogonaux.

Supposons en effet que

$$\mathrm{A}x_1 = \lambda_1 x_1 \quad \text{et} \quad \mathrm{A}x_2 = \lambda_2 x_2,$$

avec $\lambda_1 \neq \lambda_2$. Si A est hermitienne, on a

$$\lambda_1(x_1, x_2) = (\mathrm{A}x_1, x_2) = (x_1, \mathrm{A}x_2) = \lambda_2(x_1, x_2),$$

la dernière égalité résultant du fait que λ_2 est réel (problème 137). Comme $\lambda_1 \neq \lambda_2$, on a obligatoirement $(x_1, x_2) = 0$.

Commentaire. Puisqu'en dimension finie le produit des valeurs propres est égal au déterminant (se souvenir de la triangularisation) ces résultats impliquent que le déterminant d'une transformation hermitienne est réel. Y a-t-il une autre façon évidente d'obtenir le même résultat ?

9

Normalité

Solution 139 (Transformations unitaires)

Attention : la réponse varie selon que l'espace vectoriel sous-jacent est de dimension finie ou infinie.

Pour des espaces de dimension finie, la réponse est oui. En effet, si $U^*U = 1$, U doit être injective et donc surjective (voir le problème 66). Elle est donc inversible et alors en multipliant par U^{-1} la relation $U^*U = 1$ on obtient $U^* = U^{-1}$.

Pour des espaces de dimension infinie, la réponse peut être non. Considérons par exemple l'ensemble V de toutes les suites de nombres complexes

$$\{x_1, x_2, x_3, \ldots\}$$

ayant seulement un nombre fini de coefficients non nuls. (Attention, ce nombre fini dépend de la suite considérée.) La façon évidente d'additionner des suites et de les multiplier par un scalaire complexe fait de V un espace vectoriel complexe. En le munissant du produit scalaire

$$(\{x_1, x_2, x_3, \ldots\}, \{y_1, y_2, y_3, \ldots\}) = \sum_{n=1}^{\infty} x_n \overline{y_n}$$

l'espace V devient hermitien. Si U et W sont définies par

$$U\{x_1, x_2, x_3, \ldots\} = \{0, x_1, x_2, x_3, \ldots\}$$

et

$$W\{x_1, x_2, x_3, \ldots\} = (\{x_2, x_3, x_4, \ldots\},$$

alors U et W sont linéaires et on établit par un calcul simple la relation

$$(Ux, y) = (x, Wy)$$

pour x et y dans V. Autrement dit, W est l'adjoint U^* de U et un calcul encore plus simple montre que

$$U^*U = 1.$$

(Attention : il est essentiel de se souvenir que si on applique U^*U à un élément de V, c'est la transformation U qu'on applique d'abord.) Mais par contre il n'est pas vrai que $UU^* = 1$. Non seulement U^* n'est pas l'inverse de U, mais U n'a pas d'inverse du tout. L'image de U ne contient que les vecteurs dont la première coordonnée est nulle, si bien que l'image de U n'est pas l'espace V tout entier – un obstacle l'inversibilité.

Solution 140 (Matrices unitaires)

Quand $\begin{pmatrix} a & b \\ c & d \end{pmatrix}$ est-elle la matrice d'une transformation unitaire sur $\mathbb{C}^2$? Elle l'est si et seulement si le produit de

$$\begin{pmatrix} a & b \\ c & d \end{pmatrix}^* \quad \text{et} \quad \begin{pmatrix} a & b \\ c & d \end{pmatrix}$$

est la matrice identité. Puisque

$$\begin{pmatrix} a & b \\ c & d \end{pmatrix}^* \begin{pmatrix} a & b \\ c & d \end{pmatrix} = \begin{pmatrix} |a|^2 + |c|^2 & \bar{a}b + \bar{c}d \\ a\bar{b} + c\bar{d} & |b|^2 + |d|^2 \end{pmatrix},$$

cette condition équivaut à

$$|a|^2 + |c|^2 = |b|^2 + |d|^2 = 1 \quad \text{et} \quad \bar{a}b + \bar{c}d = 0,$$

c'est-à-dire que les vecteurs (a, b) et (c, d) de $\mathbb{C}^2$ forment une base orthonormée.

Ce calcul s'étend au cas général. Si U est une transformation linéaire sur un espace hermitien de dimension finie et si la matrice de U par rapport à une base orthonormée est (u_{ij}), une condition nécessaire et suffisante pour que U soit unitaire est que

$$\sum_k \overline{u_{ki}} u_{kj} = \delta_{ij}.$$

Cette équation matricielle n'est que la traduction en notation matricielle de la relation $U^*U = 1$.

Grâce à ces commentaires, il est facile de répondre aux questions sur les matrices particulières de *(a)*, *(b)* et *(c)*.

Pour *(a)* : puisque la deuxième ligne n'est pas un vecteur unitaire, peu importe la valeur de α, la matrice ne peut jamais être unitaire.

Pour *(b)* : les lignes doivent être orthogonales et de norme 1. Puisque la norme de chaque ligne est $|\alpha|^2 + \frac{1}{4}$, la condition sur les normes équivaut à $|\alpha| = \frac{\sqrt{3}}{2}$. Puisque le produit scalaire des deux lignes est $\frac{1}{2}(-\alpha+\overline{\alpha})$, leur orthogonalité équivaut à α réel. En conclusion

$$\begin{pmatrix} \alpha & \frac{1}{2} \\ -\frac{1}{2} & \alpha \end{pmatrix}$$

est unitaire si et seulement si $\alpha = \pm\frac{\sqrt{3}}{2}$.

Pour (*c*) : la question est une façon détournée de demander si un multiple de $(1,1,1)$ peut être le premier vecteur d'une base orthonormée. Bien sûr ! Plus explicitement, si ω est une racine cubique de 1 non réelle, alors les vecteurs

$$(1,1,1), \qquad (1,\omega,\omega^2), \qquad (1,\omega^2,\omega)$$

ont tous trois la même norme $\frac{\sqrt{3}}{2}$; la normalisation fournit une réponse explicite à la question.

Solution 141 (Involutions unitaires)

Aucune des conditions $U^* = U$, $U^*U = 1$ et $U^2 = 1$ n'implique une des autres. En effet,

$$\begin{pmatrix} 1 & 0 \\ 0 & 2 \end{pmatrix}$$

est hermitienne mais ni unitaire ni involutive ;

$$\begin{pmatrix} 0 & 1 \\ -1 & 0 \end{pmatrix}$$

est unitaire mais ni hermitienne ni involutive ; et

$$\begin{pmatrix} 1 & 0 \\ 1 & -1 \end{pmatrix}$$

est involutive mais ni hermitienne ni unitaire.

Le pouvoir d'implication d'un couple de ces conditions est bien plus grand que celui d'une seule ; en fait, n'importe quel couple de deux conditions implique la troisième. C'est très simple ; voici comment ça marche.

Si $U^* = U$, on peut remplacer le facteur U^* dans U^*U par U et par conséquent $U^*U = 1$ implique $U^2 = 1$.

Si $U^*U = 1$ et $U^2 = 1$, alors $U^*U = U^2$; on multiplie par U^{-1} $(= U^*)$ à droite, ce qui donne $U^* = U$.

Enfin, si $U^* = U$, on peut remplacer l'un des facteurs U de U^2 par U^* et par conséquent $U^2 = 1$ implique $U^*U = 1$.

Solution 142 (Triangles unitaires)

Chaque ligne et chaque colonne d'une matrice unitaire est un vecteur de norme 1. Si en particulier une matrice unitaire est triangulaire (supérieure par exemple), alors sa première *colonne* est de la forme

$$(*,0,0,0,\ldots)$$

et par conséquent les coefficients de la première *ligne* après le premier ne peuvent pas contribuer à augmenter la norme – ils doivent tous être nuls. On procède par récurrence : maintenant, on sait que la seconde colonne est de la forme est de la forme

$$(0,*,0,0,\ldots)$$

et par conséquent les coefficients de la deuxième ligne après les deux premiers ne contribuent pour rien, etc. Conclusion : une matrice unitaire triangulaire est obligatoirement diagonale.

Commentaire. Cette solution suppose implicitement que les matrices en question correspondent à des transformations unitaires via des *bases orthonormées.* Un commentaire analogue s'applique dans le problème suivant, sur la diagonalisabilité des hermitiens.

Solution 143 (Diagonalisation des hermitiens)

La réponse est oui, toute matrice hermitienne est unitairement semblable à une matrice diagonale. Ce résultat est une des pierres angulaires de l'algèbre linéaire (ou peut-être plus modestement de la partie de l'algèbre linéaire connue sous le nom de géométrie unitaire). Sa démonstration est généralement considérée comme abstruse, mais ici, avec les outils dont nous disposons déjà, elle est facile.

Supposons que A soit une transformation hermitienne dont les valeurs propres sont

$$\lambda_1,\ldots,\lambda_r$$

et les sous-espaces propres correspondants M_i :

$$M_i = \{x \mid Ax = \lambda_i x\},$$

$i = 1, \ldots, r$. Pour $i \neq j$ (de sorte que $\lambda_i \neq \lambda_j$) on a

$$M_i \perp M_j$$

(d'après le problème 138). Les M_i engendrent tout l'espace. En effet, la restriction de A à l'orthogonal du sous-espace qu'ils engendrent est encore hermitienne, et a donc des valeurs propres et des sous-espaces propres correspondants.

Cela règle la question. Il suffit de choisir une base orthonormée de chaque M_i et de remarquer que la réunion de toutes ces bases est une base orthonormée de tout l'espace. Autrement dit : il existe une base orthonormée

$$x_1, \ldots, x_n$$

de vecteurs propres ; la matrice de A dans cette base est diagonale.

Solution 144 (Racines carrées)

La réponse est : une et une seule ; toute transformation positive a une unique racine carrée positive. On peut le démontrer rapidement en utilisant la diagonalisation. Si $A \geqslant 0$, alors A est hermitienne et par conséquent A est représentée par une matrice diagonale de la forme

$$\begin{pmatrix} a & 0 & 0 & \\ 0 & b & 0 & \\ 0 & 0 & c & \\ & & & \ddots \end{pmatrix}.$$

Les coefficients diagonaux $a, b, c, \ldots$ sont les valeurs propres de A et sont donc réels ; puisque de plus A est positive, il en résulte qu'ils sont $\geqslant 0$.

On considère

$$B = \begin{pmatrix} \sqrt{a} & 0 & 0 & \\ 0 & \sqrt{b} & 0 & \\ 0 & 0 & \sqrt{c} & \\ & & & \ddots \end{pmatrix}$$

(où les racines carrées indiquées sont les racines carrées $\geqslant 0$) et on arrive rapidement à la conclusion que (i) $B \geqslant 0$ et (ii) $B^2 = A$.

Passons à l'unicité. Si $C \geqslant 0$ et $C^2 = A$, alors on peut diagonaliser C :

$$C = \begin{pmatrix} x & 0 & 0 & \\ 0 & y & 0 & \\ 0 & 0 & z & \\ & & & \ddots \end{pmatrix}.$$

Les nombres $x, y, z, \ldots$ sont $\geqslant 0$ et leurs carrés sont les nombres $a, b, c, \ldots$, ce qu'il fallait démontrer.

Solution 145 (Décomposition polaire)

Toute transformation linéaire A sur un espace hermitien de dimension finie se représente sous la forme

$$A = UP,$$

où U est unitaire et P hermitienne positive ; si A est inversible, la représentation est unique.

Pour avoir une idée de la façon de construire U et P à partir de A, on raisonne à l'envers : on suppose le résultat vrai et on essaie de le laisser nous indiquer la méthode. Si $A = UP$, alors $A^* = PU^*$, et donc

$$A^*A = P^2.$$

C'est une bonne indication : puisque A^*A et P^2 sont des transformations hermitiennes positives, elles ont des racines carrées ; la relation $P^2 = A^*A$ implique la relation suivante pour les racines carrées :

$$P = \sqrt{A^*A}.$$

Cela suffit comme indication : A étant donnée, on définit P par la relation précédente, puis on se demande comment obtenir U. Si A est égale à UP, il est tentant de « diviser » par P – ce qui aurait un sens si P était inversible. Bon, supposons pour le moment que A soit inversible ; dans ce cas A^* est inversible, ainsi que A^*A et donc P. Si on définit U par

$$U = AP^{-1},$$

alors

$$U^*U = P^{-1}A^*AP^{-1} = P^{-1}P^2P^{-1} = 1$$

et U est bien unitaire.

L'unicité n'est pas difficile. Si

$$U_1P_1 = U_2P_2,$$

avec U_1 et U_2 unitaires et P_1 et P_2 inversibles et positives, alors

$$P_1^2 = (U_1P_1)^*(U_1P_1) = (U_2P_2)^*(U_2P_2) = P_2^2$$

et on a (par unicité de la racine carrée positive)

$$P_1 = P_2.$$

On « divise » la relation $U_1P_1 = U_2P_2$ par P_1 $(= P_2)$ et on en conclut que $U_1 = U_2$.

Si A n'est pas inversible, le raisonnement devient un peu plus compliqué. On veut que $Ax = UPx$ pour tout x, c'est-à-dire en posant $y = Px$ que

$$Uy = Ax$$

pour y dans l'image de P. Peut-on utiliser cette relation comme définition de U – est-elle non ambiguë ? Cela revient à dire que si le même y est dans l'image de P pour deux raisons :

$$y = Px_1 \qquad \text{et} \qquad y = Px_2,$$

alors on a $Ax_1 = Ax_2$. C'est vrai. En effet, posons

$$x = x_1 - x_2$$

et remarquons que

$$\|Px\|^2 = (Px, Px) = (P^2x, x) = (A^*Ax, x) = \|Ax\|^2.$$

Si $Px = 0$, on a donc $Ax = 0$, ou autrement dit si

$$Px_1 = Px_2,$$

alors

$$Ax_1 = Ax_2\,;$$

la définition proposée pour U n'est donc pas ambiguë.

Il y a un petit ennui : la définition proposée ne marche que sur l'image de P ; elle définit une transformation linéaire U de domaine égal à $\operatorname{Im} P$ et d'image $\operatorname{Im} A$. Puisque cette transformation conserve les normes (et donc les distances), il en découle que $\operatorname{Im} A$ et $\operatorname{Im} P$ ont la même dimension. Par conséquent $\operatorname{Im}^\perp A$ et $\operatorname{Im}^\perp P$ ont la même dimension, et il existe donc une transformation linéaire V de $\operatorname{Im}^\perp P$ sur $\operatorname{Im}^\perp A$ qui conserve les normes. On prolonge la transformation linéaire U (déjà définie sur $\operatorname{Im} P$) à l'espace entier en la définissant comme égale à V sur $\operatorname{Im}^\perp P$. Ce prolongement U a la propriété que $\|Ux\| = \|x\|$ pour tout x, ce qui implique qu'il est unitaire ; puisque $A = UP$, tout est en ordre.

Dans le cas non inversible il n'y a aucun espoir d'unicité et le choix arbitraire dans la définition de U le prouve. Pour un contre-exemple concret, considérons

$$A = \begin{pmatrix} 0 & 1 \\ 0 & 0 \end{pmatrix} ;$$

alors les deux décompositions

$$A = \begin{pmatrix} 0 & 1 \\ 1 & 0 \end{pmatrix} \begin{pmatrix} 0 & 0 \\ 0 & 1 \end{pmatrix}$$

et

$$A = \begin{pmatrix} 0 & 1 \\ -1 & 0 \end{pmatrix} \begin{pmatrix} 0 & 0 \\ 0 & 1 \end{pmatrix}$$

sont toutes les deux des décompositions polaires de A.

Solution 146 (Transformations normales)

Oui, des vecteurs propres associés à des valeurs propres distinctes d'une transformation normale (sur un espace hermitien de dimension finie) sont orthogonaux. Il est naturel de s'inspirer de la démonstration faite pour les transformations hermitiennes (et les unitaires). Supposons donc que

$$Ax_1 = \lambda_1 x_1 \qquad \text{et} \qquad Ax_2 = \lambda_2 x_2$$

avec $\lambda_1 \neq \lambda_2$ et considérons

$$(Ax_1, x_2) = (x_1, A^* x_2).$$

Le terme de gauche est égal à $\lambda_1(x_1, x_2)$ – jusque-là, ça va – mais il n'y a aucune prise sur le terme de droite. Ou bien si ? Y a-t-il une relation entre les valeurs propres d'une transformation normale et celles de son adjointe ? En supposant $Ax = \lambda x$, que peut-on dire d'intelligent sur $A^* x$? Voici ce qu'on peut dire.

La normalité de A implique que

$$\begin{aligned} \|Ax\|^2 &= (Ax, Ax) = (A^*Ax, x) \\ &= (AA^* x, x) = (A^* x, A^* x) = \|A^* x\|^2. \end{aligned}$$

Puisque $A - \lambda$ est tout aussi normale que A, et puisque

$$(A - \lambda)^* = A^* - \overline{\lambda},$$

on en déduit que

$$\|(A - \lambda)x\| = \|(A^* - \overline{\lambda})x\|.$$

Par conséquent, si λ est valeur propre de A et si x est un vecteur propre correspondant, alors $\overline{\lambda}$ est valeur propre de A^*, avec le même vecteur propre x.

On peut maintenant reprendre la démonstration faite dans le cas hermitien ; puisque

$$(Ax_1, x_2) = \lambda_1(x_1, x_2)$$

et

$$(x_1, A^* x_2) = (x_1, \overline{\lambda_2} x_2) = \lambda_2(x_1, x_2),$$

le fait que λ_1 et λ_2 sont distincts entraîne que (x_1, x_2) vaut 0, et la démonstration est terminée.

Solution 147 (Diagonalisation normale)

La réponse est oui, les transformations normales sont diagonalisables. La question-clé préliminaire est : une restriction d'une transformation normale est-elle normale ? Autrement dit, si A est une transformation normale sur V et si M est un sous-espace de V, la restriction A_M de A à M (ce qui signifie que $A_M x = Ax$ pour tout x de M) est-elle normale ? Le problème, c'est que cette question n'a pas vraiment de sens, même pour les transformations hermitiennes. En effet, cette restriction est bien définie, mais elle peut ne pas être une transformation linéaire *sur* M – elle peut ne pas envoyer les vecteurs de M sur des vecteurs de M. Pour que la question ait un sens, il faut supposer que le sous-espace est invariant par la transformation. Supposons donc cela, quelle est alors la réponse ?

Pour le découvrir, on écrit la matrice A considérée comme une matrice 2 × 2 par blocs suivant la décomposition de l'espace en la somme directe de M et de $M^\perp$. On obtient un résultat de la forme

$$A = \begin{pmatrix} P & * \\ 0 & * \end{pmatrix},$$

où P est la transformation linéaire A_M sur M et où les astérisques représentent des transformations linéaires de M dans $M^\perp$ (coin supérieur droit) et de $M^\perp$ dans $M^\perp$ (coin inférieur droit). Peu importe ce que sont ces transformations, et il est inutile de passer du temps à inventer des notations pour elles, ce qui est important c'est le 0 dans le coin inférieur gauche. La raison de ce 0, c'est l'invariance supposée de M par A.

De cette écriture de A, on peut déduire l'écriture de A^* :

$$A^* = \begin{pmatrix} P^* & 0 \\ * & * \end{pmatrix}.$$

On utilise maintenant la normalité de A dans un calcul facile : puisque

$$A^*A = \begin{pmatrix} P^* & 0 \\ * & * \end{pmatrix} \begin{pmatrix} P & * \\ 0 & * \end{pmatrix} = \begin{pmatrix} P^*P & * \\ * & * \end{pmatrix}$$

et que

$$AA^* = \begin{pmatrix} P & * \\ 0 & * \end{pmatrix} \begin{pmatrix} P^* & 0 \\ * & * \end{pmatrix} = \begin{pmatrix} PP^* & * \\ * & * \end{pmatrix},$$

la normalité implique que

$$P^*P = PP^*,$$

c'est-à-dire que P est normale, autrement dit A_M est normale.

C'est la partie difficile du travail qu'il fallait faire, maintenant on peut s'arrêter dans la démonstration en toute bonne conscience. La démonstration est similaire à celle faite pour les hermitiens dans chaque détail. On peut avoir le courage de vérifier tous les détails techniques, et le lecteur ambitieux est encouragé à le faire – examiner la démonstration de la diagonalisabilité pour les transformations hermitiennes, remplacer partout le mot « hermitien » par le mot « normal », effacer toutes les références à la réalité, insister que l'action se passe dans un espace hermitien complexe et remarquer, heureusement, que toutes les parties restantes de la démonstration sont inchangées.

La diagonalisabilité des transformations normales (et en particulier hermitiennes) est quelquefois appelée **théorème spectral**.

Solution 148 (Commutativité normale)

Si A et B sont définies sur $\mathbb{C}^2$ par

$$A = \begin{pmatrix} 0 & 1 \\ 0 & 0 \end{pmatrix} \quad \text{et} \quad B = \begin{pmatrix} 1 & 0 \\ 0 & 0 \end{pmatrix},$$

alors B est normale et tout sous-espace propre de A est invariant par B, mais A et B ne commutent pas.

Mais si on suppose que A est normale et que tout sous-espace propre de A est invariant par B, alors A et B commutent. La démonstration la plus directe utilise le théorème spectral (problème 147) ;

le principal but de ce théorème, après tout, est d'étudier la relation entre une transformation normale et ses sous-espaces propres. Ce théorème peut s'énoncer ainsi : si A est une transformation normale et a pour valeurs propres distinctes $\lambda_1, \ldots, \lambda_r$ et si E_j est, pour chaque j, le projecteur orthogonal sur le sous-espace propre associé à λ_j, alors $A = \sum_j \lambda_j E_j$. L'hypothèse que le sous-espace propre associé à λ_j est invariant par B se traduit alors par

$$BE_j = E_j B E_j.$$

De l'hypothèse que tout sous-espace propre de A est invariant par B, il découle que le supplémentaire orthogonal du sous-espace propre associé à λ_j est invariant par B (puisqu'il est engendré par les autres sous-espaces propres) et donc que

$$B(1 - E_j) = (1 - E_j)B(1 - E_j).$$

Ces deux relations se simplifient en

$$BE_j = E_j B,$$

et ceci implique la relation de commutation désirée $BA = AB$.

Solution 149 (Commutation avec l'adjoint)

Il y a trois façons dont deux des trois transformations données peuvent être adjointes l'une de l'autre : les paires adjointes peuvent être (A, B), ou (B, C), ou (A, C). Il n'y a donc, aux changements de notations près, que trois hypothèses de commutation possibles :

$$\begin{array}{lll} A \text{ avec } A^* & \text{et} & A^* \text{ avec } C, \\ A \text{ avec } B & \text{et} & B \text{ avec } B^*, \\ A \text{ avec } B & \text{et} & B \text{ avec } A^*. \end{array}$$

La conclusion demandée est manifestement fausse pour la dernière des trois ; pour obtenir un contre-exemple, on choisit A non normale et $B = 0$. Les implications associées aux deux premières hypothèses sont les mêmes à un changement de notations près ; elles disent toutes les deux que si quelque chose commute avec une transformation normale, alors il commute avec l'adjointe de cette transformation. Cette implication est vraie.

La démonstration la plus simple utilise le fait que si A est normale, alors une condition nécessaire et suffisante pour que $AB = BA$ est que chaque sous-espace propre de A soit invariant par B (voir la solution 148). Donc, si A est normale et AB = BA, les sous-espaces propres de A sont invariants par B. La normalité de A implique que les sous-espaces propres de A sont exactement les sous-espaces propres de A^*. Par conséquent, les sous-espaces propres de A^* sont invariants par B. Conclusion : $A^*B = BA^*$, et la démonstration est terminée.

Solution 150 (Entrelacement des adjoints)

Presque toutes les démonstrations connues du théorème de commutation avec l'adjoint (solution 149) peuvent être adaptées à la généralisation à l'entrelacement : il est vrai, en effet, que si A et B sont normales et AS = SB, alors $A^*S = SB^*$. Il y a une jolie démonstration qui passe par les matrices dont les coefficients sont des transformations, et qui utilise le théorème de commutation avec l'adjoint. Posons

$$A^\wedge = \begin{pmatrix} A & 0 \\ 0 & B \end{pmatrix} \quad \text{et} \quad S^\wedge = \begin{pmatrix} 0 & S \\ 0 & 0 \end{pmatrix}.$$

La transformation $A^\wedge$ est normale, et une vérification directe prouve que $S^\wedge$ commute avec elle. Le théorème de commutation avec l'adjoint implique alors que $S^\wedge$ commute aussi avec $A^{\wedge *}$. Pour obtenir la conclusion désirée, il suffit alors de multiplier $A^{\wedge *}$ par $S^\wedge$ dans les deux sens et de comparer les coefficients correspondants des produits.

Solution 151 (Produits de normaux)

Oui, si A, B et AB sont tous normaux, alors BA est normal aussi. Une bonne façon de prouver cette assertion est une belle illustration de ce qu'on appelle un **argument de trace** De façon générale, on peut utiliser un argument de trace pour démontrer une relation entre deux transformations linéaires ou, ce qui revient au même, pour prouver qu'une transformation linéaire C est égale à 0 en montrant que la trace de C^*C est 0. Puisque C^*C est positive, elle ne peut avoir une trace nulle que si elle est nulle et, une fois qu'on sait que C^*C vaut 0, il est immédiat que C vaut 0. Les propriétés disponibles pour prouver qu'une trace vaut 0 sont l'additivité de la trace,

$$\operatorname{tr}(X+Y) = \operatorname{tr}X + \operatorname{tr}Y,$$

et l'invariance de la trace par permutation cyclique de ses facteurs,

$$\mathrm{tr}(XYZ) = \mathrm{tr}(ZXY).$$

Si on pouvait démontrer que A et B commutent, tout serait résolu (voir la discussion précédant l'énoncé du problème), mais ceci n'est pas vrai en général (voir la discussion précédant l'énoncé du problème). Mais on peut avancer d'un pas en direction de la commutativité : les hypothèses impliquent que B commute avec A^*A. Cela veut dire que si $C = BA^*A - A^*AB$, alors $C = 0$. C'est là qu'intervient l'argument de trace.

Pour étudier C^*C, on développe le produit

$$C^*C = (A^*AB^* - B^*A^*A)(BA^*A - A^*AB),$$

ce qui donne

$$A^*AB^*BA^*A - B^*A^*ABA^*A - A^*AB^*A^*AB + B^*A^*AA^*AB$$

puis on examine chacun des quatre termes. Comme outil pour cet examen, introduisons la relation d'équivalence définie pour deux produits X et Y par $X \sim Y$ si on peut obtenir un des produits à partir de l'autre par permutation cyclique des facteurs. Une chose curieuse se produit : grâce aux hypothèses (A, B et AB normaux), les quatre termes sont tous équivalents. En effet :

$$\begin{aligned}
A^*AB^*BA^*A &= A^*ABB^*A^*A && \text{(car B est normal)}\\
&= A^*B^*A^*ABA && \text{(car AB est normal),}\\
B^*A^*ABA^*A &= B^*A^*ABAA^* && \text{(car A est normal)}\\
&\sim A^*B^*A^*ABA,\\
A^*AB^*A^*AB &= AA^*B^*A^*AB && \text{(car A est normal)}\\
&\sim A^*B^*A^*ABA,\\
B^*A^*AA^*AB &\sim AA^*ABB^*A^*\\
&= AA^*B^*A^*AB && \text{(car AB est normal),}\\
&\sim A^*B^*A^*ABA.
\end{aligned}$$

Grâce à la propriété d'invariance par permutation cyclique de la trace, les quatre termes ont donc la même trace et la trace de C^*C vaut donc 0.

Le résultat du dernier paragraphe implique que B commute avec A^*A. Si $A = UP$ est la décomposition polaire de A, alors U commute avec P (parce que A est normal) et, puisque B commute avec P^2 $(= A^*A)$, il en résulte que B commute aussi avec P. Ces propriétés de commutation entraînent que

$$U^*(AB)U = U^*(UP)BU = (U^*U)(BP)U = B(UP) = BA.$$

On en déduit que BA est unitairement équivalente à la transformation normale AB et par conséquent que BA est normale.

Solution 152 (Fonctions de transformations)

(*a*) L'adjointe d'une matrice est la conjuguée de sa transposée. Les polynômes ne sont pas assez forts pour transposer des matrices. Si par exemple

$$A = \begin{pmatrix} 0 & 0 \\ 1 & 0 \end{pmatrix},$$

alors tout polynôme en A est de la forme

$$\alpha + \beta A = \begin{pmatrix} \alpha & 0 \\ \beta & \alpha \end{pmatrix},$$

et n'a donc aucune chance d'être égal à

$$A^* = \begin{pmatrix} 0 & 1 \\ 0 & 0 \end{pmatrix}.$$

Question. Pourquoi cette matrice A a-t-elle marché ? Est-ce que n'importe quelle A non normale marcherait aussi bien ?

(*b*) Cette fois, la réponse est oui : l'inverse d'une matrice A inversible peut toujours être obtenue au moyen d'un polynôme. En effet, soit

$$\lambda^n + a_{n-1}\lambda^{n-1} + \cdots + a_1\lambda + a_0$$

le polynôme caractéristique de A ; remarquons que a_0 ne peut valoir 0 puisque l'inversibilité de A entraîne que 0 n'est pas valeur propre. En multipliant la relation de Hamilton-Cayley

$$A^n + a_{n-1}A^{n-1} + \cdots + a_1 A + a_0 = 0$$

par A^{-1} on obtient

$$A^{n-1} + a_{n-1}A^{n-2} + \cdots + a_1 + a_0 A^{-1} = 0.$$

Si on pose

$$p(\lambda) = -\frac{1}{a_0}\left(\lambda^{n-1} + a_{n-1}\lambda^{n-2} + \cdots + a_1\right),$$

on a donc $p(A) = A^{-1}$.

Solution 153 (Matrices de Gram)

La réponse est que toutes les matrices hermitiennes positives sont des matrices de Gram. Supposons en effet que $A \geqslant 0$; on en déduit (problème 144) qu'il existe une matrice hermitienne positive B telle que $B^2 = A$. Si $A = (a_{ij})$, alors on a $a_{ij} = (Ae_j, e_i)$. Les relations

$$a_{ij} = \overline{a_{ji}} = \overline{(Ae_i, e_j)} = \overline{(B^2 e_i, e_j)} = \overline{(Be_i, Be_j)} = (\overline{B}e_i, \overline{B}e_j)$$

entraînent que A est une matrice de Gram (à savoir la matrice de Gram des vecteurs $\overline{B}e_1, \ldots, \overline{B}e_n$).

Solution 154 (Fonctions monotones)

L'élévation au carré n'est pas monotone ; Les matrices

$$A = \begin{pmatrix} 1 & 0 \\ 0 & 0 \end{pmatrix} \quad \text{et} \quad B = \begin{pmatrix} 2 & 1 \\ 1 & 1 \end{pmatrix}$$

fournissent un contre-exemple simple. On vérifie à la main que $A \leqslant B$. Puisque

$$A^2 = \begin{pmatrix} 1 & 0 \\ 0 & 0 \end{pmatrix} (= A) \quad \text{et} \quad B^2 = \begin{pmatrix} 5 & 3 \\ 3 & 2 \end{pmatrix}$$

on a

$$B^2 - A^2 = \begin{pmatrix} 4 & 3 \\ 3 & 2 \end{pmatrix},$$

on voit que la relation $A^2 \leqslant B^2$ est fausse ; en effet, le déterminant de $B^2 - A^2$ est strictement négatif.

Est-ce un inconvénient qu'une des matrices de cet exemple ne soit pas inversible ? C'est facile d'y remédier : les matrices $A + 1$ et $B + 1$ forment aussi un contre-exemple.

Voilà pour les mauvaises nouvelles ; pour les racines carrées, les nouvelles sont bonnes : si

$$0 \leqslant A \leqslant B$$

alors on a

$$\sqrt{A} \leqslant \sqrt{B}.$$

On peut construire des démonstrations variées de cette assertion, mais aucune ne saute aux yeux – de toute façon, il faut travailler. L'idée d'une des démonstrations consiste à montrer que toute valeur propre de $\sqrt{B} - \sqrt{A}$ est $\geqslant 0$; pour les transformations hermitiennes, cette propriété est équivalente à la positivité. Soit donc λ une valeur propre de $\sqrt{B}-\sqrt{A}$, et x un vecteur propre correspondant. On a

$$\sqrt{A}x=\sqrt{B}x-\lambda x.$$

Il s'agit de montrer que $\lambda \geqslant 0$.

Dans le cas où $\sqrt{B}x=0$, on a évidemment $Bx=0$, et on déduit de l'hypothèse faite sur A et B que $(Ax,x)=0$. Par conséquent, $\sqrt{A}x=0$. En effet,

$$0=(Ax,x)=(\sqrt{A}\sqrt{A}x,x)=(\sqrt{A}x,\sqrt{A}x)=\|\sqrt{A}x\|^2.$$

On en déduit que $\lambda x=0$, donc $\lambda=0$.

Dans le cas où $\sqrt{B}x\neq 0$, on a $(\sqrt{B}x,x)\neq 0$ – pour le voir, il suffit d'appliquer la suite d'égalités ci-dessus à B à la place de A. Par conséquent

$$\begin{aligned}(\sqrt{B}x,\sqrt{B}x)&=\|\sqrt{B}x\|^2\\ &\geqslant \|\sqrt{B}x\|\cdot\|\sqrt{A}x\|\\ &\geqslant (\sqrt{B}x,\sqrt{A}x)\\ &=(\sqrt{B}x,\sqrt{B}x-\lambda x)\\ &=(\sqrt{B}x,\sqrt{B}x)-\lambda(\sqrt{B}x,x).\end{aligned}$$

On en déduit que $\lambda \geqslant 0$, car dans le cas contraire on arriverait à la contradiction

$$(\sqrt{B}x,\sqrt{B}x)>(\sqrt{B}x,\sqrt{B}x).$$

La démonstration est terminée.

Solution 155 (Noyaux et images réducteurs)

Au sens combinatoire, il y a 32 cas à examiner : 16 obtenus en combinant les 4 constituants $\operatorname{Im}A$, $\operatorname{Ker}A$, $\operatorname{Im}A^*$ et $\operatorname{Ker}A^*$ par la formation de sous-espaces engendrés et 16 en les combinant par intersection. En tenant compte de la dualité fournie par les supplémentaires orthogonaux (et d'autres éliminations plus simples), on peut rapidement réduire les possibilités à deux, à savoir

$$\operatorname{Ker}A\cap\operatorname{Ker}A^* \quad \text{et} \quad \operatorname{Im}A\cap\operatorname{Im}A^*.$$

Le premier de ces ensembles est toujours réducteur ; en effet, A et A^* l'envoient tous deux sur $\{0\}$. Puisque le supplémentaire orthogonal d'un sous-espace réducteur est réducteur, il s'ensuit que

$\mathrm{Im}\,A + \mathrm{Im}\,A^*$ est toujours un sous-espace réducteur. On peut aussi le voir directement : A envoie tout, et en particulier $\mathrm{Im}\,A + \mathrm{Im}\,A^*$, sur $\mathrm{Im}\,A$ (qui est contenu dans $\mathrm{Im}\,A + \mathrm{Im}\,A^*$) et la même propriété est valable pour A^*.

La seconde possibilité, $\mathrm{Im}\,A \cap \mathrm{Im}\,A^*$, n'est pas toujours un sous-espace réducteur. Un contre-exemple simple est fourni par la matrice

$$A = \begin{pmatrix} 0 & 1 & 0 \\ 0 & 0 & 1 \\ 0 & 0 & 0 \end{pmatrix}.$$

Son image est constituée des vecteurs de la forme $(a, b, 0)$ et l'image de son adjointe est constituée des vecteurs de la forme $(0, b, c)$. L'intersection des deux images est l'ensemble des vecteurs de la forme $(0, b, 0)$ et il n'est invariant ni par A, ni par A^*. Son dual, $\mathrm{Ker}\,A + \mathrm{Ker}\,A^*$, qui en l'occurrence est constitué des vecteurs de la forme $(a, 0, c)$, n'est invariant ni par A, ni par A^*.

Solution 156 (Shifts tronqués)

La seule valeur propre de A est 0 (considérer la diagonale de la matrice). Si $x = (a_1, a_2, \dots, a_n)$, alors

$$Ax = (0, a_1, a_2, \dots, a_{n-1})\,;$$

il en résulte que si $Ax = 0$, alors x est un multiple de

$$x_n = (0, 0, \dots, 0, 1).$$

Bien que la multiplicité algébrique de la valeur propre 0 soit n (le polynôme caractéristique est $(-\lambda)^n$), sa multiplicité géométrique est 1 seulement. Il y a donc un seul sous-espace invariant de dimension 1, à savoir le sous-espace M_1 des multiples de x_n.

Y a-t-il des sous-espaces invariants de dimension 2 ? Oui, l'un d'eux est le sous-espace M_2 engendré par les deux derniers vecteurs de la base x_{n-2} et x_{n-1}, c'est-à-dire l'espace des vecteurs dont les $n-2$ premières coordonnées sont nulles. De plus, c'est la seule possibilité. En effet, tout sous-espace invariant contient x_n (parce qu'il doit contenir un vecteur propre) et, comme A est nilpotente, la restriction de A à ce sous-espace est nilpotente (d'indice 2). Il en résulte que ce sous-espace doit contenir un vecteur y de M_2 et qui n'est pas dans M_1 et donc qu'il doit être égal à M_2 (considérer le sous-espace engendré par y et x_n).

Pour continuer la démonstration, on monte successivement sur tous les barreaux de l'échelle. Si M_k est le sous-espace engendré par les k derniers vecteurs de la base (c'est-à-dire l'espace des vecteurs dont les $n-k$ premières coordonnées sont nulles), alors il est clair que chaque M_k est invariant par le shift tronqué A et, en modifiant un peu la démonstration du précédent paragraphe (on augmente à chaque fois la dimension de 1), on prouve que c'est le seul sous-espace invariant de dimension k.

En conclusion, le nombre de sous-espaces invariants est $n+1$ et le nombre de sous-espaces réducteurs est 2 ; le shift tronqué est irréductible.

Solution 157 (Racines carrées non positives)

La matrice A est la somme directe de la matrice 2×2

$$B = \begin{pmatrix} 0 & 1 \\ 0 & 0 \end{pmatrix}$$

et de la matrice nulle de format 1×1. Quelques secondes de réflexion devraient permettre d'arriver à la conclusion qu'il en est de même pour la matrice

$$A^{\wedge} = \begin{pmatrix} 0 & 0 & 1 \\ 0 & 0 & 0 \\ 0 & 0 & 0 \end{pmatrix};$$

la seule différence entre A et $A^{\wedge}$ est que la troisième colonne joue dans $A^{\wedge}$ le rôle de la seconde colonne dans A. De manière plus formelle, la matrice de permutation qui échange la seconde et la troisième colonne réalise une similitude entre A et $A^{\wedge}$:

$$\begin{pmatrix} 1 & 0 & 0 \\ 0 & 0 & 1 \\ 0 & 1 & 0 \end{pmatrix} \cdot \begin{pmatrix} 0 & 1 & 0 \\ 0 & 0 & 0 \\ 0 & 0 & 0 \end{pmatrix} \cdot \begin{pmatrix} 1 & 0 & 0 \\ 0 & 0 & 1 \\ 0 & 1 & 0 \end{pmatrix} = \begin{pmatrix} 0 & 0 & 1 \\ 0 & 0 & 0 \\ 0 & 0 & 0 \end{pmatrix}.$$

Puisque $A^{\wedge}$ a une racine carrée, à savoir le shift tronqué 3×3, il en est de même de A. Plus généralement, si

$$\begin{pmatrix} 0 & \xi & \eta \\ 0 & 0 & \frac{1}{\xi} \\ 0 & 0 & 0 \end{pmatrix}$$

est une racine carrée de $A^{\wedge}$, alors A a beaucoup de racines carrées, à savoir toutes les matrices de la forme

$$\begin{pmatrix} 0 & \eta & \xi \\ 0 & 0 & 0 \\ 0 & \frac{1}{\xi} & 0 \end{pmatrix}$$

déduites de $A^{\wedge}$ par la similitude associée à la permutation.

Solution 158 (Transformations normales semblables)

Des transformations normales semblables sont unitairement semblables. Supposons en effet que A_1 et A_2 soient normales et que

$$A_1 B = BA_2,$$

où B est inversible. Soit $B = UP$ la décomposition polaire de B (problème 145) avec U unitaire et $P = \sqrt{B^*B}$. D'après la solution 150, puisque B entrelace A_1 et A_2, B entrelace aussi leurs adjoints ($A_1^* B = BA_2^*$). On peut alors faire le calcul suivant :

$$\begin{aligned} A_2(B^*B) = (A_2B^*)B = (BA_2^*)^* B = (A_1^*B)^* B \\ = (B^*A_1)B = B^*(A_1B) = B^*(BA_2) = (B^*B)A_2. \end{aligned}$$

on a obtenu

$$A_2P^2 = P^2A_2,$$

d'où il résulte (puisque P est un polynôme en P^2) que

$$A_2P = PA_2.$$

Par conséquent :

$$\begin{aligned} A_1UP &= UPA_2 && \text{(par hypothèse)} \\ &= UA_2P && \text{(d'après ce qu'on vient de montrer),} \end{aligned}$$

et donc, puisque P est inversible,

$$A_1U = UA_2.$$

Ceci démontre l'équivalence unitaire entre A_1 et A_2.

Solution 159 (Équivalence unitaire des transposées)

Les matrices

$$A = \begin{pmatrix} 0 & 1 & 0 \\ 0 & 0 & 2 \\ 0 & 0 & 0 \end{pmatrix} \quad \text{et} \quad B = \begin{pmatrix} 0 & 0 & 0 \\ 2 & 0 & 0 \\ 0 & 1 & 0 \end{pmatrix}$$

sont-elles unitairement équivalentes ? La réponse est oui, et ce n'est pas particulièrement surprenant ; en effet, si

$$U = \begin{pmatrix} 0 & 0 & 1 \\ 0 & 1 & 0 \\ 1 & 0 & 0 \end{pmatrix},$$

alors $U^*AU = B$.

Les matrices

$$A = \begin{pmatrix} 0 & 1 & 0 \\ 0 & 0 & 2 \\ 0 & 0 & 0 \end{pmatrix} \quad \text{et} \quad B = \begin{pmatrix} 0 & 2 & 0 \\ 0 & 0 & 1 \\ 0 & 0 & 0 \end{pmatrix}$$

sont-elles unitairement équivalentes ? L'étonnante réponse est non. Il existe des méthodes plus ou moins sophistiquées pour le démontrer, mais la démonstration la plus rapide passe par le calcul. Que peut-on dire d'une matrice S de format 3×3 telle que

$$SA = BS\,?$$

Si l'on identifie les coefficients de SA et BS, on obtient un système de neuf équations à neuf inconnues. La solution générale est facile à trouver ; la matrice S doit être de la forme

$$S = \begin{pmatrix} 2\xi & 0 & \eta \\ 0 & \xi & 0 \\ 0 & 0 & 2\xi \end{pmatrix}.$$

Une matrice de cette forme ne peut pas être unitaire, et cela règle la question.

Une autre démonstration part de l'observation que

$$A^2 = B^2 = \begin{pmatrix} 0 & 0 & 2 \\ 0 & 0 & 0 \\ 0 & 0 & 0 \end{pmatrix}.$$

Puisque $SA = BS$ implique $SA^2 = B^2S$, il devient pertinent de chercher les matrices qui commutent avec A^2. C'est un autre calcul qui mène à la même conclusion.

Ces commentaires semblent être à côté du sujet (l'équivalence unitaire avec la transposée), mais il n'en est rien. Les matrices A des deux exemples sont les mêmes et les matrices B sont transposées l'une de l'autre. Puisque la première B est unitairement équivalente à A et que la seconde ne l'est pas, et puisqu'en fait la seconde B est unitairement équivalente à la transposée de A, il en résulte que A n'est pas unitairement équivalente à sa transposée, ce qui répond à la question.

Oui, cela répond à la question, mais de façon pas très satisfaisante. Comment peut-on découvrir de tels exemples et, une fois qu'on les a découvert, peut-on donner une démonstration conceptuelle au lieu d'un calcul peu éclairant ?

Voici une démarche possible pour en découvrir une. On cherche une matrice A qui n'est pas unitairement équivalente à sa transposée A'. On écrit la décomposition polaire de A : $A = UP$, avec U unitaire et P positive (problème 145) et on suppose que P est inversible. Il n'y a aucune perte de généralité à faire cette hypothèse ; s'il existe des contre-exemples, il en existe des inversibles et des non inversibles. En effet, l'addition d'une matrice scalaire ne change pas la propriété d'équivalence unitaire en question. Puisque, de plus, multiplier chaque matrice qui intervient par une matrice unitaire ne change pas la propriété d'équivalence unitaire en question, on peut supposer sans perte de généralité que P est diagonale.

Si $A = UP$, alors $A' = PU'$, donc dire que A et A' sont unitairement équivalentes est la même chose que de dire qu'il existe une matrice unitaire W telle que

$$W^*(UP)W = PU', \tag{$*$}$$

ou, de façon équivalente, que

$$(W^*U)P(W\overline{U}) = P.$$

(Le symbole $\overline{U}$ désigne ici la matrice complexe conjuguée de U.) Supposons que $(*)$ soit vraie et posons $Q = W^*U$ et $R = W\overline{U}$; on remarque que Q et R sont unitaires et que

$$QPR = P.$$

Il en résulte que

$$P^2 = PP^* = QPRR^*PQ^* = QP^2Q^*,$$

de sorte que Q commute avec P^2 ; puisque P est un polynôme en P^2, Q commute aussi avec P (et de même R commute avec P).

Pour pouvoir avancer dans la démonstration, c'est maintenant une bonne idée de faire une hypothèse restrictive : on suppose que les coefficients diagonaux (les valeurs propres) de P sont tous distincts. En tenant compte du fait que P et Q commutent, cette hypothèse entraîne que Q est aussi diagonale et donc, incidemment, que $W = UP^2$. L'équation $(*)$ s'écrit alors

$$PQU\overline{Q} = QPU\overline{Q} = PU',$$

et on a donc, puisque P est inversible,

$$QU\overline{Q} = U'.$$

Puisque les coefficients diagonaux de la matrice diagonale unitaire Q sont des nombres complexes de module 1, il en résulte que la valeur absolue de la matrice U est une matrice symétrique.

Ce dernier résultat est inattendu, mais n'a pas l'air très utile ; en fait, il résout le problème. L'hypothèse de l'existence de W a impliqué que U doit satisfaire une certaine condition. La matrice U, cependant, n'a pas encore été spécifiée ; elle aurait pu être une matrice unitaire quelconque. Si on la choisit de façon qu'elle ne satisfasse pas la condition nécessaire qu'impose l'existence de W, alors W ne peut pas exister et on a gagné.

L'exemple le plus simple d'une matrice unitaire dont la valeur absolue n'est pas une matrice symétrique est

$$U = \begin{pmatrix} 0 & 1 & 0 \\ 0 & 0 & 1 \\ 1 & 0 & 0 \end{pmatrix}.$$

On peut choisir comme matrice P (positive, diagonale, inversible, avec des valeurs propres distinctes) la matrice

$$P = \begin{pmatrix} 1 & 0 & 0 \\ 0 & 2 & 0 \\ 0 & 0 & 3 \end{pmatrix}.$$

Mais comme l'inversibilité est un luxe inutile, un exemple encore plus simple de matrice P est

$$P = \begin{pmatrix} 0 & 0 & 0 \\ 0 & 1 & 0 \\ 0 & 0 & 2 \end{pmatrix};$$

Si on utilise ce dernier exemple, on aboutit au contre-exemple

$$A = UP = \begin{pmatrix} 0 & 1 & 0 \\ 0 & 0 & 1 \\ 1 & 0 & 0 \end{pmatrix} \cdot \begin{pmatrix} 0 & 0 & 0 \\ 0 & 1 & 0 \\ 0 & 0 & 2 \end{pmatrix} = \begin{pmatrix} 0 & 1 & 0 \\ 0 & 0 & 2 \\ 0 & 0 & 0 \end{pmatrix},$$

et on a donc « découvert » une matrice A qui n'est pas unitairement semblable à sa transposée.

Solution 160 (Équivalence unitaire et équivalence orthogonale)

Si A et B sont réelles, si U est unitaire telle que $U^*AU = B$, alors il existe une matrice orthogonale réelle V telle que $V^*AV = B$.

La remarque suivante va être importante dans la démonstration : si A et B sont semblables via U, on a le même résultat pour A^* et B^* ; en effet, l'adjointe de la relation $U^*AU = B$ est $U^*A^*U = B^*$.

On décompose U en fonction de ses parties réelle et imaginaire (comparer à la solution 89) : $U = E + iF$. On déduit de la relation $AU = UB$ que $AE = EB$ et $AF = FB$, ce qui entraîne qu'on a $A(E + \lambda F) = (E + \lambda F)B$ pour tout scalaire λ. Si λ est réel et différent d'un nombre fini de scalaires qui posent problème (ceux pour lesquels $\det(E + \lambda F) = 0$), la matrice réelle $S = E + \lambda F$ est inversible et vérifie $AS = SB$.

On procède de la même manière pour $U^*A^*U = B^*$: on a $A^*(E + \lambda F) = (E + \lambda F)B^*$ pour tout scalaire λ et en particulier pour ceux qui sont tels que $E + \lambda F$ soit inversible, et on en déduit que $A^*S = SB^*$ (et donc que $S^*A = BS^*$).

À partir de là, la solution 158 s'applique. Soit $S = VP$ la décomposition polaire de S (le théorème de décomposition polaire s'applique aussi bien dans le cas réel que dans le cas complexe et, dans le cas réel, V et P sont réelles). Puisque

$$BP^2 = BS^*S = S^*AS = S^*SB = P^2B,$$

P^2 commute avecB, ce qui entraîne que P commute avec B. Puisque

$$AVP = AS = SB = VPB = VBP$$

et que P est inversible, il en résulte que $AV = VB$ et la démonstration est terminée.

Solution 161 (Puissances convergeant vers 0)

C'est un fait désolant que des valeurs propres de module 1 puissent non seulement empêcher les puissances d'une matrice de tendre vers 0, mais aussi faire exploser ces puissances à l'infini. Par exemple, si

$$A = \begin{pmatrix} 1 & 1 \\ 0 & 1 \end{pmatrix},$$

alors

$$A^n = \begin{pmatrix} 1 & n \\ 0 & 1 \end{pmatrix}.$$

Malgré ce mauvais présage, des inégalités *strictes* produisent la convergence désirée.

Une façon efficace de démontrer la convergence consiste à utiliser la forme de Jordan. (Remarquer que $A^n \to 0$ si et seulement si $(S^{-1}AS)^n \to 0$.) La forme de Jordan de A est la somme directe de matrices de la forme $\lambda + B$, où B est une matrice nilpotente (d'un certain indice k). Puisque

$$(\lambda + B)^n = \lambda^n + \binom{n}{1}\lambda^{n-1}B + \cdots + \binom{n}{k-1}\lambda^{n-k+1}B^{k-1}$$

dès que $n \geqslant k-1$ et puisque l'hypothèse $|\lambda| < 1$ (inégalité *stricte*) entraîne que tous les coefficients tendent vers 0 quand $n \to \infty$, la démonstration est terminée.

Solution 162 (Puissances bornées)

Oui, toute transformation linéaire à puissances bornées est semblable à une contraction.

On remarque d'abord que si A est à puissances bornées alors chaque valeur propre de A est de module $\leqslant 1$. (Raisonner comme dans le texte précédant l'énoncé du problème 161.) Pour obtenir des informations plus intéressantes, on utilise la forme de Jordan pour écrire (la matrice de) A comme somme directe de matrices ayant l'une des deux formes suivantes :

$$E = \begin{pmatrix} \lambda & 0 & 0 & 0 \\ 1 & \lambda & 0 & 0 \\ 0 & 1 & \lambda & 0 \\ 0 & 0 & 1 & \lambda \end{pmatrix} \quad \text{ou} \quad F = \begin{pmatrix} \lambda & 0 & 0 & 0 \\ 0 & \lambda & 0 & 0 \\ 0 & 0 & \lambda & 0 \\ 0 & 0 & 0 & \lambda \end{pmatrix},$$

où, par commodité typographique, on a utilisé des matrices 4×4 pour représenter la forme générale $n \times n$. Il suffit donc de démontrer que, pour les matrices à puissances bornées, les facteurs directs d'une de ces deux formes sont semblables à des contractions.

Puisque $|\lambda| \leqslant 1$, la matrice F est elle-même une contraction et il n'y a rien de plus à en dire. En ce qui concerne la matrice E, il y a deux choses à démontrer : premièrement, $|\lambda|$ ne peut pas être égal à 1 et, deuxièmement, quand $|\lambda| < 1$, E est semblable à une contraction.

La première assertion se démontre par un calcul direct. Le coefficient de E^n situé sur la deuxième ligne et la première colonne est égal à $n\lambda^{n-1}$; si $|\lambda| = 1$, ceci est contradictoire avec l'hypothèse des puissances bornées. Quant à la seconde assertion, E est semblable à

$$E_\epsilon = \begin{pmatrix} \lambda & 0 & 0 & 0 \\ \epsilon & \lambda & 0 & 0 \\ 0 & \epsilon & \lambda & 0 \\ 0 & 0 & \epsilon & \lambda \end{pmatrix},$$

où ϵ est n'importe quel nombre différent de 0. Il y a deux façons de démontrer la similitude, la force brute ou la réflexion pure. La méthode de la force brute consiste à poser

$$S = \begin{pmatrix} 1 & 0 & 0 & 0 \\ 0 & \epsilon & 0 & 0 \\ 0 & 0 & \epsilon^2 & 0 \\ 0 & 0 & 0 & \epsilon^3 \end{pmatrix},$$

et à vérifier que $SES^{-1} = E_\epsilon$. La réflexion pure conduit à vérifier que E et E_ϵ ont les mêmes diviseurs élémentaires et que, par la théorie de la similitude abstraite, elles sont donc semblables.

On peut maintenant terminer la démonstration en observant que si $|\lambda| < 1$ et si ϵ est suffisamment petit alors E_ϵ est une contraction. La façon la plus rapide pour établir cette observation consiste à utiliser la propriété que $\|X\|$ est une fonction continue de X, et donc que $\|E_\epsilon\|$ est une fonction continue de ϵ. Puisque $\|E_0\| = |\lambda| < 1$, on a $\|E_\epsilon\| < 1$ pour ϵ assez petit, ce qu'il fallait démontrer.

Solution 163 (Réduction et indice 2)

Ce qui est évident, c'est qu'une transformation nilpotente d'indice 2 *peut* être réductible : il suffit de former une somme directe. C'est possible même si la dimension de l'espace est 3 ; la somme directe d'un 0 (de format 1×1) et d'une transformation nilpotente d'indice 2 (de format 2×2) est nilpotente d'indice 2 (et de format 3×3). Ce qui n'est pas évident, c'est que sur un espace vectoriel V de dimension > 2, toute transformation A nilpotente d'indice 2 est obligatoirement réductible. Soit donc V un espace hermitien de dimension $\geqslant 3$ et A une transformation telle que $A^2 = 0$, $A \neq 0$.

Si $x \in \operatorname{Ker} A^*$, alors $A^*Ax \in \operatorname{Ker} A^*$, puisque $\operatorname{Im} A^* \subset \operatorname{Ker} A^*$ (rappelons que $(A^*)^2 = 0$), donc $\operatorname{Ker} A^*$ est stable par la transformation hermitienne A^*A. Il en résulte que $\operatorname{Ker} A^*$ contient un vecteur propre n de A^*A.

Considérons le sous-espace M engendré par n et An. Ce sous-espace est stable par A (puisque $A^2 = 0$). Il est aussi stable par A^* puisque $A^*n = 0$ (rappelons que $n \in \operatorname{Ker} A^*$) et que $A^*An = \lambda n$ ($\lambda \in \mathbb{C}$). Puisque $n \neq 0$, on a $1 \leqslant \dim M \leqslant 2$. Par conséquent M est un sous-espace strict et non trivial de V qui réduit A.

Solution 164 (Nilpotence et réduction)

Oui, une transformation nilpotente d'indice 3 peut être irréductible sur $\mathbb{C}^4$. Un exemple, qui se situe en un sens « entre » le shift tronqué et son carré est fourni par la matrice

$$A = \begin{pmatrix} 0 & 0 & 0 & 0 \\ 1 & 0 & 0 & 0 \\ 1 & 0 & 0 & 0 \\ 0 & 1 & 0 & 0 \end{pmatrix} \quad \text{d'adjointe} \quad A^* = \begin{pmatrix} 0 & 1 & 1 & 0 \\ 0 & 0 & 0 & 1 \\ 0 & 0 & 0 & 0 \\ 0 & 0 & 0 & 0 \end{pmatrix}.$$

Le noyau de A est l'ensemble des vecteurs de la forme $x = (0,0,c,d)$. Comme ce sont les seuls vecteurs propres (la seule valeur propre de A est 0), tout sous-espace non trivial invariant par A contient obligatoirement l'un d'entre eux (autre que 0). On peut démontrer que A est irréductible en prouvant que, pour chaque x de la forme indiquée, l'ensemble constitué de ses images par des applications répétées de A et A^* engendre $\mathbb{C}^4$. Considérons donc les vecteurs

$$\begin{aligned} y_1 &= x = (0,0,c,d), \\ y_2 &= A^*x = (c,d,0,0), \\ y_3 &= A^{*2}x = (d,0,0,0), \\ y_4 &= AA^*x = (0,c,c,d), \\ y_5 &= AA^{*2}x = (0,d,d,0), \\ y_6 &= A^2A^*x = (0,0,0,c). \end{aligned}$$

Quels que soient c et d, du moment qu'ils ne sont pas tous deux nuls, ces vecteurs engendrent tout l'espace. Si $c = 0$, alors y_1, y_2, y_3 et y_5 forment une base ; si $d = 0$, alors y_1, y_2, y_4 et y_6 forment une base ; si ni c ni d n'est nul, alors y_1, y_2, y_3 et y_6 forment une base.

On a répondu à la question posée, mais cette réponse ne fournit que peu d'indications sur ce que pourrait être un énoncé plus général concernant l'irréductibilité possible de transformations nilpotentes d'indice k sur des espaces de dimension n avec $k < n$. Le cas $k = 3$ et $n = 5$ fournit une piste ; la matrice

$$\begin{pmatrix} 0 & 0 & 0 & 0 & 0 \\ 1 & 0 & 0 & 0 & 0 \\ 1 & 0 & 0 & 0 & 0 \\ 0 & 1 & 0 & 0 & 0 \\ 0 & 0 & 2 & 0 & 0 \end{pmatrix}$$

convient dans ce cas.

Il faut remarquer que les considérations ci-dessus concernent des espaces hermitiens, où la réduction est définie à l'aide de l'adjoint (ou, de façon équivalente, à l'aide du supplémentaire orthogonal). Il existe une théorie purement algébrique de la réduction (l'existence d'un sous-espace invariant ayant un supplémentaire invariant) et, dans cette théorie, il est beaucoup plus facile de répondre en complète généralité. La théorie de la structure des transformations nilpotentes (en fait, la forme normale de Jordan) implique que la seule possibilité pour qu'une transformation nilpotente d'indice k sur un espace de dimension n soit irréductible (c'est-à-dire : de deux sous-espaces invariants supplémentaires, l'un doit être $\{0\}$) est d'avoir $k = n$.

Index

Achevé d'imprimer sur rotative par l'imprimerie Darantiere
à Dijon-Quetigny en avril 2011

Dépôt légal : avril 2011
N° d'impression : 11-0532

Imprimé en France